高等职业教育土建类专业新形态教材

建筑材料及检验检测

主　编　颜新宁

副主编　魏　伟　王洪波　徐蓝波

参　编　毛姿雨　徐松芝　王金松　李健民

　　　　王海渊　冯泽龙　张彦礼

机械工业出版社

本书是以建筑材料检测常用的虚拟仿真实训为特色的新形态教材，每个学习情境按照先虚拟仿真实训后理论教学的顺序编排，配套有共享在线精品课程（建筑材料及检验检测，网址 https://www.xueyinonline.com/detail/244524278）。利用建筑类专业前导课程建立的 BIM 建筑工程模型，围绕其建造过程中材料及检验检测进行设计。通过虚拟仿真互动检测及引导文学习，其自学成果作为混合式教学的课前内容，课中利用问题研讨解决重点难点问题，课后进行考证训练。体现"做中学，学中做"的行动导向教学理念，形成了实践—理论—再实践的闭环。全书主要内容包括建筑材料及检验检测认知、水泥及检测、气硬性胶凝材料及检测、混凝土及检测、建筑砂浆及检测、墙体材料及检测、建筑钢材及检测、防水材料及检测、建筑功能材料及检测，通过学习，应掌握建筑材料检测的相关知识，训练正确选材和合理使用的应用能力。

本书可以作为高职高专建筑类专业的教材，也可以作为相关专业的工程技术人员的参考书。

图书在版编目（CIP）数据

建筑材料及检验检测 / 颜新宁主编． -- 北京 ：机械工业出版社，2024. 11. --（高等职业教育土建类专业新形态教材）． -- ISBN 978-7-111-76835-7

Ⅰ．TU502

中国国家版本馆 CIP 数据核字第 2024YL4170 号

机械工业出版社（北京市百万庄大街 22 号　邮政编码 100037）
策划编辑：常金锋　　　　　　责任编辑：常金锋　高凤春
责任校对：潘　蕊　李　婷　　封面设计：王　旭
责任印制：单爱军
北京虎彩文化传播有限公司印刷
2025 年 3 月第 1 版第 1 次印刷
184mm×260mm・16.25 印张・411 千字
标准书号：ISBN 978-7-111-76835-7
定价：50.00 元

电话服务　　　　　　　　网络服务
客服电话：010-88361066　　机 工 官 网：www.cmpbook.com
　　　　　010-88379833　　机 工 官 博：weibo.com/cmp1952
　　　　　010-68326294　　金 书 网：www.golden-book.com
封底无防伪标均为盗版　机工教育服务网：www.cmpedu.com

前　言

本书采用配套开发的 34 个虚拟仿真实训资源，通过扫描二维码观看实训仿真视频，利用虚拟仿真实训管理平台，进行虚拟仿真互动实训，解决了"建筑材料及检验检测"教学过程中存在实训数量多、设备多而杂、场地要求面积大、环境温度湿度要求高、废弃物处理难、沥青等气味难闻、试验时间长等问题，同步配套有在线精品课程。

全书以建筑类专业前导课程学生完成的一个工程项目的 BIM 模型为案例，与建筑材料检测行业企业合作，将该工程的建造工作过程涉及材料的选择和应用及材料检测验收，作为各个项目需要完成的任务，统领全书项目式教学布局，设计了 9 个学习情境，包括建筑材料及检验检测认知、水泥及检测、气硬性胶凝材料及检测、混凝土及检测、建筑砂浆及检测、墙体材料及检测、建筑钢材及检测、防水材料及检测、建筑功能材料及检测等。每一个学习情境，先进行虚拟仿真实训，体现"做中学、学中做"的行动导向教学理念，按照做什么就学什么的原则，将学科知识碎片化，编制相关知识作为引导文；结合已进行多年实践的"先实训后理论学习"的混合式教学的经验，将实训记录和实训报告、引导问题、相关知识引导文作为课前学习内容；课中通过问题研讨，解决课前实训、引导文学习中存在的问题，完成工程案例中的选材和应用，并对相关知识进行拓展延伸；课后进行建设工程质量检测岗位证书（建筑材料方向）考证训练，体现实践—理论—再实践循环。全书通过扫描二维码进行学习，配套虚拟仿真及上课短视频、课件、图片、动漫等数字化资源，并同步开发了在线精品课程。

本书对课程思政内容按照"严守检测标准，苦练检测技能"进行了整体规划，内容体现了建设工程质量检测岗位证书（建筑材料方向）、建筑企业专业技术管理人员岗位资格考试大纲、各种建筑工程材料现行标准，通过对本书的学习，读者可以根据工程实际正确选择、合理使用建筑工程材料，并能掌握建筑工程材料的检测方法，具备对进场材料进行取样、送检、质量验收等能力。

本书由东莞职业技术学院颜新宁担任主编并负责全书统稿。学习情境 1、学习情境 2、学习情境 7 由颜新宁编写，学习情境 3、学习情境 4 中 4.1 由东莞职业技术学院徐蓝波编写，学习情境 4.2～4.4 由广东建设职业技术学院魏伟编写，学习情境 5 由广东工程职业技术学院王洪波编写，学习情境 6 由广东水利水电职业技术学院毛姿雨编写，学习情境 8 由东莞市建设工程检测中心有限公司王金松编写，学习情境 9 由东莞职业技术学院徐松芝编写。中国建筑科学研究院有限公司李健民、王海渊、冯泽龙负责标准引用审核，深圳松大仿真科技有限公司张彦礼负责提供相关虚拟仿真视频。东莞市建设工程检测中心有限公司徐伟峰、胡殿、李斌权、温衬云等提供了大力帮助。由于编者水平有限，书中难免存在不足和疏漏之处，敬请各位读者批评指正。

编　者

本书教学使用说明

本书是整合传统纸质教材内容和虚拟仿真技术、多媒体数字资源的新形态教材，将虚拟仿真实训视频、虚拟仿真互动实训、线下实训、知识点上课视频、课件、BIM模型、图片、作业等教学素材与纸质教材内容相结合，用以辅助教学。读者可通过扫描纸质教材二维码查看与纸质内容相对应的知识点数字资源，并在本地虚拟仿真管理平台进行虚拟仿真实训。如果配合在线精品课程使用，效果更佳。

1. 二维码具体标识

虚：虚拟仿真实训视频；教：知识点视频；课：课件；图：BIM模型、图片。

教学方法介绍（教）

2. 混合式教学组织

基于虚拟仿真技术应用于混合式教学过程中，可以分为课前、课中、课后三个部分，如图1所示。

```
课前（学生）              课前（教师）           课中（线下课堂）        课后（线下课堂）
观看布置的虚拟仿真实训视频   批阅实训记录和实训报告   学生课堂研讨与汇报     学生：完成作业，进行
完成虚拟仿真实训，提交报告   批阅引导问题           教师讲解重点及难点     虚拟仿真及线下实训
学习引导文，观看教学视频     了解视频学习情况        师生学习成果评估       教师：批改作业，指导
回答引导问题，提交答案       指导学生进行线上、线下实训                    实训
线下实训，提交实训记录和报告 布置研讨问题
```

图1　基于虚拟仿真实训的混合式教学

通过扫描二维码，利用学校线上教学管理平台或建立的虚拟仿真实训教学管理及资源共享平台，可以实现课前的教学安排。

教师课前发布学习任务，学生在课前线上先观看虚拟仿真实训视频，后进行虚拟仿真互动实训，线上提交实训记录和实训报告，观看教学视频，学习引导文，回答引导问题，线上提交答案。条件允许的学校，可以先在实训教师指导下，分组完成线下实训，线上提交实训记录和报告；教师在课前批阅实训记录和实训报告，批阅引导问题，了解视频学习情况，布置研讨问题。课中，教师主持研讨问题，组织学生汇报、辩论，并讲解学生遇到的难点问题及重点知识。师生在课堂上对学习成果进行评估。课后学生完成作业，进行虚拟仿真及线下实训，为考证做准备，教师批改作业，指导实训。

3. 基于教学管理平台，应用PBL模式，课堂评估介绍

各个教学管理平台功能有差别，以超星教学管理平台为例，介绍PBL模式。

选择PBL模式，可以课前提前发布主要研讨问题，将学生进行分组，先设计教师、组内、组间、自评等评分项目及权重。

怎样对每一个学生的实训报告、讨论汇报、工匠精神等情况进行打分评估？

步骤一：教师选择PBL模式，选择准备上课的课程"去创建"一个任务，选择上课班级，选择创建分组任务，输入任务标题，如"学习情境1　建筑材料及检验检测认知"，在文本框中输入需要学生完成的任务，如实训报告（原始记录、检测报告表格）、讨论题目等内容。设置学

生分组方式、评价方式、评价时间、评价时长、督促未交学生、仅组长提交等内容。评价设置教师评价、组内互评、组间互评、自评四个维度及权重，每一个维度可以根据需要和方便程度设置多个单项任务及权重，各个单项任务权重分数相加分项小计 100 分，四个维度加权后总分 100 分。

步骤二：学生需要将实训报告（原始记录、检测报告表格）上传到本组对话框本人名字下面，课上主要是学生分组就讨论问题题目进行研讨，讨论问题答案作为学习成果再上传，并派人汇报讨论结果。

步骤三：教师针对实训报告、引导问题、研讨中存在的问题进行讲解和知识延伸。

步骤四：在教师的组织和引导下，对每一个学生本任务完成情况进行评估，并自动形成总分。为了有区分度，要求小组第一名 90 分以上，最后一名 75 分以下；学习情境 1 检查评估设置及打分表见表 1。

表 1　学习情境 1 检查评估设置及打分表

姓名		班级		组别	
评分项目	教师评价（50%）	组内互评（20%）	组间互评（10%）	自评（20%）	总分
1. 实训报告（40%）	32	36	35	36	
2. 研讨汇报（50%）	43	45	43	45	—
3. 工匠精神（10%）	8	9	8	10	
加权小计	83	90	86	91	86.3

课后，系统可以导出数据，自动统计形成每一个学生的成绩和班级汇总表，包括项目名称、课程、班级、总组数、发起教师、发起时间、截止时间、学生姓名、所处分组、得分、教师评价（权重）、组内评价（权重）、组间评价（权重）、自评（权重）、评价详情等信息，具体见表 2。对每一个学生在本项目任务中的所有活动进行全面评价，并作为平时成绩之一。

表 2　学生学习任务评估结果表

项目名称：													
课程：				发起教师：				发起时间：					
班级：				总组数：				截止时间：					
学生姓名	学号	学校	院系	专业	行政班级	提交时间	提交标题	提交内容	所处分组	得分	教师评价(50%)	组内评价(20%)	组间评价(10%)	自评(20%)	评价详情

目 录

前言

本书教学使用说明

总学习任务 1

学习情境 1　建筑材料及检验检测认知 2
 1.1　建筑材料及检验检测认知实训 3
  1.1.1　参观考察工地或浏览建筑构造样板虚拟仿真模型 3
  1.1.2　参观建筑材料检验检测室 5
 1.2　建筑材料及检验检测相关知识学习 6

学习情境 2　水泥及检测 17
 2.1　水泥密度、细度性能及检测 17
  2.1.1　水泥密度、细度检测 18
  2.1.2　水泥密度、细度性能相关知识学习 21
 2.2　水泥标准稠度用水量、凝结时间、安定性及检测 28
  2.2.1　水泥标准稠度用水量检测 28
  2.2.2　水泥凝结时间检测 31
  2.2.3　水泥安定性检测 32
  2.2.4　水泥标准稠度用水量、凝结时间、安定性相关知识学习 ... 34
 2.3　水泥的力学性能、耐久性及检测 42
  2.3.1　水泥胶砂试件制备试验 43
  2.3.2　水泥胶砂流动度检测 45
  2.3.3　水泥胶砂强度检测 47
  2.3.4　水泥的力学性能、耐久性相关知识学习 49
 2.4　水泥物理化学性能及物理性能检测报告 57
  2.4.1　水泥物理性能检测报告 57
  2.4.2　水泥物理化学性能相关知识学习 58

学习情境 3　气硬性胶凝材料及检测 69
 3.1　消石灰游离水的检测 69
 3.2　气硬性胶凝材料相关知识学习 70

学习情境 4　混凝土及检测 82
 4.1　砂石及检测 83
  4.1.1　砂的检测 83
  4.1.2　石的检测 89

    4.1.3 砂石相关知识学习 93
  4.2 混凝土拌合物和物理力学性能及检测 99
    4.2.1 混凝土拌合物性能试验 99
    4.2.2 混凝土物理力学性能检测 102
    4.2.3 混凝土拌合物和物理力学性能相关知识学习 105
  4.3 混凝土掺合料和混凝土外加剂及检测 114
    4.3.1 粉煤灰的检测 114
    4.3.2 混凝土外加剂匀质性检测 116
    4.3.3 混凝土掺合料和混凝土外加剂相关知识学习 119
  4.4 普通混凝土配合比设计 126
    4.4.1 填写混凝土配合比报告 126
    4.4.2 混凝土配合比设计相关知识学习 128

学习情境 5 建筑砂浆及检测 140
  5.1 建筑砂浆检测 140
    5.1.1 建筑砂浆沉入度检测 140
    5.1.2 建筑砂浆分层度检测 142
    5.1.3 砂浆立方体抗压强度检测 143
  5.2 建筑砂浆相关知识学习 145

学习情境 6 墙体材料及检测 157
  6.1 烧结砖与非烧结砖及检测 157
    6.1.1 烧结普通砖抗压强度检测 157
    6.1.2 蒸压粉煤灰砖抗折强度检测 160
  6.2 墙体材料相关知识学习 161

学习情境 7 建筑钢材及检测 174
  7.1 钢材主要物理力学性能及检测 175
    7.1.1 钢筋重量偏差检测 175
    7.1.2 钢筋拉伸性能检测 178
    7.1.3 钢材主要物理力学性能相关知识学习 181
  7.2 钢材主要工艺和化学性能及检测 189
    7.2.1 钢筋冷弯性能检测 189
    7.2.2 钢筋反向弯曲性能检测 191
    7.2.3 钢材主要工艺和化学性能相关知识学习 192
  7.3 建筑钢材及钢筋物理力学性能、工艺性能检测报告 198
    7.3.1 钢筋物理力学性能、工艺性能检测报告 198
    7.3.2 建筑钢材相关知识学习 200

学习情境 8　防水材料及检测 211

8.1　防水涂料及检测 212
8.1.1　沥青的针入度、延度及软化点试验 212
8.1.2　防水涂料相关知识学习 215

8.2　防水卷材、密封材料及检测 222
8.2.1　防水卷材不透水性试验 222
8.2.2　防水卷材拉伸试验 223
8.2.3　防水卷材、密封材料相关知识学习 225

学习情境 9　建筑功能材料及检测 233

9.1　建筑节能材料热阻及导热系数检测 233
9.2　建筑功能材料相关知识学习 238

参考文献 251

总学习任务

如图 1 所示钢筋混凝土建筑工程，所用建筑材料包括主体材料、围护材料、辅助材料三大类。在施工过程中，需要根据施工图，选择材料的种类、型号、规格，并对进场的材料进行检验检测，有些需要根据选择的材料先进行配方试验再进行检验检测，根据检测结果，提出正常使用、降等使用、报废等处理意见。

总学习任务分 9 个学习情境，包括建筑材料及检测认知、水泥及检测、气硬性胶凝材料及检测、混凝土及检测、建筑砂浆及检测、墙体材料及检测、建筑钢材及检测、防水材料及检测、建筑功能材料及检测。

本课程以工作过程为导向，先认知该建筑工程所用的建筑材料及检测，针对建造施工过程中各类进场材料，如水泥、混凝土、气硬性胶凝材料、建筑砂浆、墙体材料、建筑钢材、防水材料、功能材料八类材料，根据建筑材料检测标准，进行取样、检测，根据检测结果，通过集体研讨，提出正常使用、降等使用、报废等验收处理意见。并根据每个建筑材料检测项目牵涉到的理论知识，进行相关知识的学习，了解该材料的分类、生产工艺、组分、性能标准等，按照"严守检测标准，苦练检测技能"要求，训练建筑材料检测技术技能，满足材料检验员岗位和一线施工技术管理岗位在建筑材料方面的技术技能要求，掌握建筑材料应用，合理选择材料，控制材料成本，提高经济效益，保障建筑工程质量和安全。

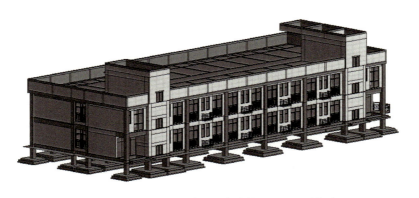

建筑工程模型（BIM）（图）

图 1　钢筋混凝土建筑工程 BIM 模型

学习情境 1

建筑材料及检验检测认知

情境描述

通过参观在建工地，或浏览如图 1-1 所示建筑工程总体 BIM 模型和样板结构虚拟仿真三维模型，认知建筑材料种类、名称，学习材料的基本性质、应用范围、检测标准要求，培养严守检测标准的质量意识。

参观企业建筑材料检测中心，或浏览虚拟仿真检测室，了解各个检验检测室及检测项目、检测内容、主要检测设备，培养严守检测标准的职业精神。

知识目标

1. 掌握建筑材料分类，能够区分结构材料、功能材料、装饰材料在建筑工程中的使用部位。
2. 了解建筑材料的基本物理性能及检测标准。
3. 了解建筑材料现状和发展。

能力目标

1. 能说出主要建筑材料名称。
2. 能说出建筑材料主要性能检测项目和检测设备。

素养目标

1. 了解我国古代和现代优秀建筑文化，正确认识我国建筑材料的优势和不足，提高中国特色社会主义道路自信，明确努力方向。
2. 了解检测标准的重要性，培养质量意识、安全意识、职业精神，培养法治、敬业等社会主义核心价值观。

学习情境 1　建筑材料及检验检测认知

1.1　建筑材料及检验检测认知实训

1.1.1　参观考察工地或浏览建筑构造样板虚拟仿真模型

一、实训目的

通过参观在建工地，或浏览总学习任务中的图 1（建筑工程 BIM 模型）和典型建筑构造样板虚拟仿真模型，认知所使用的建筑材料种类、名称，学习材料应用。

二、实训准备

联系某在建工地，或浏览建筑构造样板虚拟仿真模型，如图 1-1～图 1-4 所示。

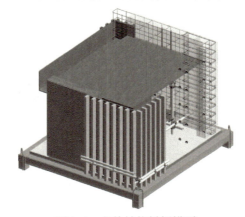

主体结构模型（图）

图 1-1　主体结构样板模型

主体结构所用材料主要包括：钢筋混凝土梁、柱、板、剪力墙（材料有钢筋、水泥、砂、石、添加剂等）；各种辅助材料（包括保护层垫块、套筒、机电预留套管、对拉螺杆、竖向木枋、横向加固钢管等）。

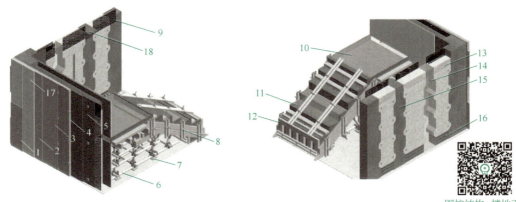

图 1-2　建筑围护结构、楼地面、楼梯及二次结构样板模型

围护结构、楼地面、楼梯模型（图）

1—面砖　2—抹灰砂浆　3—防水涂料　4—找平砂浆　5—蒸压加气混凝土砌体墙　6—脚手架扫地杆　7—底座　8—对拉螺杆　9—钢丝网片　10—楼梯绑扎钢筋　11—封闭式楼梯模板加固板　12—已浇筑混凝土楼梯　13—斜砌顶砖　14—构造柱钢筋　15—后浇筑构造柱（钢筋混凝土）　16—页岩标准砖　17—涂料　18—构造柱簸箕口（混凝土）

建筑材料及检验检测

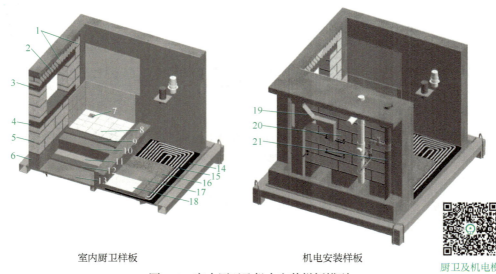

室内厨卫样板　　　　　　机电安装样板

图 1-3　室内厨卫及机电安装样板模型

1—成品三角砖　2—顶砖　3—窗过梁（钢筋混凝土）4—窗压顶（钢筋混凝土）5—加气混凝土墙　6—反坎（钢筋混凝土）7—地漏　8—面砖　9—砂浆找平层　10—陶粒　11—防水涂料　12—砂浆找平层　13—结构板（钢筋混凝土）14—复合保温层　15—地暖管　16—豆石混凝土　17—砂浆找平层　18—地面层（瓷砖）19—风管　20—排水管（PVC）　21—给水管（聚乙烯）

厨卫及机电模型（图）

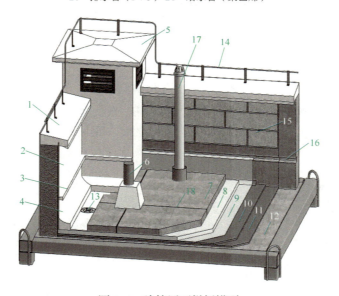

图 1-4　建筑屋面样板模型

1—女儿墙压顶（钢筋混凝土）2—抹灰砂浆　3—滴水线（水泥砂浆）4—女儿墙泛水（混凝土）5—现浇烟道顶板（钢筋混凝土）6—透气管（PVC 管）7—保护层（砂浆）8—保温层（粉胶聚苯颗粒）9—防水卷材（高聚物改性沥青）10—找平层（砂浆）11—找坡层（砂浆）12—钢筋混凝土底板　13—虹吸雨排（塑料）14—防雷钢筋　15—蒸压加气混凝土填充墙　16—防水压槽（混凝土）17—排气管（PVC）18—屋面分格缝（硅橡胶密封材料）

屋面模型（图）

三、参观考察，填写实训报告

参观在建工地样板，或浏览建筑构造样板虚拟仿真模型，认知所使用建筑材料的名称、功能，提交建筑材料认知情况实训报告，见表 1-1。

表 1-1　建筑材料认知实训报告

参观工地（或虚拟仿真建筑项目名称）_____
地　　址_____
日　　期_____

序号	构件或设备名称	构件或设备功能	材料名称举例	备注
1	梁、柱、板、楼梯			
2				
3				
4				
5				
6	墙体、内墙面、外墙面			
7				
8				
9	地面			
10	屋顶			
11	门窗			
12	厕所、厨房防水层			
13	隔热、隔声、装饰层			
14	电线			
15	水管、线管、线盒			
16	洁具			
17	暖通设备			
18	施工辅助材料			

学生姓名：　　　　　　　　　　　　　　　　　　　　　　　日期：

1.1.2　参观建筑材料检验检测室

一、实训目的

认知常用建筑材料性能、检验检测项目和检测设备。

二、实训准备

联系要参观的建筑材料检验检测企业，或做好浏览虚拟仿真建筑材料检验检测室的准备。

三、参观考察

参观检测企业建筑材料检测中心，如图 1-5 所示；或扫描虚拟仿真实训室二维码，了解各个检验检测室及检测项目、检测内容、主要检测设备，提交建筑材料检验检测室情况认知实训报告，见表 1-2。

建筑材料及检验检测

建筑材料检验
检测室（虚）

图 1-5　建筑材料检验检测室

表 1-2　建筑材料检验检测室认知实训报告

参观检测企业（或虚拟仿真实训室名称）_____

地　　址_____

日　　期_____

序号	检验检测室名称	检测项目（举例1～2个）	检测设备（举例1～2个）
1			
2			
3			
4			
5			
6			
7			
8			

学生姓名：　　　　　　　　　　　　　　　　　　　　　　　　　日期：

1.2　建筑材料及检验检测相关知识学习

一、引导问题（判断题，为方便网络学习，题型为客观题，下同）

1）建筑材料是建筑工程中所有材料的总称。　　　　　　　　　　　　　（　　）

2）根据建筑材料在建筑物中的部位或使用功能分类，大体上可分为三大类，即建筑结构材料、围护材料和建筑功能材料。　　　　　　　　　　　　　　　　　　　　（　　）

3）水泥混凝土主要由水泥、石子、沙、添加剂组成。　　　　　　　　　（　　）

4）高分子材料主要包括塑料、橡胶、有机涂料和胶黏剂等。　　　　　　（　　）

5）从建筑材料的发展情况看，我国自古就没有优势，现代不足明显。　　（　　）

6）建筑材料性能检测主要检测与水有关的性质、与热有关的性质、力学性能、耐久性和装饰性。（   ）

7）我国的技术标准分为四级，建筑材料技术标准都是强制性的。（   ）

二、建筑材料及检验检测相关知识

（一）建筑材料定义与分类

1. 定义

建筑材料的定义和分类（教）

建筑材料是建筑工程中所有材料的总称。建筑材料不仅包括构成建筑物的材料，而且还包括在建筑施工中应用和消耗的材料。

广义的建筑材料，除用于建筑物本身的各种材料之外，还包括给水排水（含消防）、暖通（含通风、空调）、供电供气、电信、照明及楼宇控制等配套工程所需设备和器材、施工过程消耗的材料、暂设工程（围墙、脚手架、板桩、模板等）涉及的器具和材料。

本课程讨论的是狭义的建筑材料，即构成建筑物本身的地基基础、承重构件（梁、板、柱等）、地面、墙体、屋面等所用的土建和装饰工程材料。

建筑材料是建筑工程施工的物质基础，建筑材料及检验检测课程是建筑设计、建筑结构、造价、施工管理、质量安全等课程的基础。作为建筑设计人员，需要掌握现有的建筑材料和新型建筑材料的性能，才能将建筑艺术和材料选用有机融合在一起。作为建筑结构设计人员，需要掌握材料的性能，才能设计出安全可靠、施工可行性高的结构形式。一座普通的建筑物，要使用近60种材料或制品建造完成，建筑材料直接相关费用一般约占总造价的50%，有的高达70%，作为造价管理人员，必须合理地选用材料，节约成本。作为现场施工人员，必须掌握材料的取样、性能检验检测、验收、运输、保管等知识，提高应用能力，树立"百年大计、质量第一"的价值观。

2. 分类

建筑材料（土木工程材料）按化学成分分为无机材料、有机材料和复合材料三大类。根据建筑材料在建筑物中的部位或使用功能分类更具工程实际意义，大体上可分为建筑结构材料、围护材料和功能材料三大类，如图1-6所示。

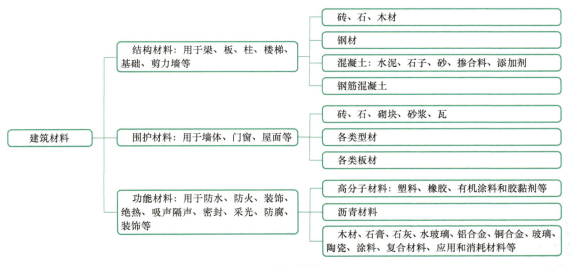

图1-6　建筑材料分类

1）结构材料。结构材料主要是指构成建筑物受力构件和结构所用的材料，如梁、板、柱、楼梯、基础、剪力墙等所用的材料。其主要技术性能要求是具有强度和耐久性。常用的结构材料有钢筋混凝土、钢材、水泥混凝土、砖石、木材等。水泥混凝土主要由水泥、石子、砂、掺合料、添加剂组成。

2）围护材料。围护材料是指用于建筑物围护结构的材料，如墙体、门窗、屋面等部位使用的材料。墙体材料可以分为承重墙材料和非承重墙材料。常用的有砖、石、砂浆、板材、型材、砌块、瓦等。围护材料不仅要求有一定的强度和耐久性，还应具有良好的绝热性，符合节能、绿色环保要求。

3）功能材料。功能材料主要是指担负某些建筑功能的非承重材料，如防水材料、防火材料、装饰材料、绝热材料、吸声隔声材料、密封材料、采光材料、防腐材料、建筑施工过程中应用和消耗材料等。装饰材料是指主要用于建筑物内外墙、地面、顶棚和室内空间装饰所用的材料，常用的有木材、石膏、石灰、水玻璃、铝合金、铜合金、玻璃、陶瓷、涂料、高分子材料、复合材料、应用和消耗材料等。

（二）建筑材料基本性能

建筑材料性能检测主要检测材料的基本物理性质、与水有关的性质、与热有关的性质、力学性能、耐久性和装饰性。

基本性能（教）

1. 基本物理性质

材料的密度、密实度、孔隙率、填充率、空隙率等是认识材料、了解材料性质和应用的重要指标，所以常称为材料的基本物理性质。

1）密度。密度是指在绝对密实状态下，单位体积的质量，以 ρ 表示，单位为 g/cm^3 或 kg/m^3。建筑材料除了钢材、玻璃等少数材料外，绝大多数材料内部存在一定孔隙，如砖、石、混凝土，或散料存在堆积间隙，故密度还有表观密度（视密度）、体积密度、堆积密度之分，将在"学习情境 2 中 2.1 水泥密度、细度性能及检测""学习情境 4 中 4.1 砂石及检测、4.2 混凝土拌合物和物理力学性能及检测"中介绍。

根据材料的密度可以初步了解材料的品质，也是材料孔隙率计算及混凝土配合比计算的依据。

2）密实度与孔隙率。材料体积内被固体物质所充实的程度，也是固体物质的体积占总体积的比例，称为密实度，以 D 表示。密实度反映了材料的致密程度，含有孔隙的固体物质的密实度均小于 1。与密实度相对应的是孔隙率，是指固体材料体积内，孔隙总体积占材料总体积的百分比，以 P 表示。密实度 D 和孔隙率 P 之和等于 1。

材料的很多性能如强度、吸水性、耐久性、导热性等均与其密实度有关。如提高混凝土的密实度可以达到提高混凝土强度的目的；改变材料孔隙特征，加入引气剂以增加一定数量的闭口孔，可以改善混凝土的抗渗透性能及抗冻性能，将在"学习情境 4　混凝土及检测"中介绍。

3）填充率和空隙率。散粒材料在某容器中的堆积体积中，被其颗粒填充的程度，称为填充率，以 D' 表示。散粒材料的填充率均小于 1。

与填充率相对应的是空隙率，即散粒材料在某容器中的堆积体积中，颗粒之间的孔隙体积占堆积体积的百分率，称为空隙率，以 P' 表示。填充率 D' 和空隙率 P' 之和等于 1。填充率和空隙率从两个侧面反映了散粒材料的颗粒之间相互填充的致密程度。

空隙率可以作为控制混凝土骨料级配及计算砂率的依据，将在"学习情境 4 中 4.4 普通混凝土配合比设计"中介绍。

2. 建筑材料与水有关的性质

正常使用阶段的建筑物，不可避免会受到外界雨、雪、地下水等作用，对材料而言，绝大多数都有不同的损害。需要注意建筑材料与水有关的性质，包括材料的亲水性、憎水性、吸水性、吸湿性、耐水性、抗渗性、抗冻性等。

（1）亲水性和憎水性　材料在空气中与水接触，可将材料分为亲水性和憎水性（或称为疏水性）两大类。亲水性是指材料在空气中与水接触时能被水润湿的性质（湿润角 $\theta \leqslant 90°$），如图 1-7a 所示。水能在材料的表面铺开，如砖、混凝土、木材等具有亲水性。憎水性是指材料在空气中与水接触时不能被水润湿的性质（湿润角 $\theta \geqslant 90°$），如图 1-7b 所示。水不能在材料的表面铺开，如沥青、石蜡等具有憎水性。憎水性材料具有较好的防水性、防潮性、抗渗性，常用作防潮防水材料，也可用于亲水性材料的表面处理。将在"学习情境 8　防水材料及检测"中介绍。

图 1-7　材料湿润角示意图
a）亲水性材料　b）憎水性材料

（2）吸水性和吸湿性　材料的吸水性是指材料在水中吸收水分的性质。吸水性的大小可以用质量吸水率和体积吸水率两种方法表示。质量吸水率是指在吸水饱和状态下，所吸水质量占材料在干燥状态下的质量的百分率，是一个固定值。检测见"学习情境 3 中 3.1 消石灰游离水的检测"。体积吸水率是指材料在水中吸水饱和时，所吸水的体积占材料自然状态下体积的百分率。材料的吸湿性是指材料在潮湿空气中吸收水分的性质，用含水率表示。含水率随空气环境变化。

材料吸水或吸湿后，会带来一系列不良影响：自重增加、保温隔热性能降低、强度和耐久性降低、抗冻性能变差等，有时还会发生明显的体积膨胀，影响使用。

（3）耐水性　材料长期在饱和水作用下而不损坏，其强度也不显著降低的性质称为耐水性。材料在饱和水作用下强度 $f_饱$ 与干燥状态下强度 $f_干$ 之比，称为耐水性软化系数 $K_软$，反映的是材料吸水后强度降低的程度，通常认为，耐水材料的软化系数大于 0.85。

（4）抗渗性　材料抵抗压力水渗透的性能，称为抗渗性。对于防水、防潮材料，如沥青、油毡、沥青混凝土、瓦等材料，常用渗透系数 K 表示其抗渗性。对于砂浆、混凝土等材料，常用抗渗等级 P 来表示其抗渗性。见"学习情境 4 中 4.2.3 混凝土拌合物和物理力学性能相关知识学习"。

（5）抗冻性　材料的抗冻性是指材料在水饱和的状态下，能经受多次冻融循环作用而不破坏，强度也不显著降低的性质，常用抗冻等级 F 表示，如混凝土抗冻等级为 F100，见"学习情境 4 中 4.2.3 混凝土拌合物和物理力学性能相关知识学习"。材料的抗冻性主要与孔隙率、孔隙特征、材料强度等有关，抗冻性良好的材料，其耐水性、抗温度或干湿交替变化能力、抗风化能力等也强。因此抗冻性也是评价耐久性的综合指标。

3. 建筑材料与热有关的性质

为了使建筑物具有良好的室内小气候，降低建筑物的使用能耗，在选用围护结构材料时，要求材料具有良好的热工性能。通常考虑的热工性能有导热性与热阻、热容量、耐燃性、耐火性。

（1）导热性与热阻　当材料两侧存在温度差时，热量将由温度高的一侧通过材料传递到低的一侧，材料的这种传导热量的能力，称为导热性。用导热系数 λ 来表达，其意义为厚度为 1m 的材料，当温度改变 1K 时，在 1s 内通过 $1m^2$ 面积的热量。热阻是指热量通过材料层所受到的阻力 R。见"学习情境 9 中 9.1 建筑节能材料热阻及导热系数检测"。

导热系数与热阻都是评定材料保温隔热性能的重要指标。材料导热系数越小，热阻值越大，材料的导热性能越差，绝热（保温隔热）性能越好。工程中常把导热系数 $\lambda<0.175W/(m·K)$ 的材料称为绝热材料。一般情况下，材料孔隙率越大、表观密度越小，导热系数越小（粗大而连通的孔隙除外）。具有细微而封闭的孔的导热系数比粗大而连通的孔的导热系数小。由于水的导热系数较大（0.58），冰的导热系数更高（2.22），所以材料受潮后导热系数提高，绝热性能会受到影响。

（2）热容量　热容量是指材料受热（或冷却）时吸收（或放出）的热量的性质。热容量的大小用比热容 c（简称比热）表示，即容纳热量的能力。其意义是质量为 1g 的材料，当温度升高或降低 1K 时，所吸收或释放的热量。比热容大的材料，本身能吸入或储存热量，可以缓和室内温度的变化，故围护材料应采用导热系数小、比热容适中的材料，这对维护室内温度稳定，减少热损失，节约能源起着重要作用。比热容最大的材料是水，因此沿海地区的昼夜温差较小，蓄水的平屋顶能使室内冬暖夏凉。见"学习情境 9 中 9.2 建筑功能材料相关知识学习"。

（3）耐燃性和耐火性　材料的耐燃性是指材料对火焰和高温的抵抗能力。它是影响建筑物防火、建筑结构耐火等级的一项重要因素。按耐燃性分为非燃材料（如钢材、砖、石等）、难燃材料（如直面石膏板、水泥刨花板等）和可燃材料（木材、竹料等）。

材料的耐火性是指材料在火焰和高温作用下，保持其不破坏、性能不明显下降的能力，用耐受时间表示，称为耐火极限。

耐燃性和耐火性概念的区别：耐燃的材料不一定耐火，耐火的材料一般都耐燃。如钢材是非燃材料，但其耐火极限仅有 0.25h，故钢材虽为重要的建筑结构材料，但其耐火性却较差，使用时必须进行特殊的耐火处理。见"学习情境 7 中 7.1.3 钢材主要物理力学性能相关知识学习"。

力学性能（教）

4. 建筑材料的力学性能

材料的力学性能是指材料在外力（荷载）作用下，产生变形和抵抗破坏的能力。

（1）强度和强度等级　材料的强度是指材料在外力（荷载）作用下，抵抗破坏的能力。根据外力作用的形式不同，材料的强度有抗压强度、抗拉强度、抗（折）弯强度、抗剪强度等。为合理选用材料，根据材料的性能和使用要求进行强度等级的划分，塑性材料按抗拉强度划分强度等级，脆性材料按抗压强度划分强度等级。将建筑材料划分若干个强度等级，对工程的选材、设计、施工、质量控制等非常重要。常以材料的强度指标来标识材料的主要性能，如 Q235，表示屈服强度为 235MPa 的结构钢，C30 表示抗压强度为 30MPa 的混凝土。强度等级是人为划分的不连续的等级，一般材料的实际强度数值要求高于标称数值。抗拉强度见"学习情境 7 中 7.1.2

钢筋拉伸性能检测"，抗压强度见"学习情境 4 中 4.2.2 混凝土物理力学性能检测"。

（2）弹性和塑性　材料在外力作用下产生变形，当外力取消时，能够完全恢复原来形状的性质称为弹性，这种完全恢复的变形称为弹性变形。

材料在外力作用下产生变形，当外力取消，仍然保持变形后的形状和尺寸，并且不产生裂缝的性质称为塑性。这种不能恢复的变形称为塑性变形（永久变形）。

（3）脆性与韧性　在外力的作用下，当外力达到一定的限度后，材料突然破坏，而破坏时并无明显的塑性变形，材料的这种性质称为脆性。砖、石材、陶瓷、玻璃、混凝土、铸铁等属于脆性材料。

在外力的冲击、振动荷载下，材料能够吸收较大的能量，同时也能产生一定的变形而不致破坏的性质称为韧性（冲击韧性）。钢材、木材属于韧性材料。

（4）硬度和耐磨性　硬度是指材料表面耐硬物体刻划或压入而产生塑性变形的能力。钢材、木材等韧性材料采用压入法测定硬度，用布氏硬度或洛氏硬度表示，如 HB200 或 HRC45。而玻璃、陶瓷等脆性材料采用刻划法来测量，称为莫氏硬度，根据刻划矿物（滑石、石膏、方解石、萤石、磷灰石、正长石、石英、黄玉、刚玉、金刚石）分为 10 级。

耐磨性是指材料表面抵抗磨损的能力，用磨损率表示。它等于试件在标准试验条件下磨损前后的质量差与试件受磨损表面积之比。磨损率越大，材料的耐磨性越差。

5. 建筑材料的耐久性及装饰性

（1）建筑材料的耐久性　材料的耐久性是指材料在使用过程中受到各种内外因素的作用下能长久保持原有性质的能力。耐久性包含了材料的抗渗性、抗冻性、抗风（老）化性能、抗腐蚀、抗碳化性、耐热性、耐磨性等。

（2）建筑材料的装饰性　建筑装饰材料，又称建筑饰面材料，是指铺设或涂装在建筑物表面起装饰和美化环境作用的材料。

技术标准（教）

（三）建筑材料技术标准

为了促进技术进步，改进产品质量，提高社会经济效益，维护国家和人民的利益，使标准化工作适应社会主义现代化建设和发展对外经济关系的需要，制定了《中华人民共和国标准化法》。我国的标准分为四级，即国家标准、行业标准、地方标准、企业标准。

建筑材料技术标准是检验检测质量的技术文件，主要包含了产品的规格、分类、技术要求、检测方法、验收规定、产品的外部包装及标志、产品运输、储存、使用过程中应该注意的事项等。技术标准是生产、设计、施工、管理和研究部门应该共同遵循的准则。它是根据不同时期的科学技术水平和实践经验，针对具有普遍性和重复出现的技术问题，提出的最佳解决方案。技术标准是我国研发活动和科技进步的有机组成部分。

1. 国家标准（代号：GB 或 GB/T）

国家标准是指由国家标准化主管机构批准发布，对全国经济、技术发展有重大意义，且在全国范围内实施的统一标准，其他各级标准均应符合国家标准。国家标准号由国家标准的代号、顺序号、年号组成，代号为国标二字的拼音第一个大写字母 GB 组成，例如《钢筋混凝土用钢　第 1 部分：热轧光圆钢筋》（GB 1499.1—2023），表示 2023 年制定的国家强制性标准。如果是推荐性标准，增加推字的第一个大写字母"T"，表示为 GB/T。如《白色硅酸盐水泥》（GB/T 2015—2017）。推荐性标准不具有强制性，由合同双方商定采用。

2. 行业标准

行业标准是对没有国家标准而又需要在全国某个行业范围内统一的技术要求所制定的标准。行业标准不得与有关国家标准相抵触，有关行业标准之间应保持协调、统一，不得重复。行业标准在相应的国家标准实施后，即行废止。行业标准由行业标准归口部门统一管理。行业标准以行业简写的第一个字母为代号，如建筑材料行业简称为建材，代号为 JC。交通行业简称 JT，机械行业简称为 JX。行业标准是国家标准的补充。

3. 地方标准（代号：DB）

对没有国家标准或行业标准，又需要在省级地方区域内实施的标准，可以制定地方标准。

地方标准是由地方（省、自治区、直辖市）标准化主管机构或专业主管部门批准、发布，在某一地区范围内统一的标准。

4. 企业标准（代号：QB）

企业生产的产品没有国家标准和行业标准的，应当制定企业标准，作为组织生产的依据。企业是科技创新的主体，初创产品经过发展扩大，形成规模，成为行业领先地位，可以申请参与制定地方标准。已有国家标准或者行业标准的，国家鼓励企业制定严于国家标准或者行业标准的企业标准，在企业内部适用，提高产品的市场竞争力。

随着我国对外交往的增加，相关技术产品需要与国际标准接轨。主要国外标准有：国际标准，代号 ISO；美国材料与试验协会标准，代号 ASTM；德国工业标准，代号 DIN；英国标准，代号 BS；法国标准，代号 NF。

（四）建筑材料常用检验检测室

根据房屋建筑市场中建筑材料检测实际情况，建筑材料常用检验检测室见表1-3。

表1-3 建筑材料常用检验检测室

序号	检测室名称	检测项目举例	主要设备
1	水泥密度细度检测室	水泥密度试验	李氏瓶
2		水泥细度测定	负压筛析仪
3	水泥检测室	水泥标准稠度用水量测定	标准法维卡仪、水泥净浆搅拌仪
4		水泥凝结时间测定	
5		水泥体积安定性试验	雷氏夹
6		水泥胶砂强度试验	振实台、试模、抗折强度试验机、抗压强度试验机
7	砂石检测室	砂的筛分析试验	试验筛、摇筛机、天平、烘箱
8		砂的表观密度试验	容量瓶、天平、烘箱
9		石子的堆积密度试验	容量筒、称、烘箱
10		石子的压碎指标值试验	压力试验机、压碎指标值测定仪、台秤、试验筛
11		砂中含泥量试验	天平、烘箱、试验筛、容器
12		砂中含泥块量试验	

学习情境1 建筑材料及检验检测认知

（续）

序号	检测室名称	检测项目举例	主要设备
13	混凝土检测室	混凝土坍落度、扩展度试验	混凝土搅拌机、坍落仪、钢尺、量筒
14		混凝土表观密度试验	容量筒、天平、秤、振动台
15		混凝土立方体抗压强度检测	压力试验机
16		混凝土劈裂抗拉强度试验	压力试验机
17		混凝土抗水渗透检测	抗水渗透仪
18	砂浆检测室	砂浆稠度试验	砂浆稠度仪
19		砂浆分层度试验	砂浆分层度仪
20		砂浆立方体抗压强度检测	压力试验机
21	蒸压粉煤灰砖检测室	蒸压粉煤灰抗折强度试验	压力试验机
22		蒸压粉煤灰抗压强度试验	压力试验机
23	钢筋检测室	质量偏差	电子天平
24		钢筋拉伸试验	万能材料试验机、打孔机
25		钢筋冷弯试验	弯曲试验机
26		钢筋反向性能检测	多功能弯曲试验机
27	防水材料检测室	沥青针入度试验	针入度仪
28		沥青软化点试验	软化点试验仪
29		沥青延度试验	延度仪、水浴池、模具
30		防水卷材不透水性检测	不透水仪

（五）建筑材料的发展状况

人类的历史是按照制造生产工具所用材料的种类划分的。人类利用材料的两种方式：以物资为基础的利用方式——就地取材；需求导向的利用方式——研发。

发展状况（教）

人类经历了由穴居野外到建造房屋的过程。最初的房屋主体结构是树木搭建，四周筑土砌石做成墙体，建筑材料主要为土、石材、木材。在我国西周早期的陕西凤雏遗址中，发现了采用三合土的抹面，说明此时已开始使用石灰，证明我国建筑材料技术发展历史源远流长。在秦汉时期，烧制砖瓦的技术日臻成熟，出现秦砖汉瓦，建造了一些著名的建筑物和构筑物，如秦汉的万里长城，就是采用砖石、石灰等材料修成，被誉为世界的八大建筑奇迹之一，是我国早期文明符号性的标志。河北赵州桥，采用独特的石拱结构，距今已4000多年的历史，堪称建筑典范；气势宏大的北京故宫，诗情画意的苏州园林无不显耀我国古代和近代劳动人民的智慧的光芒，体现中华先进文化。

1949年之前，我国建筑工业发展十分缓慢。1860年，在上海、汉阳等地相继建成炼铁厂；1882年，建成了玻璃厂；1889年，我国第一家水泥企业——唐山细棉土厂创办，生产出第一桶"洋灰"。1949年以前民族水泥工业艰难起步，风雨飘摇，发展极为缓慢。1949年全国水泥厂有35

家，产量仅为 66 万 t，人均水泥不足 1.5kg，1949 年我国钢产量 16 万 t，水泥钢铁工业远远落后于西方国家。

我国现有水泥企业 3000 多家，设计水泥总产能 30 亿 t。根据国家统计局数据，2021 年全年水泥产量 23.63 亿 t，约是 1949 年产量的 3600 倍，我国已成为全球水泥制造的第一大国，约占全球水泥产量的 57% 左右。经过几代人的努力，我国研制发明了六大体系、七大类共 60 余种特种水泥品种，广泛应用于水电、核电、煤炭、交通、石油、海工、国防等特殊工程领域，满足了国民经济建设的需要。长江三峡工程、大亚湾核电站、舟山港码头、南海油田、秦岭隧道、粤港湾大桥、北京大兴机场等国家重点工程都用上了我国自己生产的特种水泥。

2022 年全国生铁、粗钢产量分别为 8.64 亿 t、10.13 亿 t，我国粗钢产量占世界产量的 55.3%。其中钢筋产量 2.66 亿 t，同时全国累计进口钢材 2023.3 万 t。

此外，大量性能优异、品质良好的功能材料，如绝热、吸声、防水、耐火材料等也应运而生。近年来，随着人们生活水平的不断提高，新型建筑装饰材料，如新型玻璃、陶瓷、卫生洁具、塑料、铝合金、铜合金等，更是层出不穷，日新月异。

（六）建筑材料发展方向

新材料技术同信息技术、生物技术一起成为 21 世纪最重要、最具发展潜力的领域。建筑材料作为材料科学的一个分支，也得到了飞速的发展。发展绿色建筑材料，发展轻质、高强等性能的材料，发展新型化学建筑材料等已经成为建筑材料的主要发展趋势。

1. 发展绿色建筑材料

绿色建筑是指在建筑的全寿命周期内，最大限度地节约资源（节能、节地、节水、节材）、保护环境和减少污染，为人们提供健康、适用和高效的使用空间，与自然和谐共生的建筑。绿色建筑的发展，离不开绿色建筑材料的发展。绿色建筑材料又称为生态建筑材料、环保建筑材料或健康建筑材料，是国内外材料科学与研究发展的必然趋势。这类材料的主要特点是消耗资源和能源少，对生态和环境污染小，再生利用率高。从材料的制造、使用、废弃直到再生循环利用的整个寿命过程，都与生态环境相协调，主要表现在以下几个方面：

1）在原材料配置和生产过程中，不使用有害和有毒物质。

2）采用低能耗制造工艺和无污染环境的生产技术，如蒸压粉煤灰砌块等。

3）原材料尽可能少用天然资源，尽量使用无害的工业废料、废渣、废液。例如，采用黏土和煤渣灰制造的空心砖，碱矿渣生态水泥。

4）产品的设计是以改善生产环境、提高生活质量为宗旨。产品具有抗菌、灭菌、防霉、除臭、隔热、阻燃、调温、调湿、消磁、防射线、抗静电等多功能化性能。例如，以粉煤灰漂珠等为轻质骨料制作的无机保温砂浆。

5）材料在使用结束和废弃后，再生产利用率高，或者在自然界中能够自然降解，不形成对环境有害的物质。例如，钢结构建筑的钢材。

2. 发展轻质、高强等性能的新型建筑材料

借助现代高科技材料研究技术，对材料的组成、生产工艺、结构和材料的性能之间的关系、规律性和影响因素进行研究，按指定性能研制出某些高性能的材料。例如，大规模生产新型干法水泥，研制出轻质高强度混凝土、蒸压轻质加气混凝土等新型墙材。

3. 发展新型化学建筑材料

化学建筑材料主要包括塑料、涂料、防水材料、密封材料、绝热材料、隔声材料、特种陶瓷和建筑胶黏剂等。塑料建筑材料有许多优点，在现代建筑中，应用塑料门窗、塑料管道等代替了部分钢材和木材，例如，UPVC 塑料门窗、纳米高档墙体涂料、合成高分子类防水卷材等新材料已逐步应用在工程建设中。

三、小组讨论

课堂理论教学推荐利用线上教学平台，实现混合式教学。推荐利用 PBL 教学模式，根据学生上传的线上或线下参观认知实训报告、引导问题、视频学习情况，分小组就下列题目进行讨论。

根据总学习任务提出的要求，对图 1 所示建筑工程案例中涉及的建筑材料进行统计，并结合参观的实训室，讨论下述问题。

1）根据参观检测中心或虚拟仿真视频介绍的常用检验检测室情况，列出你知道的该案例项目建筑工地上常用的建筑材料及需要检测的常用项目，对应采用的主要检测仪器。
2）谈谈你对我国建筑材料历史、文化和现状的认识和体会。
3）请叙述本门课程学习的要求和方法。

四、总结汇报

分小组汇报实训报告及小组讨论问题的结果，小组间对结果进行辩论，教师进行总结和拓展，并讲解相关理论知识和应用。

五、评估

将每一个学生在视频观看、引导问题、考证训练等任务点完成情况进行自动或人工评分，期末赋权自动统计成绩作为平时成绩的一部分；对小组课堂研讨问题汇报、实训报告、工匠精神的表现等情况进行现场评价，作为平时成绩的另一部分，采用 PBL 模式进行分数评估。工匠精神主要就防护服装、劳动纪律、严守标准、苦练技能、团队合作的表现进行评估，按照《建筑材料及检验检测》教材教学使用说明中表 1，填写表 1-4（本书后面不再重复列出该表）。

表 1-4 学习检查评估设置及打分表

评分人 评分项目	教师评价（50%）	组内互评（20%）	组间互评（10%）	自评（20%）	总分（自动生成）
1. 实训报告（40%）					
2. 研讨汇报（50%）					
3. 工匠精神（10%）					
加权小计（自动生成）					（总分）

注：本表为标准表格，实训报告评估内容可以包括线下实训和虚拟仿真实训，若没有进行线下实训，只是参加虚拟仿真实训，则只评估虚拟仿真实训。

自动生成表 1-5（本书后面不再重复列出该表）。参见《建筑材料及检验检测》教材教学使用说明中表 2。

表1-5 学习任务评估结果班级统计表

项目名称：														
课程：				发起教师：				发起时间：						
班级：				总组数：				截止时间：						
学生姓名	学号	学校	院系	专业	行政班级	提交时间	提交标题	提交内容	所处分组	得分	教师评价（50%）	组内评价（20%）	组间评价（10%）	自评（20%）	评价详情

考／证／训／练

单选题

1．建筑材料按照功能分类，包括有（　　）、围护材料、功能材料三大类。
　　A．结构材料　　　B．无机材料　　　C．有机材料　　　D．金属材料
2．材料在水中吸收水分的性质称为（　　）。
　　A．吸水性　　　　B．吸湿性　　　　C．耐水性　　　　D．渗透性
3．抗拉强度最好的材料是（　　）。
　　A．钢　　　　　　B．混凝土　　　　C．木材　　　　　D．花岗岩
4．抗压性能优于抗拉性能的材料是（　　）。
　　A．钢　　　　　　B．混凝土　　　　C．木材　　　　　D．以上都是
5．在冲击荷载下，材料能够承受较大的变形也不致破坏的性能称为（　　）。
　　A．弹性　　　　　B．塑性　　　　　C．脆性　　　　　D．韧性
6．建筑材料直接相关费用一般约占建筑总造价的（　　）。
　　A．10%　　　　　B．20%　　　　　C．50%　　　　　D．80%
7．国家各级标准的遵循原则（　　）。
　　A．各级标准地位相同　　　　　　　B．优先国家标准
　　C．优先行业标准　　　　　　　　　D．优先地方标准
8．建筑材料性能检测主要包括基本物理性质、与水有关的性质、与热相关的性质、（　　）、耐久性及装饰性。
　　A．力学性能　　　B．塑性　　　　　C．脆性　　　　　D．韧性

学习情境 2

水泥及检测

情境描述

总学习任务中图 1 所示建筑工程案例,要求梁、柱、板混凝土强度为 C25,采用自拌工艺。选择强度等级为 32.5 的普通硅酸盐水泥,现需要对该样品水泥进行检测,包括密度、细度、标准稠度用水量、凝结时间、安定性、胶砂强度。需要判别水泥物理性能是否合格,水泥能否满足混凝土强度 C25 要求。提供水泥物理性能指标检测报告一份,并根据该工程不同构造要求,选择合适的水泥品种。

知识目标

1. 了解水泥分类、生产工艺流程、组分、分级和代号、物理化学及力学性能指标。
2. 掌握通用水泥的主要技术性能及应用范围。

能力目标

1. 会根据包装文字信息和颜色,区分水泥。
2. 掌握水泥密度、细度、凝结时间、安定性、胶砂强度的检测技能。
3. 能根据施工图要求、工程特点或所处环境条件正确选用水泥品种。

素养目标

遵守劳动纪律,穿好防护服装,注意安全文明,严守检测标准,苦练检测技能,培养公正、廉明的职业道德、精益求精的工匠精神及自主学习、团队合作的能力。

2.1 水泥密度、细度性能及检测

测定样品水泥密度、细度,学习材料密度、细度的基本物理性能知识,学习水泥的品种分类、包装运输、取样、检测等基本知识。

2.1.1 水泥密度、细度检测

一、实训目的

掌握水泥的密度、细度的试验步骤和检测技能，判断检测结果是否符合《通用硅酸盐水泥》（GB 175—2023）的要求。认识检测工作的严谨性和公正性，树立质量意识和责任意识。

二、实训准备

从送检的水泥样品中取样，并填写水泥取样信息，见表 2-1。

表 2-1 水泥取样信息

委托单位				检测单位		
工程名称						
工程部位				样品编号		
送检日期		检验日期		报告日期		
监督人		见证人		报告编号		
品种	强度等级	生产厂家		出厂日期	出厂编号	批量 /t

三、水泥密度试验

1. 主要仪器设备及材料

1）电子天平，分度值 0.01g，如图 2-1 所示。
2）李氏瓶，如图 2-2 所示。
3）无水煤油，符合 GB 253—2008 的要求。
4）恒温水槽。
5）方孔筛，规格 0.09mm。
6）干燥箱。

水泥密度检测（虚）

图 2-1 电子天平　　图 2-2 李氏瓶

2. 试样准备

将试样研细，预先通过①_____方孔筛，在②_____℃下干燥③_____h，并在干燥器内冷却至室温，称取水泥④_____，称准至⑤_____。

3. 试验步骤

1）将无水煤油注入李氏瓶中到 0～1mL 刻度线后（以弯月面下部为准），盖上瓶塞放入恒温水槽内，使刻度部分浸入水中（水温应控制在 20℃±1℃），恒温⑥_____，记下初始（第一次）读数 V_1。

2）从恒温水槽中取出李氏瓶，用滤纸将李氏瓶细长颈内没有煤油部分仔细擦干净。

3）用小匙将水泥样品一点点地装入李氏瓶中，反复摇动（也可用超声波振动），至没有气泡排出，再次将李氏瓶静置于恒温水槽中，恒温⑦_____，记下第二次读数 V_2。

4）第一次读数和第二次读数时，恒温水槽的温度差不大于⑧_____。

5）结果计算。水泥密度 ρ（g/cm³）按下式计算：

学习情境 2　水泥及检测

$$\rho = \frac{m}{(V_2 - V_1)} \qquad (2-1)$$

结果精确至 0.01g/cm³，试验结果取两次测定结果的算术平均值，两次测定结果之差不得超过 0.02g/cm³，否则应重做。

4. 水泥密度试验原始记录

水泥密度试验原始记录见表 2-2。

表 2-2　水泥密度试验原始记录

检测依据：GB/T 208—2014
仪器设备：LD 电子天平 [仪器编号（下同）：　　　　]、李氏瓶、玻璃温度计（　　　　）
记录编号：

样品编号	水泥称量/g	测量次数	初始时刻读数		装入水泥后读数		水泥密度 ρ/(g/cm³)	试验人员	试验日期	备注
			刻度 V_1/mL	水温/℃	刻度 V_2/mL	水温/℃				
水泥密度平均值 ρ/(g/cm³)										

填空答案：① 0.9mm；② 110±5；③ 1；④ 60g；⑤ 0.01g；⑥ 30min；⑦ 30min；⑧ 0.2℃。

四、水泥细度试验

1. 主要仪器设备

负压筛析仪，如图 2-3 所示。

负压筛析仪的作用：①_____。

水泥细度检测（虚）

a）　　　　　　　　　　　　　　b）
图 2-3　水泥负压筛析议及试验筛
a）水泥负压筛析仪　b）试验筛

2. 水泥细度（负压筛析法）试验步骤

1）试验前所用试验筛应保持清洁，负压筛应保持干燥。试验时，45μm 方孔筛析试验称取试样②_____。

2）试验前，应把负压筛放在筛座上，盖上筛盖，接通电源，检查控制系统，调节负压至③_____范围内。

3）称取试样精确至④_____，置于洁净的负压筛中，盖上筛盖，放在筛座上，开动筛析仪连续筛析⑤_____，在此期间如有试样附着在筛盖上，可轻轻地敲击，使试样落下。筛毕，用天平称量全部筛余物。

4）当工作负压小于 4000Pa 时，应清理吸尘器内水泥，使负压恢复正常。

5）试验结果处理与评定。

①水泥试样筛余百分数应按下式计算：

$$F = \frac{R_S}{W} \times 100\% \qquad (2-2)$$

式中　F——水泥试样的筛余百分数（%）；
　　　R_S——水泥筛余物的质量（g）；
　　　W——水泥试样的质量（g）。

结果计算精确至 0.1%。

②评定。合格评定时，每个样品应称取两个试样分别筛析，取筛析平均值为筛析结果。若两次筛余结果绝对值误差大于 0.5% 时（筛余值大于 5.0% 时可放宽至 1.0%）应再做一次试验，取两次相近结果的算术平均值，作为最终结果。

3. 水泥细度试验原始记录表

水泥细度试验原始记录表见表 2-3。

表 2-3　水泥细度试验原始记录表

试验日期：　　　　　　　　　　　　　　　　　　　记录编号：

检测项目	细度（□ 45μm 筛）
检测依据	GB/T 1345—2005
仪器设备	□水泥细度负压筛析仪（　　　） □ 45μm 标准负压筛（　　　） □ LD 电子天平（　　　）

样品编号 品种/等级	筛余/g	修正系数

填空答案：①测量水泥的细度；② 10g；③ 4000～6000Pa；④ 0.1g；⑤ 2min。

2.1.2 水泥密度、细度性能相关知识学习

一、引导问题（判断题）

1）在工程中大量使用水泥，加水搅拌后成浆体，具有较好的流动性，且能在空气中硬化或者在水中更好地硬化。（   ）
2）通用水泥包括硅酸盐水泥、普通硅酸盐水泥、矿渣硅酸盐水泥、火山灰质硅酸盐水泥、粉煤灰硅酸盐水泥五个品种。（   ）
3）从水泥包装袋的标识中可以辨别水泥的产品名称、代号、净含量、生产许可证编号、生产者名称和地址、出厂编号、执行标准号、包装年月日等主要包装标志。（   ）
4）工程中密度、表观密度、体积密度、堆积密度概念是一样的。（   ）
5）硅酸盐水泥和普通硅酸盐水泥可采用筛析法检测细度。（   ）

二、水泥密度、细度性能相关知识

（一）胶凝材料分类

胶凝材料是指经过自身的物理化学作用后，能够由可塑性浆体变成坚硬固体，并在变化过程中把一些散粒材料或块状材料胶结成具有一定强度的整体的材料。胶凝材料是建筑工程中常用的一种材料，分类如图 2-4 所示，包含有机胶凝材料与无机胶凝材料。有机胶凝材料是指以天然或人工合成高分子化合物为基本组分的一类胶凝材料，包括沥青、树脂、橡胶等；无机胶凝材料又称为矿物胶凝材料，按照硬化条件，包括水硬性材料和气硬性材料。

胶凝材料分类（教）

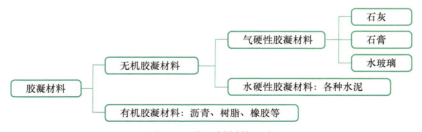

图 2-4　胶凝材料的分类

水硬性胶凝材料是指和水成浆后，既能在空气中硬化并保持强度，又能在水中硬化并长期保持和提高其强度的材料，这类材料通常统称为水泥，如硅酸盐水泥、铝酸盐水泥等，既可适用于地上，也可用于地下潮湿环境或水中。

气硬性胶凝材料是指不能在水中硬化，只能在空气中硬化，保持和发展强度的材料，如石灰、石膏、水玻璃、镁质胶凝材料等，只可用于地上或干燥环境。

（二）水泥的概述

水泥是以水化活性矿物为主要成分的粉状水硬性无机胶凝材料，加水搅拌后成浆体，具有较好的流动性，且能在空气中硬化或者在水中更好地硬化。

水泥是主要的建筑材料，广泛应用于工业民用建筑、道路、水利和国防工程，可作为胶凝材料与骨料及增强材料制成混凝土、钢筋混凝土、预应力混凝土构件，也可配制砌筑砂浆、抹面砂浆、装饰砂浆、防水砂浆用于建筑物砌筑、抹面、装饰、防水等。

1. 水泥按主要矿物成分或水泥用途分类

水泥种类繁多，根据水泥的主要矿物成分，可以分为硅酸盐系水泥（也称通用水泥、波特兰水泥）、铝酸盐系水泥、硫铝酸盐系水泥、磷酸盐系水泥，还有铁铝酸水泥、氟铝酸盐水泥，以及以火山灰、粉煤灰或潜在水硬性材料及其他活性材料为主要成分的水泥等；根据用途又可分为通用水泥、专用水泥、特性水泥三大类。

通用水泥就是硅酸盐系水泥（也称波特兰水泥），包括硅酸盐水泥、普通硅酸盐水泥、矿渣硅酸盐水泥、火山灰质硅酸盐水泥、粉煤灰硅酸盐水泥、复合硅酸盐水泥六个品种，主要用于一般的土木建筑工程；专用水泥是指具有专门用途的水泥，如砌筑水泥、道路水泥、油井水泥等；特性水泥是指某种性能比较突出的水泥，如快硬水泥、抗腐蚀水泥、中热硅酸盐水泥、低热矿渣硅酸盐水泥、膨胀水泥及白色水泥等。

2. 水泥的形态

水泥颗粒宏观形貌呈粉状，如图 2-5 所示。水泥颗粒放大后微观形貌如图 2-6 所示。

3. 水泥的包装

水泥可以散装或袋装，袋装水泥每袋净含量为 50kg，且应不少于标志质量的 99%，随机抽取 20 袋总质量（含包装袋）应不少于 1000kg。其他包装形式由供需双方协商确定，但有关袋装质量要求，应符合下述规定：袋装水泥在包装上应该清楚地标明产品名称、代号、净含量、强度等级、生产许可证编号、生产者名称和地址、出厂编号、执行标准号、包装年月日等主要包装标志。掺火山灰质的混合材料的普通硅酸盐水泥，必须在包装上标上"掺火山灰"字样。包装袋两面应印有水泥名称和强度等级。水泥品种印刷字体颜色：硅酸盐水泥和普通硅酸盐水泥包装袋两侧应采用红色印刷或喷涂水泥名称和强度等级，如图 2-7 所示；矿渣硅酸盐水泥、火山灰质硅酸盐水泥、粉煤灰硅酸盐水泥和复合硅酸盐水泥包装袋两侧应采用黑色或蓝色印刷或喷涂水泥名称和强度等级，如图 2-8、图 2-9 所示。

图 2-5　水泥颗粒宏观形貌　　　　　图 2-6　水泥颗粒微观形貌

图 2-7　红色字体袋装水泥名称　　图 2-8　黑色字体袋装水泥名称　　图 2-9　蓝色字体袋装水泥名称

（三）水泥的基本物理性质

水泥的基本物理性质，主要有密度、密实度、孔隙率和细度。

1. 密度

密度是指材料单位体积的质量，以 ρ 表示。同质量的物体，材料构造状态不同，体积测量方法不同，则体积不同，计算出的密度也不同。

（1）体积　体积是指材料占有的空间尺寸。由于材料具有不同的物理状态，因而表现出不同的体积。材料在自然状态下的体积（V_0）由材料固体物质所占的体积（V）和材料孔隙所占的体积（V_p）组成。

材料的孔隙有两种，相互连通且与外界相通的孔为开口孔，不与外界相通的孔为闭口孔，材料孔隙及体积示意图如图 2-10 所示。散粒材料由具有一定粒径的材料堆积而成，如工程中常用的砂、碎石、卵石等。其体积组成不仅包含了材料实体体积、孔隙体积，还包含了堆积状态下颗粒和颗粒之间的空隙所占的体积（V_s），如图 2-11 所示。

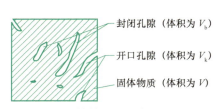

图 2-10　材料孔隙及体积示意图

图 2-11　散粒材料堆积状态示意图

注：材料在自然状态下的总体积：$V_0=V+V_p$，孔隙体积 $V_p=V_b+V_k$。

在材料体积组成中，孔隙构造对建筑材料的许多性能，如强度、吸水性、抗渗性、抗冻性、导热性及隔声、吸声性等都有很大的影响。孔隙的构造特征主要是指孔的形状（连通孔还是封闭孔）、孔径的大小及分布是否均匀等。连通孔不仅彼此贯通，还与外界相通，而封闭孔则彼此不连通且与外界相隔绝。孔隙按孔径大小分为细孔和粗孔。一般来说，孔径越大，孔隙越多，材料的各项性能降低；反之，材料的各项性能将明显提高。

（2）不同构造状态下的密度

1）密度。材料在绝对密实状态下，单位体积的质量称为材料的密度。材料的密度计算按下式计算：

$$\rho = \frac{m}{V} \tag{2-3}$$

式中　ρ——材料的密度（g/cm³ 或者 kg/m³）；

m——材料干燥状态下的质量（g 或者 kg）；

V——干燥材料在绝对密实状态下的体积（cm³ 或者 m³），指不包括材料孔隙的固体物质的真实体积。

在建筑材料中除钢材、玻璃等极少数材料可以忽略孔隙体积外，绝大多数材料，如混凝土材料、墙体材料等内部都含有一些孔隙。为测定含有孔隙的材料的绝对密实状态的体积，通常将材料磨成细粉末，以便排除其内部孔隙。一般要求磨细至粒径小于 0.2mm，干燥后用排水法测得的实际体积，作为绝对密实状态的体积。材料磨得越细，测得的值越精确，一般用来判断

建筑材料及检验检测

材料的品质。仅硅酸盐水泥必须提供密度指标。

2）表观密度。材料在自然状态下（包含闭口孔隙）单位体积所具有的质量，称为材料的表观密度（视密度）。材料的表观密度按下式计算：

$$\rho' = \frac{m}{V'} \tag{2-4}$$

式中　ρ'——材料的表观密度（g/cm³ 或者 kg/m³）；

　　　m——材料的质量（g 或者 kg）；

　　　V'——表观体积（cm³ 或者 m³），材料在自然状态下不包括开口孔隙体积。

工程中，砂、石子等散粒状材料，因孔隙很小，可不必磨成细粉，直接用排水法测得颗粒体积（包含材料的密实体积和闭口孔隙体积，但不包括开口孔隙体积），作为表观体积，是绝对密实体积的近似值，计算的密度为表观密度，用来表征材料密度的近似值。如将材料放入水中时，水只能进入开口孔而无法进入闭口孔，因此在建筑工程中，常以表观密度来表征材料的实际密度。

砂、石等材料在拌制混凝土时，由于拌合物中的水泥能进入砂石开口孔内，因此材料体积只能包含材料的密实体积及其闭口孔体积，即 V'。因此在配合比试验中，检测混凝土拌合物的表观密度，对计算砂石在混凝土中的实际体积有实用意义。

3）体积密度。材料在自然状态下（包含闭口孔隙和开口孔隙）单位体积的质量，称为材料的体积密度。材料的体积密度按下式计算：

$$\rho_0 = \frac{m}{V_0} \tag{2-5}$$

式中　ρ_0——材料的体积密度（g/cm³ 或者 kg/m³）；

　　　m——材料的质量（g 或者 kg）；

　　　V_0——自然体积（cm³ 或者 m³），包括内部闭口孔隙和开口孔隙的体积。

材料在自然状态下的体积 V_0，对于形状规则的材料，可以直接测量其外观尺寸，用几何公式求出；对于不规则的材料，则需要在材料的表面涂蜡后（封闭开口孔隙），用排水法测定。其所表征的体积是材料的宏观毛体积。大多数材料使用时，其体积包括内部所有孔隙在内的体积 V_p，如石材、混凝土、砖块等。对于塑料泡沫材料，测量其体积密度就非常有意义，其使用体积包含了所有的孔隙体积。

由于材料自然状态下的体积含有孔隙，因此在测定材料的体积密度时，材料的质量可以是任意的含水状态，故应注明含水情况。若没有注明，均指干燥材料的体积密度。

4）堆积密度。粉状或粒状材料，在堆积状态下单位体积的质量，称为材料的堆积密度。材料的堆积密度按下式计算：

$$\rho'_0 = \frac{m}{V'_0} \tag{2-6}$$

式中　ρ'_0——材料的堆积密度（g/cm³ 或者 kg/m³）；

　　　m——材料的质量（g 或者 kg）；

　　　V'_0——材料在自然状态下的堆积体积（cm³ 或者 m³），其体积包括所有颗粒内部孔隙（闭口孔隙和开口孔隙），还包括颗粒间的空隙。

砂、石子等散粒材料的堆积体积，可以在规定条件下用所填充容量筒的容积来求得。堆积密度的大小与材料装填于容器中的条件和材料的堆积状态有关，在自然堆积状态下称为松散堆积密度，如加以振实紧密堆积时，称为紧密堆积密度。在测定材料的堆积密度时，材料的质量可以是任意的含水状态,未注明含水率时指材料在干燥状态下的质量。工程上常以松散堆积密度计量。

在建筑工程中,计算材料的用量、构件的自重、混凝土和砂浆的配合比以及材料的运输量与堆放空间等时经常用到材料的密度、表观密度、体积密度和堆积密度等概念。以上几种密度概念较为接近,但对具体材料其数值并不相同,所使用的场合也不同,应注意进行严格区分。常用建筑材料的几种密度及比较,见表2-4。密度基本按照从大到小排列,散料用量常用堆积密度计算,其余材料用量用体积密度计算。为以后学习密度、空隙率、吸水率、含水率等参数之间的换算关系做好准备。

表 2-4　常用建筑材料的几种密度及比较

项目(材料名称)	密度/(g/cm³)	表观密度/(g/cm³)	体积密度/(kg/m³)	堆积密度/(kg/m³)
材料状态	绝对密实	近似绝对密度(包含了闭口孔隙)	自然状态(包含了闭口、开口孔隙)	堆积状态(包含了闭口、开口孔隙、间隙)
材料体积	V	V'	V_0	V'_0
计算公式	$\rho=m/V$	$\rho'=m/V'$	$\rho_0=m/V_0$	$\rho'_0=m/V'_0$
应用	判断材料性质		用量计算、体积计算	
钢材	7.85		7850	
花岗岩	2.6～2.9	2.6～2.85	2500～2850	
普通混凝土			2000～2500	
水泥	2.8～3.1			1000～1600
碎石或卵石	2.6～2.9	2.55～2.85		1400～1700
砂	2.6～2.8	2.55～2.75		1450～1700
玻璃	2.55		2.55	
烧结普通砖	2.5～2.7		1500～1800	
烧结空心黏土砖	2.5～2.7		800～1100	
木材(松木)	1.55		400～800	
泡沫塑料	1.0～2.6		20～50	

2. 密实度

密实度是指材料体积内被固体物质所充实的程度,也就是固体物质的体积占总体积的比例。密实度反映了材料的致密程度,以 D 表示,按下式计算:

$$D = \frac{V}{V_0} \times 100\% = \frac{\rho_0}{\rho} \times 100\% \qquad (2-7)$$

含有孔隙的固体材料的密实度均小于1,例如某种塑料泡沫材料,密实度 $D=(0.05/1)\times 100\%=5\%$。材料的很多性能如强度、吸水性、耐久性、导热性等均与其密实度有关。

3. 孔隙率

与密实度相对应的是孔隙率,孔隙率是指材料孔隙体积(包括闭口孔隙和开口空隙)与总体积之比,以 P 表示,按下式计算:

建筑材料及检验检测

$$P = \frac{V_0 - V}{V_0} \times 100\% = \left(1 - \frac{V}{V_0}\right) \times 100\% = \left(1 - \frac{\rho_0}{\rho}\right) \times 100\% \quad (2\text{-}8)$$

孔隙率与密实度的关系为

$$P + D = 1 \quad (2\text{-}9)$$

孔隙率的大小直接反映了材料的致密程度。上述的塑料泡沫材料的孔隙率为95%。孔隙率的大小及孔隙本身的特征与材料的许多重要性质,如强度、吸水性、抗渗性、抗冻性和导热性等都有密切关系。一般而言,孔隙率小,且连通孔较少的材料,其吸水性较小,强度较高,抗渗性和抗冻性较好。

4. 细度

(1)细度定义 细度是指粉体的粗细程度。由于水泥的许多性质(凝结时间、收缩性、强度等)都与水泥的细度有关,因此必须按照《通用硅酸盐水泥》(GB 175—2023)的规定检测水泥的细度,以它作为评定水泥质量的依据之一。细度不合格,则水泥不合格。

(2)测量方法 细度测量方法有筛析法和比表面积法,应用范围不同。

1)筛析法。筛析法包括水筛法和负压筛析法。普通硅酸盐水泥、矿渣硅酸盐水泥、粉煤灰硅酸盐水泥、火山灰质硅酸盐水泥、复合硅酸盐水泥的细度可采用负压筛析法检测,以45μm方孔筛的筛余表示,应不低于5%。当买方有特殊要求时,由买卖双方协商确定。

2)比表面积法(勃氏法)。硅酸盐水泥细度用比表面积表示,以1kg水泥颗粒所具有的总表面积来表示,应不低于300m²/kg,且不高于400m²/kg。按照《水泥比表面积测定方法 勃氏法》(GB/T 8074—2008)检测。当有特殊要求时,由双方协商确定。

原理是根据一定量的空气通过具有一定空隙率和固定厚度的水泥层时,所受到的阻力不同而引起的流速的变化来测定水泥的比表面积。比表面积阻力、流速对比如图2-12所示。比表面积可采用比表面积测定仪测定,如图2-13所示。

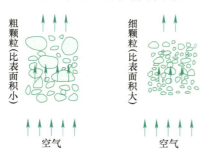

图2-12 比表面积阻力、流速对比

图2-13 比表面积测定仪

(3)水泥的细度对性能的影响 水泥的许多性质(凝结时间、收缩性、强度等)都与水泥细度有关。细度不符合要求的水泥为不合格品。

1)水泥颗粒细度影响水化活性和凝结硬化速度,水泥颗粒太粗,水化活性越低,不利于凝结硬化。

2)虽然水泥越细,凝结硬化越快,早期强度会越高,但是水化放热速度也快,水泥收缩也越大,对水泥石性能不利。

3）水泥越细，生产能耗越高，成本增加。
4）水泥越细，对水泥的储存也不利，容易受潮结块，降低强度。

（四）水泥的取样方法

交货时水泥的质量验收可抽取试样以其检测结果为依据，也可以生产者同编号水泥的检测报告为依据，出厂水泥检测取样方法按照国家标准《水泥取样方法》（GB/T 12573—2008）进行。采取何种方法验收由买卖双方商定，并在合同或协议中注明。以抽取实物试样的检测结果为验收依据时，买卖双方应在发货前或交货地共同取样和签封。取样数量为20kg，分为两等份，一份由卖方保存40d，另一份由买方按照国家标准规定的项目和方法进行检测。

1. 水泥取样单位

进入工地时，同一厂家、同一等级、同一品种、同一批号且连续进场的水泥，袋装不超过200t为一批，散装不超过500t为一批，每批次抽样不少于1次。

2. 样品的数量

（1）混合样 水泥试样必须在同一批号不同部位处等量采集，取样试点至少在20点以上，经混合均匀用防潮容器包装，质量不少于12kg。

（2）分割样

1）袋装水泥，每1/10编号从一袋中取至少6kg。

2）散装水泥，每1/10编号5min内取至少6kg。

3. 样品的制备

1）样品缩分。样品缩分可采用二分器，一次或多次将样品缩分到标准要求规定的量。

2）试验样及封存样。将每一个编号所取的水泥混合样品通过0.9mm的方孔筛，均分为试验样和封存样。

3）分割样。每一编号所取10个分割样应分别通过0.9mm的方孔筛并按《水泥取样方法》（GB/T 12573—2008）要求进行试验，不得混杂。

4. 样品的包装和储存

样品取得后应储存在密闭容器中，密封储存在干燥通风环境中，封存样要加封条，并至少一处加盖清晰、不易擦掉的标有编号、取样时间、取样地点、取样人的密封印。

三、小组讨论

1）请填写密度、细度实训数据，水泥的密度为_____g/cm³，45μm筛筛余为_____%。

2）检测水泥的什么密度？有什么意义？不同品种水泥密度相同吗？从水泥密度检测方法和操作细节中你学到了什么？

3）从细度检测的方法上判断，你检测的编号样品水泥可能是哪几个品种的水泥？细度结果是否合格？细度不合格水泥对水泥使用有什么影响？

四、总结汇报

分小组汇报，辩论和评分，教师进行总结和拓展，并重点讲解相关理论知识和应用。

五、评估

教师对每一个学生的课前、研讨汇报、作业等情况进行评价，填写表1-4、表1-5。

考/证/训/练

（一）选择题

1．硅酸盐水泥细度以比表面积表示，不少于（　　　），但不大于 400m²/kg。
　　A．270m²/kg　　　B．350m²/kg　　　C．400m²/kg　　　D．300m²/kg
2．水泥可以散装或袋装，袋装水泥每袋净含量为（　　　），且应不少于标志质量的 99%；随机抽取 20 袋总质量（含包装袋）应不少于 1000kg。
　　A．40kg　　　　　B．50kg　　　　　C．60kg　　　　　D．100kg
3．水泥包装袋两侧应根据水泥品种采用不同颜色印刷水泥名称和强度等级。硅酸盐水泥和普通硅酸盐水泥采用（　　　），矿渣硅酸盐水泥、火山灰质硅酸盐水泥和粉煤灰硅酸盐水泥采用（　　　）或（　　　）。
　　A．红色　　　　　B．黑色　　　　　C．蓝色　　　　　D．紫色
4．袋装水泥的检测取样，每 1/10 编号从一袋中取至少（　　　）。
　　A．6kg　　　　　 B．2kg　　　　　 C．3kg　　　　　 D．4kg
5．按同一厂家、同一等级、同一品种、同一批号且连续进场的水泥，袋装不超过（　　　）为一批，散装不超过（　　　）为一批，每批次抽样不少于 1 次。
　　A．200t　　　　　B．300t　　　　　C．400t　　　　　D．500t

（二）判断题

1．细度不合格的水泥是废品。（　　　）
2．复合硅酸盐水泥细度的检测采用筛析法。（　　　）
3．水泥是水硬性胶凝材料，加水搅拌成浆体，能在空气中硬化或者在水中更好地硬化。（　　　）
4．水泥密度检测要用无水煤油检测绝对密度。（　　　）
5．水泥密度检测对水泥性能检测结果没有影响。（　　　）

2.2　水泥标准稠度用水量、凝结时间、安定性及检测

对样品水泥的标准稠度用水量、初凝时间、终凝时间、安定性等物理性能进行检测 [参照《水泥标准稠度用水量、凝结时间、安定性检验方法》（GB/T 1346—2011）]；学习水泥主要物理性能及应用等相关知识，培养产品的质量意识。

2.2.1　水泥标准稠度用水量检测

一、实训目的

测定水泥净浆达到标准稠度时的用水量，制作标准稠度的水泥净浆，为测定水泥的凝结时间和安定性做准备。培养崇尚实践、细致认真的能力和工匠精神。

二、实训准备

填写水泥取样信息，见表 2-1。

三、水泥的标准稠度用水量检测

（一）认识主要仪器设备

1）水泥净浆搅拌机。

2）标准法维卡仪及各种探针，如图 2-14 所示。

标准法维卡仪的作用：_____。

标准稠度用水量检测（虚）

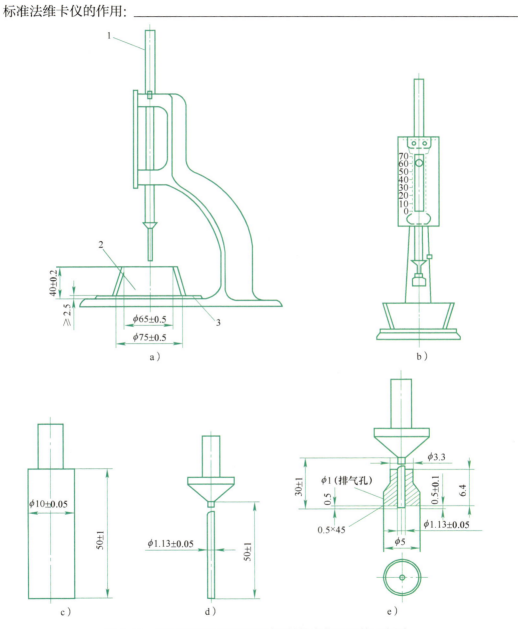

图 2-14　测定标准稠度及凝结时间的维卡仪及配件示意图

a）初凝时间测定用立式试模的侧视图　b）终凝时间测定用反转试模的前视图　c）标准稠度试杆　d）初凝用试针　e）终凝用试针

1—滑动杆　2—试模　3—玻璃板

（二）水泥标准稠度用水量测定步骤

水泥标准稠度用水量，以水与水泥质量之比的百分数表示。以标准试杆沉入净浆并距底板 6mm±1mm（标准法）或以水泥净浆稠度仪的试锥沉入深度为 28mm±2mm（代用法）时的净浆为"标准稠度"。

为使水泥的凝结时间和安定性的测定结果具有可比性，必须用标准稠度的水泥净浆。

1. 试样及用水

1）水泥试样应充分拌匀，通过 0.9mm 方孔筛并记录筛余情况，但要防止过筛时混进其他水泥。

2）试验用水必须是洁净的饮用水，如有争议时应以蒸馏水为准。

2. 实验室温湿度

1）实验室的温度_____，相对湿度不小于_____。

2）水泥试样、拌和水、仪器和用具的温度与实验室一致。

3. 试验步骤

1）把玻璃底板放在维卡仪上，调整试杆接触底板，调节指针对准零点。

湿布擦拭试模和玻璃底板，调整相对零点。试模最低处为 50mm，最高处为 100mm。标准稠度读数要求比最低点高 6mm。

2）先将水泥净浆搅拌机的搅拌锅和搅拌叶片用湿巾擦过，然后将拌和水倒入搅拌锅内，在 5～10s 内将称好的_____水泥试样加入锅内水中。拌和水量第一次按经验称取。

3）将锅放在搅拌机的锅座上，升至搅拌位置，启动搅拌机，低速搅拌_____，停_____，快速搅拌_____后停机。

4）立即将拌好的水泥净浆装入垫有玻璃底板的试模中，用小刀插捣，振动数次，刮平后迅速将试模和底板移到维卡仪上，并将其中心对准试杆。

5）将试杆降低至净浆表面并接触，拧紧螺钉_____，然后突然放松螺钉，让试杆自由沉入净浆中_____，以试杆沉入净浆并距底板_____的水泥净浆为标准稠度净浆，其拌和用水量为该水泥的标准稠度用水量，按水泥质量的百分比计。整个操作应在搅拌后_____内完成。

6）试杆下沉深度如超出范围，须另称水泥试样，调整用水量，重新试验，直至试杆沉入净浆体中距底板 6mm±1mm 时止。

（三）记录检测数据

将标准稠度用水量检测数据填入表 2-5 内。

表 2-5　标准稠度用水量、水泥凝结时间原始记录表

试验日期：　　　　　　　　　　　　　　　　　　　　　　　　　记录编号：

检测项目	标准稠度用水量、凝结时间
检验依据	GB/T 1346—2011
仪器设备	水泥稠度及凝结时间测定仪（　　　）、标准维卡仪（　　　）、养护箱（　　　）、JJ5000 型电子天平（　　　）、水泥净浆搅拌机（　　　）、量筒（100mL、50mL、10mL）

（续）

样品编号 品种/等级	标准稠度用水量	初凝时刻		终凝时刻	
	试杆距底板____mm时，加水时间____时____分，用水量____mL	最初测试	____时____分	试件上环形附件痕迹轻微	____时____分
		临近初凝	____时____分		
		确认到达	____时____分	确认到达	____时____分
		试针距底板	____mm		
	试杆距底板____mm时，加水时间____时____分，用水量____mL	最初测试	____时____分	试件上环形附件痕迹轻微	____时____分
		临近初凝	____时____分		
		确认到达	____时____分	确认到达	____时____分
		试针距底板	____mm		
	试杆距底板____mm时，加水时间____时____分，用水量____mL	最初测试	____时____分	试件上环形附件痕迹轻微	____时____分
		临近初凝	____时____分		
		确认到达	____时____分	确认到达	____时____分
		试针距底板	____mm		

2.2.2 水泥凝结时间检测

一、实训目的

用标准稠度水泥净浆，测定水泥的初凝时间和终凝时间。培养认真、细致工作的精神，客观、公正、独立等良好的职业道德和社会责任。

二、实训准备

以标准稠度用水量制成标准稠度净浆并一次装满试模，振动数次刮平，立即放入湿气养护箱中。记录水泥全部加入水中的时间作为凝结时间的_____。

水泥凝结时间检测（虚）

三、试验步骤

1. 初凝时间的测定

试件在湿气养护箱中养护至加水后_____时进行第一次测定。从湿气养护箱中取出试模放到试针下，降低试针与水泥净浆表面接触。拧紧螺钉_____后，突然放松，试针垂直自由地沉入水泥净浆中。观察试针停止下沉或释放试针30s时指针的读数。当试针沉至距底板_____时，为水泥达到初凝状态，由水泥全部加入水中至初凝状态的时间为水泥的初凝时间，用"min"表示。临近初凝时，每隔_____测定一次。

2. 终凝时间的测定

为了准确观测试针沉入的状况，在终凝针上安装一个环形附件。在完成初凝时间测定后，立即将试模连同浆体以平移的方式从玻璃板取下，翻转_____，直径大端向上，小端向下放在玻璃板上，再放入湿气养护箱中继续养护，临近终凝时间时每隔_____测定一次，当试针沉入试体_____时，即环形附件开始不能在试体上留下痕迹时，为水泥达到终凝状态，由水泥全部加入水中至终凝状态的时间为水泥的终凝时间，用 min 表示。

3. 测定注意事项

测定时应注意，在最初测定的操作时应轻轻扶持金属柱，使其慢慢下降，以防试针撞弯，但结果以自由下落为准；在整个测试过程中试针沉入的位置至少要距离试模内壁 10mm。临近初凝状态时。每隔_____测定一次，临近终凝时每隔_____测定一次。

到达初凝或终凝时立即重复测一次，当两次结论_____时才能定为到达初凝或终凝状态。每次测定不能让试针落入原针孔，每次测试完将试针擦净并将试模放到湿气养护箱内，整个过程要防止试模受振。

4. 试验记录及处理

将凝结时间检测数据填入表 2-5 内。

2.2.3 水泥安定性检测

一、实训目的

采用标准法（雷氏法）和代用法（试饼法）测定水泥安定性，检测标准稠度下水泥的凝结硬化过程中的体积变化是否均匀适当，是否会产生翘曲、开裂等现象。安定性不合格的水泥是废品，不能使用。培养质量安全意识。

水泥安定性检测（虚）

二、实训准备

1）雷氏夹膨胀值测定仪，如图 2-15 所示。

2）雷氏夹，如图 2-16 所示。雷氏夹作用：_____。

3）雷氏夹的检查。准备 2 个雷氏夹试件，并检查雷氏夹是否合格。方法如下：一根的根部先悬挂在金属丝或尼龙丝上，另一根的根部再挂 300g 质量的砝码，两根指针的针尖距离增加应在 17.5mm±2.5mm 范围以内，即 $2X$=17.5mm±2.5mm，如图 2-17 所示，当去掉砝码后针尖的距离能恢复至挂砝码前的状态。

图 2-15 雷氏夹膨胀值测定仪

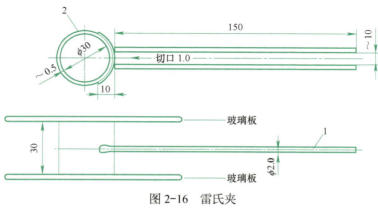

图 2-16 雷氏夹

1—指针 2—环模

4）每个雷氏夹配备两个边长或直径约 80mm、厚 4～5mm 的玻璃板 2 块，与净浆接触的玻璃板和雷氏夹表面涂油。

5）沸煮箱。

三、试验步骤

1. 标准法（雷氏法）

1）将雷氏夹放在已涂油的玻璃板上，并立刻将已制好的标准稠度水泥净浆装满试模，一边轻托试模，另一边用宽约 10mm 的小刀插捣数次然后抹平，盖上涂油的玻璃板，并移至湿气养护箱内养护_____。

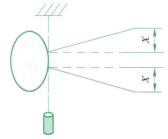

图 2-17 雷氏夹检查计算

2）调整好沸煮箱内水位，保证全过程都浸没过试件，不需中途添水，并能在_____内沸腾。

3）养护后脱去玻璃板取下试件，先测量试件指尖间距离（A），精确至_____，接着将试件放入沸煮箱水中的托板上，指针朝上，试件之间不交叉，然后在_____内加热至沸腾并恒沸_____。

将水泥安定性试验数据填入表 2-6 内。

表 2-6 水泥安定性试验原始记录表

试验日期：　　　　　　　　　　　　　　　　　　　　记录编号：

检测项目	水泥安定性			
检测依据	GB/T 1346—2011			
仪器设备	养护箱（　　　）、沸煮箱（　　　）			
样品编号 品种/等级	初距 A/mm	终距 C/mm	$C-A$/mm	两个 $C-A$ 平均值/mm
	$A_1=$	$C_1=$		
	$A_2=$	$C_2=$		
	$A_1=$	$C_1=$		
	$A_2=$	$C_2=$		
	$A_1=$	$C_1=$		
	$A_2=$	$C_2=$		
	$A_1=$	$C_1=$		
	$A_2=$	$C_2=$		

2. 代用法（试饼法）

代用法（试饼法）是观察水泥标准稠度净浆体积膨胀程度。当发生争议时，以标准法（雷氏法）为准。安定性仲裁检验时，在取样之日起 10d 内完成。

1）准备 100mm×100mm 的玻璃板一块，刷油。

2）将制备好的水泥标准稠度净浆取出一部分，分成相同的两份，先团成球形，放在事先涂有一层黄油的玻璃板上，在桌面上轻轻振动，并通过小刀由外向里抹动，使水泥浆形成一个直径70～80mm、中心厚约10mm而边缘渐薄的圆形试饼，然后放入养护箱内养护24h±2h。

3）从玻璃板上取下试饼，先观察试饼外观有无缺陷，如无外因已开裂、弯曲，已不合格，不需沸煮；在无开裂、翘曲等缺陷时，放在沸煮箱的试架上，然后按标准法进行沸煮。

4）沸煮结束后，打开箱盖，待冷却至室温，取出试饼进行观察判断。当目测试饼未发现裂缝，使钢直尺和试饼底部紧靠，以两者不透光为不弯曲，则认为水泥安定性合格。

5）沸煮后，开盖冷却至室温，取出试件测量指尖端距离（C），精确至0.5mm，并计算前后两个指尖的差值（$C-A$）和平均值。

6）判断安定性。当两个试件煮后增加的距离（$C-A$）的平均值不大于5.0mm时，该水泥安定性合格；当两个试件的（$C-A$）的平均值大于5.0mm时，应用同一样品重做一次试验。再如此，则认为该水泥安定性不合格。

2.2.4 水泥标准稠度用水量、凝结时间、安定性相关知识学习

一、引导问题（判断题）

1）凡是由硅酸盐水泥熟料、0～5%石灰石或粒化高炉矿渣、适量石膏磨细制成的水硬性胶凝材料，称为硅酸盐水泥。（　　）

2）硅酸盐水泥生产工艺简称"两磨一烧"。（　　）

3）硅酸盐水泥熟料中，硅酸三钙和硅酸四钙的总含量约为75%，铝酸三钙、铁铝酸四钙总含量约为25%。（　　）

4）水泥标准稠度用水量是指拌制水泥净浆时为达到标准稠度所需的加水量，它以水与水泥质量之比的百分数表示。（　　）

5）普通硅酸盐水泥初凝不得早于45min，终凝不得迟于20h。（　　）

6）安定性不良的水泥可以降等用于工程中。（　　）

7）防止水泥石腐蚀的方法有：合理选择水泥品种；提高密实度；加做保护层。（　　）

二、水泥标准稠度用水量、凝结时间、安定性相关知识

通用水泥是一般土木建筑工程通常采用的水泥，主要包括硅酸盐水泥、普通硅酸盐水泥、矿渣硅酸盐水泥、火山灰质硅酸盐水泥、粉煤灰硅酸盐水泥及复合硅酸盐水泥六个品种。本节介绍通用水泥的主要物理性能，在此基础上，介绍其他品种水泥。

（一）硅酸盐水泥

我国现行国家标准《通用硅酸盐水泥》（GB 175—2023）规定：凡是由硅酸盐水泥熟料、0～5%石灰石或粒化高炉矿渣、适量石膏磨细制成的水硬性胶凝材料，称为硅酸盐水泥。高炉矿渣实际上是冶炼生铁时从高炉中产生的一种废渣，从主要化学成分来看，属于硅酸盐质材料。

硅酸盐水泥（教）

1. 生产硅酸盐水泥主要原料

硅质：黏土（主要成分SiO_2、Al_2O_3），占1/3。

钙质：石灰石、白垩等（主要成分$CaCO_3$），占2/3。

调节原料：铁矿与砂，调节、补充 Fe_2O_3 与 SiO_2。

2. 制造工艺

硅酸盐水泥生产工艺简称"两磨一烧"，如图 2-18 所示。

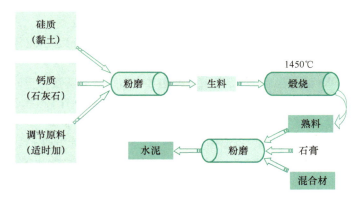

图 2-18　硅酸盐水泥"两磨一烧"工艺流程

（1）"一磨"　将主要原料按适当比例（1/3 硅质、2/3 钙质及调节原料）混合磨碎制成生料。

（2）"一烧"　将生料（1/3 硅质、2/3 钙质及调节原料）经过 1450℃ 煅烧至部分或全部熔融，并经冷却获得半成品，即硅酸盐水泥熟料。最常用的硅酸盐水泥熟料的主要化学成分是氧化钙（CaO）、二氧化硅（SiO_2）、少量的氧化铝（Al_2O_3）和氧化铁（Fe_2O_3）。

（3）"二磨"　将熟料与适量石膏，掺加 0%～5% 石灰石或粒化高炉矿渣混合料共同磨细，根据掺加的混合材料的材料和比例不同，形成硅酸盐水泥。不掺加混合料，称为Ⅰ型硅酸盐水泥，掺加不超过 5% 石灰石或粒化高炉矿渣混合材料，称为Ⅱ型硅酸盐水泥。

3. 水泥的凝结硬化

（1）硅酸盐水泥的成分

1）硅酸盐水泥熟料主要矿物组成。在煅烧过程中，在高温下生料（1/3 硅质、2/3 钙质及调节原料）形成以硅酸钙矿物为主的熟料，所以称为硅酸盐水泥。主要矿物成分如下：

$3CaO \cdot SiO_2$（硅酸三钙），简式 C_3S，含量为 37%～60%，密度为 $3.25g/cm^3$。

$2CaO \cdot SiO_2$（硅酸二钙），简式 C_2S，含量为 15%～37%，密度为 $3.28g/cm^3$。

$3CaO \cdot Al_2O_3$（铝酸三钙），简式 C_3A，含量为 7%～15%，密度为 $3.04g/cm^3$。

$4CaO \cdot Al_2O_3 \cdot Fe_2O_3$（铁铝酸四钙），简式 C_4AF，含量为 10%～18%，密度为 $3.77g/cm^3$。

硅酸盐水泥熟料中，硅酸二钙和硅酸三钙的总含量约为 75%，铝酸三钙、铁铝酸四钙总含量约为 25%。改变熟料的矿物成分之间的比例，水泥的性质会发生相应的改变。

2）其他成分。除了这些主要矿物外，硅酸盐水泥还含有少量的游离氧化钙（CaO）、游离氧化镁（MgO）、碱矿物及玻璃体等。游离氧化钙（CaO）、游离氧化镁（MgO）含量过高将造成水泥的安定性不良；其中的 Na_2O 和 K_2O 含量较高时，遇到活性骨料易产生碱骨料反应，影响混凝土质量。

3）石膏。石膏（$CaSO_2 \cdot 6H_2O$）称为水泥的缓凝剂。水泥中掺入石膏的主要作用是调节水泥的凝结硬化速度。如不掺入少量的石膏，水泥浆可在很短的时间内迅速凝结。掺入少量的石膏后，石膏与凝结最快的铝酸三钙反应，生成硫铝酸钙沉淀包围水泥，延缓水泥的凝结时间，一般掺量为3%左右，过多的石膏会引起强度下降或产生瞬凝，安定性不良。

天然石膏应符合《天然石膏》（GB/T 5483—2008）中规定的 G 类石膏或 M 类混合石膏的要求，品位（质量分数）≥55%。工业副产石膏应符合《用于水泥中的工业副产石膏》（GB/T 21371—2019）规定的技术要求。

4）水泥助磨剂。水泥粉磨时允许加入助磨剂，其加入量应不超过水泥质量的0.5%，助磨剂应符合《水泥助磨剂》（GB/T 26748—2011）规定的技术要求。

（2）硅酸盐水泥水化反应　水化反应在无机化学中指物质溶解在水里时，与水发生的化学作用。一般指溶质分子（或离子）和水分子发生作用，形成水合分子（或水合离子）的过程。水泥与水混合形成水泥浆，水泥浆体转变成坚硬固体，外形及许多性能与天然石材相似，称为水泥石，其过程是一个复杂的物理化学变化过程。水泥熟料颗粒中的四种主要矿物同时进行水化反应，产生水化物，并放出一定的热量，按照水化速度的快慢排列，其反应式如下：

1）铝酸三钙 C_3A 的水化：水化速度最快，放热快，其水化物组成和结构受液相 CaO 浓度和温度的影响大，先生成介稳状态的水化铝酸钙，最终转化为水石榴石。

$$3CaO \cdot Al_2O_3 + 6H_2O = 3CaO \cdot Al_2O_3 \cdot 6H_2O$$
　　　　铝酸三钙　　　　　　　水化铝酸钙

2）铁铝酸四钙 C_4AF 的水化：水化速度快，较 C_3A 略慢，水化热较低。即使单独水化也不会引起快凝。其水化产物也有水化铝酸钙。

$$7CaO \cdot Al_2O_3 \cdot Fe_2O_3 + 7H_2O = 3CaO \cdot Al_2O_3 \cdot 6H_2O + 4CaO \cdot Fe_2O_3 \cdot H_2O$$
　　　　铁铝酸四钙　　　　　　　水化铝酸钙 + 水化铁酸钙

3）硅酸三钙 C_3S 的水化：含量最大，水化速度较快，水化热较高。在常温下生成水化硅酸钙（C-S-H 凝胶）和氢氧化钙。

$$2(3CaO \cdot SiO_2) + 6H_2O = 3CaO \cdot 2SiO_2 \cdot 3H_2O + 3Ca(OH)_2$$
　　　　硅酸三钙　　　　　　　水化硅酸钙 + 氢氧化钙

4）硅酸二钙 C_2S 的水化：含量第二，水化速度最慢。

$$2(2CaO \cdot SiO_2) + 4H_2O = 3CaO \cdot 2SiO_2 \cdot 3H_2O + Ca(OH)_2$$
　　　　硅酸二钙　　　　　　　水化硅酸钙 + 氢氧化钙

5）石膏与水化铝酸钙的水化。为了调节凝结时间，在熟料磨细时，掺入适量的石膏（3%左右），这些石膏与最先水化的部分水化铝酸钙反应，生产难溶的水化硫铝酸钙，可延缓水泥的凝结时间，呈针状晶体并伴有明显的体积膨胀。

$$3CaO \cdot Al_2O_3 \cdot 6H_2O + 3CaSO_4 \cdot 6H_2O + 19H_2O = 3CaO \cdot Al_2O_3 \cdot 3CaSO_4 \cdot 31H_2O$$
　　水化铝酸钙 + 石膏　　　　　　　水化硫铝酸钙

由这些水化物按照一定的方式靠多种引力相互搭接或连接形成水泥石的结构，从而产生强度。其水化反应均是放热反应，是固 - 液异相反应。

综上所述，硅酸盐水泥与水作用后，生成的主要水化产物有水化硅酸钙与水化铁酸钙凝胶体、氢氧化钙、水化铝酸钙和水化硫铝酸钙晶体。在完全水化的水泥石中，水化硅酸钙约占比50%，氢氧化钙约占比25%。

熟料矿物磨细加水化学反应特点见表 2-7。

表 2-7 熟料矿物磨细加水化学反应特点

项目	矿物名称			
	铝酸三钙 C_3A	铁铝酸四钙 C_4AF	硅酸三钙 C_3S	硅酸二钙 C_2S
含量范围（%）	7～15	10～18	36～60	15～37
水化反应速度	最快	快	较快	慢
强度	低	低（含量多时对抗折强度有利）	早期高，后期低	早期低，后期高
水化热	最高	中	较高	低
耐腐蚀性	最差	中	差	好
干缩性（体积）	大	小	中	小

（3）硅酸盐水泥的凝结硬化过程　水泥浆有流动性，可塑浆体可以充满任意形状的型腔，水泥与水能发生化学反应（水化反应），随着时间推移，可塑性下降，但强度低，此过程即为"凝结"；随后浆体失去可塑性，强度逐渐增长，形成坚硬固体，这个过程即为"硬化"。水泥浆通过与砂子、石子、石块、砌块等散粒或块状材料凝结硬化为一个整体，形成混凝土或砌块结构，广泛应用在建筑工程中。

硅酸盐水泥的凝结硬化过程非常复杂，人类对其研究有 100 多年之久，随着 X 射线和电子显微镜等现代测试技术的发展，观测到了凝结硬化过程。当水泥加水拌和后，水泥颗粒分散在水中，石膏和熟料矿物溶解进入溶液中，液相被各种离子饱和；几分钟内，Ca^{2+}、SO_4^{2-}、Al^{3+}、OH^- 离子间反应，形成三硫型水化硫铝酸钙，简称钙矾石，常用 AFt 表示。

水泥水化初期产生了许多胶体大小范围内的细小纤维状晶体（如水化硅酸钙）和一些大的晶体 [如 $Ca(OH)_2$] 包裹在水泥颗粒的表面，如图 2-19 所示。这些细小的固相质点靠极弱的物理引力使彼此在接触点处黏结起来，而连成一空间网状结构，叫作凝聚结构。由于这种结构是靠较弱的引力在接触点无秩序连接在一起而形成的，所以结构的强度很低而有明显的可塑性。以后随着水化的继续进行，水泥颗粒表面不大稳定的包裹层开始破坏而水化反应加速，从饱和的溶液中析出新的、更稳定的水化物晶体，这些晶体不断长大，依靠多种引力使彼此黏结在一起形成紧密的结构，叫作结晶结构。这种结构比凝聚结构的强度大得多。水泥浆就是这样获得强度而硬化的。随后，水化继续进行，从溶液中析出的新的晶体和水化硅酸钙凝胶不断充满在结构的空间中，水泥浆的强度也不断得到增长。

随着水化的不断进行，水占据的空间越来越少，水化物越来越多，水化物颗粒逐渐接近，构成较疏松的空间网状结构，水泥浆失去流动性，可塑性降低，达到凝结状态。

由于水泥内核的继续水化，水化物不断填充结构网中的毛细孔隙，使之越来越致密，水化物颗粒间作用增强，导致浆体完全失去可塑性，并产生强度，产生硬化，如图 2-20 所示。

水泥浆硬化后的水泥石由未水化的水泥颗粒、凝胶体的水化产物（水化硅酸钙 C-S-H 凝胶）、结晶体的水化产物 [$Ca(OH)_2$ 等] 以及未被水泥颗粒和水化产物所填满的原充水空间（毛细孔和毛细孔水）及凝胶体中的孔（凝胶孔）组成。

图 2-19　单一水泥颗粒在大量水中的水化过程模型

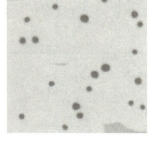
图 2-20　硅酸盐水泥水化过程物理模型

（4）凝结时间及标准

1）凝结时间：水泥加水开始到水泥浆失去流动性的时间，即从可塑性发展到固体状态所需要的时间。凝结时间分为初凝时间和终凝时间。

2）初凝时间：从水泥加水拌和到水泥浆开始失去可塑性所需的时间。

3）终凝时间：从水泥加水拌和到水泥浆完全失去可塑性，并开始具有强度所需的时间。

4）测定方法：用标准稠度的水泥净浆，在规定的温度及湿度下，用标准法维卡仪来测定。

5）国标要求（GB 175—2023）：硅酸盐水泥初凝不得早于 45min，终凝不得迟于 6.5h；普通硅酸盐水泥初凝不得早于 45min，终凝不得迟于 10h。

凝结时间与安定性（教）

4. 水泥的初凝时间和终凝时间对工程具有重要意义

水泥混凝土的拌和、运输、浇灌、振捣等一系列工艺均要在水泥初凝之前完成，故水泥初凝不能过早，否则在施工前即已失去流动性和可塑性而无法施工。

混凝土成型后，为了不拖延工期，要求尽快硬化，产生结构强度，以利于下一工序尽早进行，所以终凝时间不能太迟，否则将延长施工进度和模板周转期。

5. 安定性

安定性（包括沸煮安定性和压蒸安定性）是指标准稠度的水泥浆在凝结硬化过程中体积均匀变化的性质。如果在工程中使用安定性不合格的水泥，将使水泥制品产生膨胀性裂缝，甚至破坏构件，引起严重的事故。安定性不良的水泥应作废品处理，严禁用于工程中。

安定性不良，一般是由于熟料中所含有的游离氧化钙或游离氧化镁过多，也可能是掺入的石膏量过多而造成的。熟料中所含有的游离氧化钙或游离氧化镁都是过烧的，水化缓慢，往往在水泥硬化后才开始水化，这些氧化物在水化时体积剧烈膨胀使水泥石开裂。当石膏掺量过多时，在水泥硬化后，石膏与水化铝酸钙反应产生水化硫铝酸钙，使体积膨胀，也会引起水泥石开裂。安定性是水泥在施工中保证质量的一项重要的技术指标，水泥的安定性用沸煮法检验必须合格，但沸煮法只能检验由于游离氧化钙所引起的安定性不良。氧化镁及石膏的掺量在水泥生产时必须加以控制，以保证安定性合格。压蒸安定性作为型式检测项目，硅酸盐水泥、普通硅酸盐水泥中氧化镁含量不得超过 5.0%，如果水泥经过压蒸安定性检验合格，则水泥中氧化镁含量允许放宽到 6.0%。水泥中的石膏含量常用三氧化硫含量控制，《通用硅酸盐水泥》（GB 175—2023）中规定，矿渣硅酸盐水泥中三氧化硫的含量不得超过 4.0%，其他五种水泥不得超过 3.5%。

（二）掺混合材料的硅酸盐水泥

1. 通用水泥品种

掺混合材料的硅酸盐水泥（教）

掺混合材料的硅酸盐水泥，是用硅酸盐熟料加入一定比例的混合材料和适量石膏，经过共同磨细而制成的，形成通用水泥系列产品。加入混合料后，可以改善水泥的性能，调节水泥的强度，增加品种，提高产量和降低成本，同时可以综合利用工业废料和地方材料。这类掺混合材料的硅酸盐水泥，根据掺入的混合材料的数量和品种不同可分为普通硅酸盐水泥、矿渣硅酸盐水泥、火山灰质硅酸盐水泥和粉煤灰硅酸盐水泥及复合硅酸盐水泥五个品种。

混合材料一般为天然矿物材料或工业废料，包括以下几种：

1）粒化高炉矿渣/矿渣粉、火山灰质混合材料、粉煤灰是优质的混凝土和水泥的掺合料，能与水泥水化产物氢氧化钙起化学反应，生成水硬性胶凝材料，凝结硬化后具有强度并能改善硅酸盐水泥的某些性质。粒化高炉矿渣/矿渣粉应符合《用于水泥中的粒化高炉矿渣》（GB/T 203—2008）规定的技术要求。火山灰质混合材料应符合《用于水泥中的火山灰质混合材料》（GB/T 2847—2022）规定的技术要求（水泥胶砂28d抗压强度比除外）。粉煤灰应符合《用于水泥和混凝土中的粉煤灰》（GB/T 1596—2017）规定的技术要求（强度活性指数、碱含量除外）。

2）石灰石和砂岩称为填充材料，它不能与水泥起化学反应或化学作用很小，仅能起调节水泥强度、增加产量、降低水化热等作用，石灰石、砂岩的亚甲蓝值应不大于1.4g/kg。亚甲蓝值按《用于水泥、砂浆和混凝土中的石灰石粉》（GB/T 35164—2017）中附录A的规定检验。

2. 通用水泥生产工艺

通用水泥生产工艺如图2-21所示。

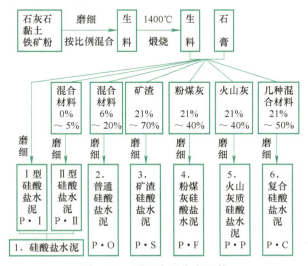

图2-21 通用水泥生产工艺

3. 通用水泥组分

通用硅酸盐水泥的组分应符合表2-8、表2-9和表2-10的规定。

表 2-8　硅酸盐水泥的组分要求

品种	代号	组分（质量分数）（%）		
		熟料 + 石膏	混合材料	
			粒化高炉矿渣 / 矿渣粉	石灰石
硅酸盐水泥	P·Ⅰ	100	—	—
	P·Ⅱ	95～100	0～<5	—
		95～100	—	0～<5

注：P·Ⅱ型硅酸盐水泥可以单独使用小于 5% 的矿渣或石灰石作为混合材，矿渣和石灰石不能混合使用。

表 2-9　普通硅酸盐水泥、矿渣硅酸盐水泥、粉煤灰硅酸盐水泥和火山灰质硅酸盐水泥的组分要求

品种	代号	组分（质量分数）（%）				
		熟料 + 石膏	混合材料			
			主要混合材料			替代混合材料
			粒化高炉矿渣 / 矿渣粉	粉煤灰	火山灰质混合材料	
普通硅酸盐水泥	P·O	80～<94	6～<20①			0～<5②
矿渣硅酸盐水泥	P·S·A	50～<79	21～<50	—	—	0～<8③
	P·S·B	30～<49	51～<70	—	—	
粉煤灰硅酸盐水泥	P·F	60～<79	—	21～<40	—	0～<5④
火山灰质硅酸盐水泥	P·P	60～<79	—	—	21～<40	

① 主要混合材料由符合 GB 175—2023 规定的粒化高炉矿渣 / 矿渣粉、料煤灰、火山灰质混合材料组成。
② 替代混合材料为符合 GB 175—2023 规定的石灰石。
③ 替代混合材料为符合 GB 175—2023 规定的粉煤灰或火山灰、石灰石。替代后 P·S·A 矿渣硅酸盐水泥中粒化高炉矿渣 / 矿渣料含量（质量分数）不小于水泥质量的 21%，P·S·B 矿渣硅酸盐水泥中粒化高炉矿渣 / 矿渣粉含量（质量分数）不小于水泥质量的 51%。
④ 替代混合材料为符合 GB 175—2023 规定的石灰石。替代后粉煤灰硅酸盐水泥中粉煤灰含量（质量分数）不小于水泥质量的 21%，火山灰质硅酸盐水泥中火山灰质混合材料含量（质量分数）不小于水泥质量的 21%。

表 2-10　复合硅酸盐水泥的组分要求

品种	代号	组分（质量分数）（%）					
		熟料 + 石膏	混合材料				
			粒化高炉矿渣 / 矿渣粉	粉煤灰	火山灰质混合材料	石灰石	砂岩
复合硅酸盐水泥	P·C	50～<79	21～<50①				

① 混合材料由符合 GB 175—2023 规定的粒化高炉矿渣 / 矿渣粉、粉煤灰、火山灰质混合材料、石灰石和砂岩中的三种（含）以上材料组成。其中，石灰石含量（质量分数）不大于水泥质量的 15%。

三、小组讨论

1）提交小组的试验数据，水泥标准稠度用水量_____mL，初凝时间：_____min，终凝时间：_____min，雷氏夹针尖增加的平均距离（C-A）_____mm。

2）讨论水泥标准稠度用水量、凝结时间、安定性试验的意义和试验结果是否可用。

3）总学习任务中图 1 所示建筑工程案例，各个部分可以采用哪些水泥？

四、总结汇报

分小组汇报，辩论和评分，教师进行总结和拓展，并重点讲解相关理论知识和应用。

五、评估

教师对每一个学生的课前、研讨汇报、作业等情况进行评价，填写表 1-4、表 1-5。

考/证/训/练

（一）判断题

1．硅酸盐水泥的初凝时间为 45min，终凝时间为 12h。（　　）

2．硅酸盐水泥中含有氧化钙、氧化镁及过多的石膏，会造成水泥的安定性不良。（　　）

3．硅酸盐水泥中 C_2S 早期强度低，后期强度高；而 C_3S 正好相反。（　　）

4．安定性不良的水泥应作废品处理，不能用于任何工程。（　　）

5．粉煤灰水泥与硅酸盐水泥相比，因掺入了大量的混合材料，故其强度降低。（　　）

6．水泥熟料水化后形成的水化硅酸钙约占 70%，氢氧化钙占 20%～25%，二者是水泥石的主要组成部分。（　　）

7．水泥中掺入石膏的主要作用是调节水泥的凝结硬化速度。（　　）

8．水泥与水能发生化学反应，可塑性下降，但强度低，此过程即为"凝结"；随后浆体失去可塑性，强度逐渐增长，形成坚硬固体，这个过程即为"硬化"。（　　）

9．水泥混凝土的拌和、运输、浇灌、振捣等一系列工艺均要在水泥初凝之前完成，故水泥初凝不能过早，否则在施工前即已失去流动性和可塑性而无法施工。（　　）

10．混凝土成型后，为了不拖延工期，要求尽快硬化，产生结构强度，以利于下一工序尽早进行，所以终凝时间不能太迟，否则将延长施工进度和模板周转期。（　　）

11．高硫型水化硫铝酸钙呈针状晶体，比原体积增加 1.5 倍以上，俗称"水泥杆菌"，对水泥石有极大破坏作用。（　　）

12．引起水泥安定性不良的原因是水泥中的 SO_3 和 MgO 超标、水泥熟料中的游离 CaO 过高。（　　）

13．硅酸盐水泥与水作用后，生成的主要水化产物有水化硅酸钙与水化铁酸钙凝胶体、氢氧化钙、水化铝酸钙和水化硫铝酸钙晶体。（　　）

14．氧化镁、三氧化硫含量、初凝时间、安定性中的任意一项不符合标准规定的水泥是不合格水泥，在工程中严禁使用。（　　）

15．细度、终凝时间、不溶物、烧失量、混合材料掺加量、强度中的任一项不符合标准规定的是不合格品水泥。水泥包装袋应标明：标准编号、水泥品种、代号、强度等级、生产者名称、许可证标志及编号、出厂编号、日期、净含量。（　　）

（二）填空题

1. 写出下列分子式代表的建筑材料的中文名称：$Ca(OH)_2$_____、CaO_____、$CaCO_2$_____、$CaSiO_2 \cdot 2H_2O$_____、$CaSiO_2 \cdot 1/2H_2O$_____、$Na_2O \cdot nSiO_2$_____。

2. 硅酸盐水泥主要水化物是_____、_____、_____、_____及_____。

3. 硅酸盐水泥熟料的主要矿物组成为_____、_____、_____及 C_4AF。其中，_____是决定水泥早强的组分，_____凝结硬化最快，_____是保证水泥后期强度的主要组分，_____水化热最大，_____是决定水泥颜色的组分。

4. 生成硅酸盐水泥时必须掺入适量石膏，其目的是_____。当石膏掺量过多时，会导致_____；当石膏掺量不足时，会发生_____。

5. 影响硅酸盐水泥凝结硬化的因素有_____、_____、_____、_____等。

6. 硅酸盐水泥的水化物中有两种凝胶，即水化铁酸钙和_____。

7. 硅酸盐水泥熟料中四种矿物成分的分子简式是_____、_____、_____、_____。

8. 水泥混合材料一般为_____或_____。

9. 水泥细度越细，水化放热量越_____，凝结硬化后收缩越_____。

10. 通用水泥是指通用硅酸盐系水泥，其按混合材料的品种和掺量分为_____、_____、_____、_____、_____和_____。

（三）选择题

1. 矿渣硅酸盐水泥的代号是（　　）。
   A．P·S　　　　B．P·O　　　　C．P·P　　　　D．P·I

2. 水泥生产工艺流程简单概述为（　　）。
   A．两磨两烧　　B．两磨一烧　　C．三磨一烧　　D．三磨

（四）试验题

现有甲乙两厂生产的硅酸盐水泥熟料，其矿物组成见表 2-11。试比较这两厂所生产的硅酸盐水泥的强度增长速度和水化热有何差异。为什么？

表 2-11　熟料矿物组成

生产厂	熟料矿物组成（%）			
	硅酸三钙	硅酸二钙	铝酸三钙	铁铝酸四钙
甲	55	17	12	16
乙	41	36	8	15

2.3　水泥的力学性能、耐久性及检测

利用样品水泥进行胶砂试件制备，对水泥胶砂流动度、抗折强度、抗压强度等物理力学性能进行检测。学习胶砂流动度、水泥强度性能、耐久性等相关知识，培养产品质量意识。

2.3.1 水泥胶砂试件制备试验

水泥胶砂强度（虚）

一、实训目的

利用样品水泥进行胶砂试件制备，为强度试验做准备。

二、实训准备

从送检的水泥样品中取样，试验前应混合均匀，填写水泥取样信息，见表2-1。

（一）主要仪器设备介绍

1. 水泥胶砂搅拌机

设备需符合《水泥胶砂强度检验方法（ISO法）》（GB/T 17671—2021）要求，如图2-22所示。工作时搅拌叶片既要绕自身轴线转动，又要沿锅边公转，运动轨道似行星。主要技术参数：搅拌锅容量5L，净重70kg。

搅拌叶转速：低速档（140±5）rad/min（自转），（62±5）rad/min（公转）；高速档（285±10）rad/min（自转），（125±10）rad/min（公转）。

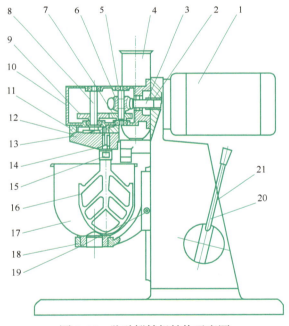

图 2-22　胶砂搅拌机结构示意图

1—电动机　2—联轴器　3—砂浆　4—砂罐　5—传动箱盖　6—蜗轮　7—齿轮Ⅰ　8—主轴　9—齿轮Ⅱ　10—传动箱　11—内齿轮　12—偏心座　13—行星齿轮　14—搅拌叶轴　15—调节螺母　16—搅拌叶　17—搅拌锅　18—支座　19—定位螺钉　20—手柄　21—立柱

2. 振实台

设备需符合《水泥胶砂强度检验方法（ISO法）》（GB/T 17671—2021）要求，如图2-23所示。
主要技术参数：振实台振幅为15mm，振动频率为60次/min。
振实台的作用：_____。

3. 试模

试模如图 2-24 所示，试模尺寸：_____×_____×_____。

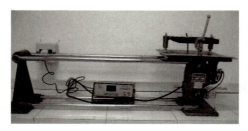

图 2-23　振实台　　　　　　　　图 2-24　试模

（二）水泥胶砂试验用砂

ISO 基准砂是由 SiO_2 含量不低于 98%、天然的圆形硅质砂组成。水泥胶砂强度用砂应使用中国 ISO 标准砂。ISO 标准砂由 1～2mm 粗砂、0.5～1.0mm 中砂、0.08～0.5mm 细砂组成，各级砂质量为 450g（即各占 1/3），通常以（1350±5）g 重量的塑料袋包装。胶砂比为 1:3，水胶比为 0.5。胶砂流动度不小于 180mm。

三、试验步骤

1. 胶砂的制备

1）胶砂质量配合比应为一份水泥（_____g，已过筛），三份中国 ISO 标准砂（_____g），半份水（_____mL 饮用水）。

2）把水加进搅拌锅，再加入水泥，把锅放在固定架上并升至固定位置，把标准砂倒进搅拌机上部装砂容器中。

3）开动搅拌机，低速搅拌_____后砂子自动加入，搅拌至_____后转变高速拌_____，然后停拌_____，此时将叶片和锅壁上的胶砂刮入锅中间，继续高速搅拌_____结束。整个搅拌过程共_____。

2. 试件的制备

1）胶砂制备后立即在振实台上成型。将空水泥试模和模套固定在振实台上，用勺子把搅拌锅里的胶砂分两层装入试模。装第一层时，每个槽里约放_____g，用大播料器来回一次将料层播平，接着振实_____次，再装入第二层胶砂，用小播料器播平，再振实_____次。

2）移走模套，取下试模，用金属直尺以_____角度架在试模模顶一端，沿试模长度方向以横向锯割动作慢慢向另一端移动，一次将超出试模部分的胶砂刮去，并用直尺以近水平角度将试件表面抹平，并将周边擦除干净。

3）用毛笔编号。两个龄期以上的试件，在编号时应将同一试模中的 3 个试件分在两个以上龄期内。

3. 试件的养护

1）在试模上盖一块玻璃板，距离控制在 2～3mm 之间。将已做好编号的试件放入标准养护箱养护，一直养护到规定的脱模时间取出脱模。

2）将已做好编号的试件放在（20±1）℃水中养护（水平放置时刮平面朝上），试件的六个面都与水接触，试件之间及上表面水深不应小于5mm，可以更换不超过50%的水。

3）对于24h以上龄期的试件应在成型后20～24h之间脱模，并用湿布盖好。试件龄期从水泥加水搅拌开始算起，不同龄期强度试验在以下时间进行：24h±15min、48h±30min、72h±45min、7d±2h、28d±8h。

4）养护好的试件为胶砂强度试验做准备。

2.3.2 水泥胶砂流动度检测

一、实训目的

检测水泥胶砂流动度。掌握水泥胶砂流动度检测步骤，正确使用仪器设备并熟悉其性能。

二、实训准备

（一）主要仪器设备介绍

1）水泥胶砂流动度测定仪（跳桌）：在（25±1）s内完成25次跳动，如图2-25所示。

图2-25　水泥胶砂流动度测定仪（跳桌）

2）水泥胶砂搅拌机，符合《行星式水泥胶砂搅拌机》（JC/T 681—2022）的要求。

3）试模：由截锥圆模和模套组成。高度（60±0.5）mm；上口内径（70±0.5）mm；下口内径（100±0.5）mm；下口外径120mm；模壁厚度5mm。

4）捣棒：直径（20±0.5）mm，长度2100mm；上部手柄滚花，下部光滑。

5）小刀：刀口平直，长度大于80mm。

6）卡尺：量程不小于300mm，分度值不小于0.5mm。

7）天平：量程不小于1000g，分度值不小于1g。

（二）试验条件及材料

1. 实验室、设备、拌和水、样品

应符合《水泥胶砂强度检验方法（ISO法）》（GB/T 17671—2021）第5条实验室和设备的有关规定。

2. 水泥胶砂组成

胶砂材料用量按相应标准要求或试验设计确定，按照"2.3.1 水泥胶砂试件制备试验"设计，砂使用中国 ISO 标准砂。

三、试验步骤

1）跳桌 24h 未使用，先空跳一个周期（25 次）。

2）胶砂的制备按《水泥胶砂强度检验方法（ISO 法）》进行，在制备胶砂的同时，用潮湿棉布擦拭跳桌台面、试模内壁、捣棒以及与胶砂接触的用具，将试模放在跳桌台面中央并用潮湿棉布覆盖。

3）将搅拌好的胶砂料分两层装入试模中，第一层装至截锥圆模高度约 1/3 处，用小刀在相互垂直的两个方向各划 5 次，用捣棒由边缘向中心捣压 15 次；第二层装料高出截锥圆模 20mm，用小刀在相互垂直的两个方向各划 5 次，用捣棒由边缘向中心捣压 10 次；捣压后的胶砂略高于试模。第一次捣压至胶砂高度的 1/2，第二次捣压不超过已捣实的底层表面，捣压位置如图 2-26、图 2-27 所示。

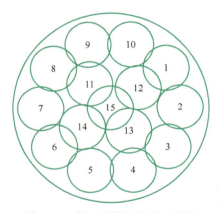 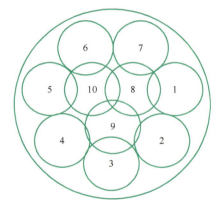

图 2-26　第一层捣压位置示意图　　　　图 2-27　第二层捣压位置示意图

4）捣压完毕，取下模套，将小刀倾斜，从中间向边缘以水平的角度抹去高出截锥圆模的胶砂，将截锥圆模垂直向上提起，立即启动跳桌，以每秒 25 次的频率跳动 25 次。

5）跳动完毕后，用卡尺测量胶砂底面最大扩散直径及与其垂直方向的直径，计算平均值，精确至 1mm，即为该用水量下的水泥胶砂流动度。水泥胶砂流动度试验原始记录表见表 2-12。

表 2-12　水泥胶砂流动度试验原始记录表

检测项目	水泥胶砂流动度			
检测依据	GB/T 2419—2005			
仪器设备	水泥胶砂流动度测定仪（跳桌）、水泥胶砂搅拌机、试模（由截锥圆模和模套组成）、捣棒、小刀、卡尺、天平			
样品编号 品种/等级	试验次数	最大直径/mm	最小直径/mm	平均直径/mm

2.3.3 水泥胶砂强度检测

一、实训目的

检测水泥胶砂各龄期的抗压强度、抗折强度,以确定水泥强度等级;掌握国家标准《水泥胶砂强度检验方法(ISO法)》(GB/T 17671—2021),正确使用仪器设备并熟悉其性能。

二、实训准备

主要仪器设备如下:

1. 抗折强度试验机

抗折强度试验机主要用于混凝土、耐火材料、砖等试件的抗折强度试验和水泥、胶砂及耐火材料、砖等建筑材料的抗压强度试验。

电动双杠杆抗折强度试验机如图2-28所示。抗折夹具的加荷圆柱与支撑圆柱直径均为(10±0.1)mm,两个支撑圆柱中心距为(100±0.1)mm。

图 2-28 抗折强度试验机

2. 抗压强度试验机

1)抗压强度试验机以100~300kN为宜,误差不得超过2%,如图2-29所示。

2)抗压夹具。40mm×40mm水泥胶砂强度抗压夹具简介:符合《40mm×40mm水泥抗压夹具》(JC/T 683—2005)、《水泥胶砂强度检验方法(ISO法)》(GB/T 17671—2021)的要求,用于对水泥胶砂强度的检验。上、下压板宽度:(40.0±0.1)mm;上、下压板长度:>40mm;上、下压板自由距离:>45mm;夹具外形尺寸:φ100mm×165mm。抗压夹具如图2-30所示。

图 2-29 抗压强度试验机

图 2-30 抗压夹具

三、试验步骤

1. 抗折强度测定

取出制备好的胶砂强度检测试件。

1）将试件一个侧面放在抗折强度试验机支撑圆柱上，试件长轴垂直于支撑圆柱，通过加荷圆柱以_____的速率均匀地将荷载垂直地加在试件相对的侧面上，直至折断。

2）抗折强度 R_f 按下式计算：

$$R_f = \frac{1.5 F_f L}{b^3} \qquad (2-10)$$

式中　R_f——抗折强度（MPa），计算精确至0.1MPa；
　　　F_f——折断时施加棱柱体中部的荷载（N）；
　　　L——支撑圆柱中心距（mm），设备中数值为100mm；
　　　b——试件正方形截面宽（mm），试件值为40mm。

检测出 F_f，计算 R_f 可以简化为

$$R_f = 0.00234 F_f \qquad (2-11)$$

2. 抗压强度测定

1）以最大荷载为300kN的压力机和符合《40mm×40mm水泥抗压夹具》（JC/T 683—2005）要求的夹具，在折断后的半截试件的侧面上进行抗压测定。

2）半截试件中心与压力机压板受压中心差应在_____mm内，试件露在压板外的部分约有_____mm。

3）在加荷过程中以_____的速率均匀加荷直至破坏。

4）抗压强度 R_c 按下式计算：

$$R_c = \frac{F_c}{A} \qquad (2-12)$$

式中　R_c——抗压强度（MPa），计算精确至0.1MPa；
　　　F_c——破坏时施加的最大荷载（N）；
　　　A——受压部分面积（mm²），40mm×40mm=1600mm²。

检测出 F_c，计算 R_c 可以简化为

$$R_c = 0.000625 F_c$$

四、试验结果处理

1. 抗折强度

以一组三个试件抗折结果的平均值作为试验结果（精确至0.1MPa）。当三个强度值中有超出平均值的±10%时，应剔除后再取平均值作为结果。当三个强度值中有两个超出平均值的±10%时，则以剩余一个作为抗折强度结果。

2. 抗压强度

以一组三个试件上得到的六个抗压强度测定值的算术平均值为试验结果（精确至0.1MPa）。当六个测定值中有一个超出六个平均值的±10%时，应剔除后取剩下五个的平均数为结果。当五个测定值中再有超过它们平均数的±10%时，此组结果作废。当六个测定值中同时有两个或两个以上超出平均值的±10%时，此组结果作废。

五、水泥抗折、抗压强度试验原始记录表

水泥抗折、抗压强度试验原始记录表见表 2-13。

表 2-13 水泥抗折、抗压强度试验原始记录表

仪器设备：JJ5000 型电子天平（　　　）、水泥胶砂搅拌机（　　　）、水泥胶砂振实台（　　　）、水泥恒温恒湿养护箱（　　　）、恒温水槽（　　　）、DZK-5000 型电动抗折强度试验机（　　　）、CDT1305 微机控制电子压力试验机（　　　）、水泥抗压夹具（　　　）

检测依据：GB 175—2023、GB/T 17671—2021　　　　　　　　　记录编号：_____

样品编号	胶砂成型时间	龄期/d	试验时间	抗折强度/MPa			抗压强度测定荷载值/kN				试验员	备注
___月___日___时___分		3	___月___日___时___分									
		28	___月___日___时___分									
___月___日___时___分		3	___月___日___时___分									
		28	___月___日___时___分									
___月___日___时___分		3	___月___日___时___分									
		28	___月___日___时___分									

2.3.4 水泥的力学性能、耐久性相关知识学习

一、引导问题（判断题）

1）力学性能主要有强度、比强度、弹性、塑性、脆性、韧性、硬度和耐磨性等指标。（　　）

2）材料抵抗因外力（荷载）或应力作用而引起破坏的最大能力，即为该材料的强度。（　　）

3）通过测试水泥胶砂的抗压强度和抗折强度来评定水泥的强度等级。（　　）

4）混凝土、玻璃、砖、石、陶瓷等脆性材料的抗压强度比抗拉强度高。（　　）

5）硅酸盐水泥、普通硅酸盐水泥分为 32.5、42.5、42.5R、52.5、52.5R、62.5、62.5R 七个等级。（　　）

6）普通混凝土的比强度约是钢材的比强度的 1/3。（　　）

7）一般来说，强度高且密实的材料，硬度高，耐磨性较好。（　　）

8）抗折强度是衡量塑性材料抵抗断裂的能力。（　　）

二、水泥的力学性能、耐久性相关知识

材料的力学性能主要是指材料在外力（荷载）作用下，有关抵抗破坏和变形的能力的性质。力学性能主要有强度、比强度、弹性、塑性、脆性、韧性、硬度和耐磨性等指标。

水泥力学性能（教）

（一）胶砂流动度

水泥胶砂流动度是表示水泥胶砂流动性的一种量度，在一定加水量下，流动度取决于水泥的需水性。

《通用硅酸盐水泥》（GB 175—2023）规定，火山灰质硅酸盐水泥、复合硅酸盐水泥和掺有火山灰的普通硅酸盐水泥、矿渣硅酸盐水泥在进行强度试验时，其用水量按 0.5 水胶比和胶砂流动度不小于 180mm 来确定。采用控制水泥胶砂流动度的方法来控制水泥混合材料的掺量。水泥胶砂流动度是人为规定的水泥砂浆一种特定的和易状态，可以作为配置混凝土的参考依据。

（二）强度、强度等级和比强度

1. 强度

材料抵抗因外力（荷载）或应力作用而引起破坏的最大能力，即为该材料的强度。其值是以材料受力破坏时，单位受力面积上所承受的力表示的，其通式可写为

$$R = \frac{F}{A} \tag{2-13}$$

式中　R——材料的强度（MPa）；

　　　F——破坏荷载（N）；

　　　A——受荷面积（mm²）。

材料在建筑物上所受到的外力主要有拉力、压力、弯曲及剪力等。材料抵抗这些外力破坏的能力，分别称为抗拉、抗压、抗弯和抗剪等强度。这些强度一般是通过静力试验来测定的，因此总称为静力强度。材料静力强度的分类，如图 2-31 所示。

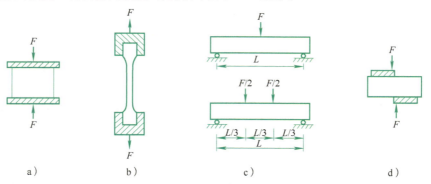

图 2-31　材料静力强度分类

a）抗压强度　b）抗拉强度　c）抗弯强度　d）抗剪强度

材料抗拉、抗压和抗剪等强度按照式（2-13）计算，抗弯（折）强度的计算按照受力情况、截面等不同，方法各异。如当跨中受一个集中荷载的矩形截面的试件，如图 2-31c 所示，其抗弯强度按下式计算：

$$R_\text{f} = \frac{3F_\text{f}L}{2bh^2} \quad\quad\quad (2\text{-}14)$$

式中　R_f——材料的抗弯（折）强度（MPa）；

　　　F_f——受弯时破坏荷载（N）；

　　　L——两支点间的距离（mm）；

　　　b，h——材料截面的宽度和高度（mm）。

材料的静力强度实际上只是在特定条件下测定的强度值，试验测出的强度值除受材料的组成、结构等内在因素的影响外，还与试验条件有密切关系，如试件的形状、尺寸、表面状态、含水率、温度及试验时的加荷速度等。为了使试验结果有比较准确且有相互比较的意义，测定材料强度时，必须严格按照统一的标准试验方法进行。

2. 强度等级

大部分建筑材料根据其极限强度的大小，划分为若干不同的强度等级。强度是评定水泥质量的主要技术性能指标，通过测试水泥胶砂的抗压强度和抗折强度来评定水泥的强度等级，而不是通过测试水泥净浆试样的抗压强度和抗折强度。根据国家标准《水泥胶砂强度检验方法》（GB/T 17671—2021）的规定，试件（试体）是将水泥与中国 ISO 标准砂按质量以 1:3 混合，用 0.5 的水胶比按规定的方法制成 40mm×40mm×160mm 试件，试件连模一起在湿气中养护 24h，然后脱模在水中养护至强度试验。试件成型实验室的温度应保持在 20℃ ±2℃，相对湿度应不低于 50%；试件带模养护的养护箱或雾室温度保持在 20℃ ±1℃，相对湿度应不低于 90%。

《通用硅酸盐水泥》（GB 175—2023）中规定，水泥强度等级按规定龄期的抗压强度和抗折强度来划分。硅酸盐水泥、普通硅酸盐水泥分为 42.5、42.5R、52.5、52.5R、62.5、62.5R 六个等级。矿渣硅酸盐水泥、粉煤灰硅酸盐水泥、火山灰质硅酸盐水泥分为 32.5、32.5R、42.5、42.5R、52.5、52.5R 六个等级。复合硅酸盐水泥分为 42.5、42.5R、52.5、52.5R 四个等级。其中有代号 R 的为早强型水泥，各强度等级通用硅酸盐水泥的各龄期强度不得低于表 2-14 中的数值。

表 2-14　通用硅酸盐水泥不同龄期的强度

强度等级	抗压强度 /MPa		抗折强度 /MPa	
	3d	28d	3d	28d
32.5	≥12.0	≥32.5	≥3.0	≥5.5
32.5R	≥17.0		≥4.0	
42.5	≥17.0	≥42.5	≥4.0	≥6.5
42.5R	≥22.0		≥4.5	
52.5	≥22.0	≥52.5	≥4.5	≥7.0
52.5R	≥27.0		≥5.0	
62.5	≥27.0	≥62.5	≥5.0	≥8.0
62.5R	≥32.0		≥5.5	

以硅酸盐水泥为例，其不同龄期的强度应该符合表 2-14 的规定，如果有一项指标低于表中的数值，则应该降低强度等级。例如某水泥场生产的 52.5 级硅酸盐水泥，经过检测单位检测 3d 抗压强度为 24.5MPa，28d 抗压强度为 54MPa；3d 抗折强度为 4.0MPa，28d 抗折强度为 7.0MPa。由于 3d 抗折强度低于要求的 4.5MPa，因此该水泥强度等级应该降低为 42.5。将建筑材料划分为

若干强度等级,对掌握材料的性能,合理选用材料,正确进行设计和控制工程质量,是十分重要的。

3. 比强度

为了对不同材料强度进行比较,可以采用比强度来对比。比强度是按照单位质量计算的材料强度,其值等于材料的强度与其表观密度之比,它是衡量材料轻质高强的一个主要指标。优质结构材料的比强度高。常见的几种典型材料的强度比较见表2-15。

表2-15 常见的几种典型材料的强度比较

材料	表观密度/(kg/m³)	强度/MPa（以一种典型材料为例）	比强度/(MN·m/kg)	轻质高强
玻璃钢（抗压）	2000	450	0.225	最优
松木（顺纹抗拉）	500	100	0.200	优
低碳钢（抗拉）	7850	400	0.051	良
普通混凝土（抗压）	2400	40	0.017	中
烧结普通砖（抗压）	1700	10	0.005	差

可见玻璃钢和木材是轻质高强的高效能材料,普通混凝土的比强度约是钢材的比强度的1/3,烧结普通砖的比强度是普通混凝土的比强度的1/3左右。

（三）弹性和塑性

材料在外力作用下产生变形,当外力取消后,材料的变形即可消失并能完全恢复原来的形状的性质,称为弹性。当这种外力取消后瞬间即可完全消失的变形,称为弹性变形。这种变形属于可逆变形,其数值的大小与外力成正比。其比例系数 E 称为弹性模量。在弹性变形范围内,弹性模量 E 为常数,其值等于应力与应变的比值,即 $E=\sigma/\delta=\tan\alpha$。弹性模量是衡量材料抵抗变形能力的一个指标,$E$ 越大,材料越不易变形。

在外力作用下材料产生变形,如果取消外力,仍然保持变形后的形状尺寸,并且不产生裂纹的性质,称为塑性。这种不能消失的变形,称为塑性变形（或永久变形）。

许多材料受力不大时,仅仅产生弹性变形;当受力超过一定限度后,即产生塑性变形。如建筑钢材,当外力小于弹性极限时,仅仅产生弹性变形;当外力大于弹性极限后,则除了产生弹性变形外,还产生了塑性变形。有的材料在受力时,弹性变形和塑性变形同时产生,如果外力取消,则弹性变形可以消失,而其塑性变形则不能消失,这种材料称为弹塑性材料。钢材可以看作典型的弹塑性材料。材料的应力－应变曲线如图2-32所示。

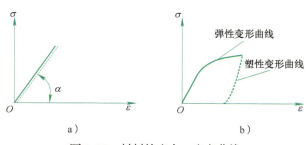

图2-32 材料的应力－应变曲线
a）完全弹性材料 b）弹塑性材料

（四）脆性和韧性

在外力作用下，当外力达到一定的限度后，材料突然破坏而又无明显的塑性变形的性质，称为脆性。

脆性材料抵抗冲击荷载或振动作用的能力很差。其抗压强度比抗拉强度高得多，如混凝土、玻璃、砖、石、陶瓷等。

在冲击或振动作用下，材料能吸收较大的能量，产生一定的变形而不致破坏的性能，称为韧性。如建筑钢材、木材等属于韧性较好的材料。在建筑工程中，对于要求承受冲击荷载或振动作用的结构，其所用的材料都要考虑材料的冲击韧性。

（五）硬度和耐磨性

硬度是材料表面能抵抗其他较硬物体压入或刻划的能力。不同材料的硬度测定方法不同。按刻划法，矿物硬度分为10级（莫氏硬度），其硬度递增的顺序依次为滑石、石膏、方解石、萤石、磷灰石、正长石、石英、黄玉、刚玉、金刚石。木材、混凝土、钢材等硬度常用钢球压入法测定（布氏硬度HB），一般来说，硬度大的材料耐磨性较强，但不易加工。耐磨性是材料表面抵抗磨损的能力。在建筑工程中，用于道路、地面、踏步等部位的材料，均应考虑其硬度和耐磨性。一般来说，强度高且密实的材料，硬度高，耐磨性较好。

（六）耐久性

建筑材料除满足各项物理、力学性能要求外，还必须经久耐用，反映这一要求的性质为耐久性。耐久性是指材料在内部和外部多种因素作用下，长久地保持其使用性能的性质。

影响材料的耐久性的因素多种多样，除材料的内在因素使其组成、构造、性能发生变化以外，还需要长期受到使用条件及各种自然因素的作用，这些作用可以概括为以下几个方面：

1. 物理作用

它包含环境温度、湿度的交替变化，即冷热、干湿、冻融等循环作用。材料在经受这些作用后，将发生膨胀、收缩或产生内应力，长期的反复作用将使材料变形、开裂甚至破坏。

2. 化学作用

它包括大气和环境中的酸、碱、盐或其他有害物质对材料的侵蚀作用，以及日光、紫外线等对材料的作用，使材料发生腐蚀、炭化、老化等而逐渐丧失使用功能。例如，钢筋锈蚀、防水屋面老化开裂。

3. 机械作用

它包括荷载的持续作用，交变荷载对材料引起的疲劳、冲击、磨损。

4. 生物作用

它包括菌类、昆虫等侵害作用，导致材料发生腐朽、虫蛀等破坏。

一般矿物材料，如石材、砖瓦、陶瓷、混凝土等，暴露在大气中，主要受到大气的物理作用，当材料处于水位变化区域或水中时，还受到环境水的化学侵蚀作用。金属材料在大气中易被锈蚀。沥青及高分子材料在阳光、空气及辐射的作用下，会逐渐老化、变质而损坏。影响材料耐久性的外部因素往往通过其内部因素而发生作用。与材料耐久性有关的内部因素主要是材料的化学组成、结构和构造特点。材料含有易和其他外部介质发生化学反应的成分时，就会造成因其抗渗性和耐腐蚀性能力差而引起破坏。

对材料的耐久性最可靠的判断，是对其在使用条件下进行长期的观察和测定，但这需要很长时间，往往满足不了工程需要。所以常常根据使用要求，用一些实验室可测定、能基本反映其耐久性特性的短时试验指标来表达。如常用软化系数来反映材料的耐水性；使用实验室的冻融循环（数小时一次）试验得出抗冻等级来说明材料的抗冻性；采用较短时间的化学介质浸渍来反映实际环境中水泥石长期腐蚀现象等。

为了提高材料的耐久性，以利于延长建筑物的使用寿命和减少维修费用，可根据使用情况和材料特点，采取相应的措施。如设法减轻大气或周围介质对材料的破坏作用（降低湿度，排除侵蚀性物质等），提高材料本身对外界作用的抵抗能力（提高密实度，采取防腐措施等），也可以用其他材料保护主体结构免受破坏（覆面、抹灰、刷涂料等）。

（七）硅酸盐水泥石的腐蚀与防护

1. 硅酸盐水泥石的腐蚀

硅酸盐水泥石在正常情况下，强度会不断增长，耐久性好。但在某些环境下，由于存在侵蚀介质（软水、含盐或酸的水等）的作用，会腐蚀水泥石，引起强度的降低，甚至造成结构的破坏，该现象称为水泥石的腐蚀。产生的根本原因：一是水泥石中存在易被腐蚀的氢氧化钙和水化铝酸钙；二是水泥石本身不密实，存在很多毛细孔通道，使侵蚀介质易于进入内部；三是水泥石外部存在着侵蚀介质。

（1）软水腐蚀（溶出性侵蚀）　雨水、雪水、蒸馏水、工业冷凝水、含重碳酸盐很少的河水及湖水等都属于软水。硅酸盐水泥对于一般的软水有足够的抵抗能力，但当水泥石长期受到软水的浸泡时，水泥的水化物将按照溶解度的大小，依次慢慢地被水溶解，产生溶出性侵蚀，最终导致水泥石破坏。

在硅酸盐水泥的各种水化物中，$Ca(OH)_2$的溶解度最大，最先被溶解[每升水能溶解$Ca(OH)_2 1.3g$以上]。若在流动的水中或有压力的水中，溶出的不断被冲走，石灰浓度不断降低，还会引起其他水化物的分解溶解，侵蚀到内部，孔隙增大，强度下降，造成溃裂。

实际工程中，将水泥构件事先在空气中硬化，让$Ca(OH)_2$与空气中的CO_2和水发生碳化反应，生成碳酸钙（$CaCO_3$）外壳，起保护作用，防止溶出性侵蚀。

（2）酸性腐蚀　当水中溶解有无机酸或有机酸时，水泥石会受到溶析和化学溶解的双重作用。酸类离解出来的H^+和酸根离子，分别和水泥中的$Ca(OH)_2$的OH^-和Ca^+结合成水和钙盐。腐蚀最快的无机酸有盐酸、氢氟酸、硝酸、硫酸，有机酸有醋酸、蚁酸（甲酸）和乳酸。

根据环境不同，选择不同的水泥品种，提高抗腐蚀能力。如在有硫酸的环境中，选择铝酸三钙含量低于5%的抗硫酸盐水泥。

（3）盐类腐蚀

1）硫酸盐的腐蚀。绝大部分硫酸盐都有明显的侵蚀性。当环境水中含有钠、钾、铵等硫酸盐时，它们能与水泥石中的$Ca(OH)_2$起置换作用，生成硫酸钙$CaSO_4·2H_2O$，并能结晶析出。且硫酸钙与水泥石中固态的水化铝酸钙作用，生成呈针状晶体的高硫型水化硫铝酸钙（钙矾石），比原体积增加1.5倍以上，俗称"水泥杆菌"，对水泥石起极大破坏作用。

2）镁盐的腐蚀。海水和地下水中含有大量的镁盐，如硫酸镁和氯化镁等，它们与水泥石中的 Ca（OH）$_2$ 起如下反应：

$$MgSO_4 + Ca(OH)_2 + 2H_2O = CaSO_4 \cdot 2H_2O + Mg(OH)_2$$

$$MgCl_2 + Ca(OH)_2 = CaCl_2 + Mg(OH)_2$$

上述反应生成的 Mg（OH）$_2$，松软而无凝聚能力，$CaCl_2$ 易溶于水，$CaSO_4 \cdot 2H_2O$ 则引起硫酸盐的破坏作用。因此，硫酸镁对水泥石起着镁盐和硫酸盐的双重腐蚀作用。

（4）强碱腐蚀　碱类溶液如浓度不大时一般是无害的，但铝酸盐含量较高的硅酸盐水泥如果遇到强碱作用也会被破坏。如 NaOH 可与水泥石中未水化的铝酸盐作用，生成易溶的铝酸钠。

$$3CaO \cdot Al_2O_3 + 6NaOH = 3Na_2O \cdot Al_2O_3 + 3Ca(OH)_2$$

当水泥石被液体侵蚀后，又在空气中干燥，会与空气中的 CO_2 作用，生成

$$2NaOH + CO_2 = Na_2CO_3 + H_2O$$

碳酸钠在水泥石毛细孔中结晶沉淀，而使水泥石胀裂。

除上述各类型的腐蚀外，还有一些如糖类、动物脂肪类，也会对水泥石产生腐蚀。

实际工程中，往往多种因素并存，腐蚀是一个复杂的物理化学过程，相互影响。

硅酸盐水泥熟料硅酸三钙含量高，水化产物中氢氧化钙和水化铝酸钙含量多，所以抗侵蚀性差，一般不宜在有侵蚀性介质中使用。

2. 硅酸盐水泥石腐蚀的防护

1）根据侵蚀环境的特点，合理选择水泥品种，改变水泥熟料中的矿物组成或掺入活性混合材料。

2）提高硅酸盐水泥石的密实度。严格控制硅酸盐的拌和用水量，合理设计混凝土的配合比，降低水胶比，选取优质骨料，选择最优化的施工工艺。此外，在混凝土和砂浆表面进行碳化处理或氟硅酸处理，生成难溶解的碳酸钙外壳，或氟化钙及硅胶薄膜，提高表面密实度，也可减少侵蚀介质渗入内部。

3）加做保护层。当环境中有强腐蚀因素，可在混凝土或砂浆表面铺设耐腐蚀且不透水的保护层。例如用耐腐蚀的石料、陶瓷、防水材料等覆盖在水泥石的表面，形成不透水的保护层，以防止腐蚀介质和水泥石直接接触。

三、小组讨论

1）填写小组实训数据，检测水泥胶砂的 3d 和 28d 的抗压强度为＿＿＿＿MPa、＿＿＿＿MPa，抗折强度为＿＿＿＿MPa、＿＿＿＿MPa。

2）水泥胶砂强度检测用胶砂制作方法和水泥标准稠度用水量检测的水泥砂浆制作方法，在材料配方和制作方法方面有什么异同？作用各是什么？

3）根据检测 3d 和 28d 的强度，判断该水泥的强度等级是＿＿＿＿。

四、总结汇报

分小组汇报，辩论和评分，教师进行总结和拓展，并重点讲解相关理论知识和应用。

五、评估

教师对每一个学生的课前、研讨汇报、作业等情况进行评价，填写表 1-4、表 1-5。

考/证/训/练

（一）判断题

1. 脆性材料适宜承受动荷载，而不宜承受静荷载。　　　　　　　　　　　　（　　）
2. 承受动荷载作用的结构，需要考虑材料的韧性。　　　　　　　　　　　　（　　）
3. 混凝土的抗拉和抗压能力是一样的。　　　　　　　　　　　　　　　　　（　　）
4. 通过测试水泥胶砂的强度来检测水泥的强度等级。　　　　　　　　　　　（　　）
5. 测定水泥强度用的水泥胶砂质量配合比为：水泥∶砂∶水 =1:3:0.5。　　（　　）
6. 水泥的强度主要取决于矿物的成分和细度。　　　　　　　　　　　　　　（　　）
7. 抗折强度反映混凝土抵抗断裂的性能。　　　　　　　　　　　　　　　　（　　）
8. 通过检测，混凝土的抗压强度与抗折强度一样大。　　　　　　　　　　　（　　）
9. 采用抗压强度作为水泥的强度指标。　　　　　　　　　　　　　　　　　（　　）
10. 经过检测，水泥强度不合格，作废品处理。　　　　　　　　　　　　　（　　）

（二）填空题

1. 硅酸盐水泥、普通硅酸盐水泥的强度分为_____、_____、_____、_____、_____、_____共六个等级。
2. 矿渣硅酸盐水泥、火山灰质硅酸盐水泥、粉煤灰硅酸盐水泥分为_____、_____、_____、_____、_____、_____共六个等级。
3. 木材、混凝土、钢材等常用钢球压入法测定硬度，表示为_____。

（三）选择题

1. 提高水泥熟料中（　　）含量，可制得早期强度高的水泥。
   A．C_3S　　　　　B．C_2S　　　　　C．C_3A　　　　　D．C_4AF
2. 高铝水泥的早期强度（　　）相同强度等级的硅酸盐水泥。
   A．高于　　　　　B．低于　　　　　C．近似等同于　　　　　D．高于或低于

（四）计算题

对一普通硅酸盐水泥试样进行了胶砂强度检测，试验结果见表2-16，试确定其强度等级。（对比表2-14）

表2-16　胶砂强度检测数据

抗折强度破坏荷载 /kN		抗压强度破坏荷载 /kN	
3d	28d	3d	28d
1.25	2.90	23	75
		29	71
1.60	3.05	29	70
		28	68
1.50	2.75	26	69
		27	70

2.4 水泥物理化学性能及物理性能检测报告

根据前面的检测数据,形成物理检测报告,判断水泥是否合格。学习水泥物理化学性能9个指标等相关知识;学习通用水泥的特性、应用等相关知识;坚守检测标准,苦练检测技能,培养产品质量安全意识。

2.4.1 水泥物理性能检测报告

水泥及检测教学研讨(教)

一、实训目的

针对样品水泥,根据已做的细度、密度、标准稠度用水量、初凝时间、终凝时间、安定性、抗压强度、抗折强度等试验数据记录,计算相关性能指标,填入物理性能检测报告,根据水泥的技术性能指标标准,给出检验结论。

二、实训准备

将水泥密度与细度检测,水泥凝结时间、安定性、标准稠度用水量检测,胶砂流动度、抗折强度、抗压强度试验数据进行整理和计算。

三、检测报告

填写试验报告中的所有项目,形成检测报告,见表2-17。

表2-17 水泥物理性能检测报告

委托单位_____ 检测单位(检测专用章)
工程名称_____ 工程部位_____
样品编号_____ 检验依据_____
送检日期_____ 检验日期_____ 报告日期_____
监督人_____ 见证人_____ 报告编号_____

品种	强度等级	生产厂家	出厂日期	出厂编号	批量/t

项 目		检测依据	检验结果	技术要求按 GB 175—2023
细度	45μm 筛孔筛余	GB/T 1345—2005		不小于5%
凝结时间	初凝	GB/T 1346—2011		不早于45min
	终凝			不大于600min
安定性	雷氏法			不大于5.0mm
标准稠度用水量				—
密度		GB/T 208—2014		—

（续）

强度检验					
项目		检测依据	单个强度/MPa	平均值/MPa	技术要求
抗折强度/MPa	3d	GB/T 17671—2021			不得低于 3.5MPa
	28d				不得低于 6.5MPa
抗压强度/MPa	3d				不得低于 17.0MPa
	28d				不得低于 42.5MPa
胶砂流动度/mm					
结论					
备注					

注：1. 未经本检测单位书面批准，不得复制（全文复制除外）检测报告。
  2. 报告无检测专用章无效。
  3. 检测单位地址：

批准：   审核：   试验：

2.4.2 水泥物理化学性能相关知识学习

一、引导问题（判断题）

1）通用硅酸盐水泥强制性化学指标有不溶物含量（质量分数）、烧失量、氧化镁含量（质量分数）、三氧化硫含量（质量分数）、氯离子含量（质量分数）。（ ）

2）强度、氧化镁、三氧化硫含量、初凝时间、体积安定性中的任一项不符合标准规定严禁在工程中使用。（ ）

3）通用硅酸盐水泥强制性化学指标包括三氧化硫含量、氧化镁含量、氯离子含量 3 项。（ ）

4）硅酸盐水泥耐腐蚀性差，不宜用于受流动软水和压力水作用的工程。（ ）

5）通常以水泥强度等级为混凝土强度等级的 1.5～2.0 倍为宜。（ ）

6）由氧化铁含量少的硅酸盐水泥熟料、适量石膏及石灰石或窑灰，磨细制成白水泥。（ ）

二、水泥物理化学性能相关知识

（一）通用水泥的技术性能标准与质量判定

《通用硅酸盐水泥》（GB175—2023）规定，检测报告内容应包括文件编号、水泥品种、代号、出厂编号、混合材料种类及掺量等出厂检验项目以及密度（仅限硅酸盐水泥）、标准稠

通用水泥的主要性能（教）

度用水量、石膏和助磨剂的品种及掺加量、合同约定的其他技术要求等。

1. 通用水泥的技术性能标准

通用硅酸盐水泥有不溶物含量、烧失量、三氧化硫含量、氧化镁含量、细度、凝结时间、安定性、强度、碱含量、氯离子含量等技术指标。其中物理指标细度、凝结时间、安定性、强度前面已做了介绍，现在主要介绍化学指标。

（1）通用硅酸盐水泥强制性化学指标　通用硅酸盐水泥强制性化学指标包括不溶物含量、烧失量、三氧化硫含量、氧化镁含量、氯离子含量五项，见表2-18。

表2-18　通用硅酸盐水泥的化学要求

品种	代号	不溶物含量（%）	烧失量（%）	三氧化硫含量（%）	氧化镁含量（%）	氯离子含量（%）
硅酸盐水泥	P·Ⅰ	≤0.75	≤3.0	≤3.5	≤5.0①	0.06③
	P·Ⅱ	≤1.5	≤3.5			
普通硅酸盐水泥	P·O	—	≤5.0			
矿渣硅酸盐水泥	P·S·A	—	—	≤4.0	≤6.0	
	P·S·B				—	
火山灰质硅酸盐水泥	P·P	—	—	≤3.5	≤6.0②	
粉煤灰硅酸盐水泥	P·F					
复合硅酸盐水泥	P·C					

① 如果水泥压蒸安定性合格，则水泥中氧化镁含量可放宽至6.0%。
② 如果水泥中氧化镁含量大于6.0%，需进行水泥压蒸安定性试验并合格。
③ 当买方有更低要求时，买卖双方协商确定。

（2）选择性指标　选择性指标包括碱含量，水泥中碱含量按 $w_{Na_2O}+0.658w_{K_2O}$ 计算值来表示。为了避免碱-骨料反应的发生，国标中规定若使用活性骨料，用户要求提供低碱水泥时，水泥中碱含量不得大于0.60%或由供需双方商定。

2. 质量判定

《通用硅酸盐水泥》（GB 175—2023）规定：

1）出厂检验：检查结果符合组分、化学要求（不溶物含量、烧失量、三氧化硫含量、氧化镁含量、氯离子含量）、凝结时间、安定性（沸煮法）、强度、细度技术要求为合格品。其中任何一项不符合要求时，为不合格品。

2）型式检验：在新投产时，或原材料有改变时，或生产工艺有改变时，或产品停产6个月后恢复生产时，应进行型式试验。正常生产时，每年至少进行一次型式检验。检查结果不符合组分、化学要求（不溶物、烧失量、三氧化硫、氧化镁、氯离子）、水溶性铬（Ⅵ）、碱含量、物理要求（初凝时间、终凝时间、安定性、强度、细度）、放射性核素限量中，任何一项技术要求时为不合格品。

（二）通用水泥的主要特性

通用水泥包括硅酸盐水泥、普通硅酸盐水泥、矿渣硅酸盐水泥、火山灰质硅酸盐水泥、粉煤灰硅酸盐水泥、复合硅酸盐水泥六个品种，主要特性见表2-19。

表 2-19 通用水泥的主要特性

性质	硅酸盐水泥 P·I P·II	普通硅酸盐水泥 P·O	矿渣硅酸盐水泥 P·S·A P·S·B	火山灰质硅酸盐水泥 P·P	粉煤灰硅酸盐水泥 P·F	复合硅酸盐水泥 P·C
凝结硬化速度	快	较快	慢	慢	慢	与所掺两种或两种以上混合材料的种类、掺量有关，基本与掺入的混合材料性能相同
早期强度	高	较高	低	低	低	
后期强度	高	高	增长较快	增长较快	增长较快	
水化热	大	较大	较低	较低	较低	
抗冻性	好	较好	差	差	差	
干缩性	小	较小	大	大	较小	
耐腐蚀性	差	较差	较好	较好	较好	
耐热性	差	较差	好	较好	较好	
泌水性	—	—	大	小	—	
抗碳化能力	好	较好	差	差	差	

（三）通用水泥的选用

通用水泥的选用原则，根据使用要求，从水泥品种和强度两个方面考虑。

水泥的应用（教）

1. 水泥品种的选择

根据工程的环境条件、建筑物功能要求及混凝土所处部位，选用合适的水泥品种，发挥不同品种水泥的性能特点，通用水泥的品种选择请参考表 2-20。

（1）硅酸盐水泥

1）凝结硬化快、其早期及后期强度均高。适用于对早期强度有较高要求的预制和现浇的混凝土工程、重要结构的高强度混凝土、预应力混凝土工程等。

2）水化热大、抗冻性好。硅酸盐水泥中硅酸三钙和铝酸三钙的含量高，水化时放出的热量大，适用于冬期施工的混凝土工程，但不适宜大体积工程。硅酸盐水泥不掺或掺入很少量的混合材料，需水量少，硬化后的水泥石结构密实，抗冻性好，适用于严寒地区和抗冻性要求高的混凝土工程。

3）干缩小、耐磨性好。硅酸盐水泥硬化时干缩小，不易产生干缩裂缝，可以用于干燥环境工程；结构致密，表面不容易起灰尘，耐磨性好，可以用于道路工程。

4）抗碳化能力好，适合用于二氧化碳浓度较高的环境，如翻砂、铸造车间等。

表 2-20 通用水泥的品种选择

混凝土工程特点或所处的环境条件		优先选用	可以使用	不宜使用
普通混凝土	在普通气候条件中的混凝土	普通硅酸盐水泥	矿渣硅酸盐水泥、火山灰质硅酸盐水泥、粉煤灰硅酸盐水泥、复合硅酸盐水泥	—
	在干燥环境中的混凝土	普通硅酸盐水泥	矿渣硅酸盐水泥	火山灰质硅酸盐水泥、粉煤灰硅酸盐水泥

（续）

混凝土工程特点或所处的环境条件		优先选用	可以使用	不宜使用
普通混凝土	在高湿环境中或永远处在水下的混凝土	矿渣硅酸盐水泥、火山灰质硅酸盐水泥、粉煤灰硅酸盐水泥、复合硅酸盐水泥	普通硅酸盐水泥	硅酸盐水泥
	厚大体积的混凝土	矿渣硅酸盐水泥、火山灰质硅酸盐水泥、粉煤灰硅酸盐水泥、复合硅酸盐水泥	—	硅酸盐水泥、快硬硅酸盐水泥
有特殊要求的混凝土	要求快硬的混凝土	硅酸盐水泥、快硬硅酸盐水泥	普通硅酸盐水泥	矿渣硅酸盐水泥、火山灰质硅酸盐水泥、粉煤灰硅酸盐水泥、复合硅酸盐水泥
	高强度混凝土	硅酸盐水泥	普通硅酸盐水泥	火山灰质硅酸盐水泥、粉煤灰硅酸盐水泥
	严寒地区的露天混凝土、寒冷地区处在水位升降范围内的混凝土	普通硅酸盐水泥	矿渣硅酸盐水泥（强度等级≥42.5）	火山灰质硅酸盐水泥、粉煤灰硅酸盐水泥、复合硅酸盐水泥
	严寒地区处在水位升降范围内的混凝土	普通硅酸盐水泥（强度等级>42.5）	—	火山灰质硅酸盐水泥、粉煤灰硅酸盐水泥、矿渣硅酸盐水泥、复合硅酸盐水泥
	有抗渗要求的混凝土	普通硅酸盐水泥、火山灰质硅酸盐水泥	—	矿渣硅酸盐水泥
	有耐磨性能要求的混凝土	硅酸盐水泥、普通硅酸盐水泥	矿渣硅酸盐水泥（强度等级≥42.5）	火山灰质硅酸盐水泥、粉煤灰硅酸盐水泥
	受侵蚀介质作用的混凝土	矿渣硅酸盐水泥、火山灰质硅酸盐水泥、粉煤灰硅酸盐水泥、复合硅酸盐水泥	—	硅酸盐水泥

5）耐腐蚀性差。水泥石中有较多的氢氧化钙和水化铝酸钙，耐软水和耐化学腐蚀性差，不宜用于受流动软水和压力水作用的工程，也不宜用于受海水和其他腐蚀性介质作用的工程。

6）耐热性差。硅酸盐水泥石在温度超过300℃时，硅酸盐水泥的水化物开始脱水、分解，体积发生变化，强度开始下降，故其耐高温性能较其他通用水泥差，不宜用于耐高温要求的混凝土工程，也不宜用于配置耐热混凝土。

（2）普通硅酸盐水泥　普通硅酸盐水泥掺入的混合材料比硅酸盐水泥稍多，组成与硅酸盐水泥接近，除早期强度比硅酸盐水泥稍低外，其他性能接近硅酸盐水泥，具有良好的性能，因此应用最广泛。

（3）矿渣硅酸盐水泥、火山灰质硅酸盐水泥、粉煤灰硅酸盐水泥、复合硅酸盐水泥　这四种水泥是在硅酸盐熟料的基础上，掺加较多的活性混合材料，水泥熟料含量低，因此有以下共性：

1）早期强度较低，但后期强度增长较快。早期是熟料矿物水化析出氢氧化钙，作为碱性激化剂，后期激化了掺入的活性混合材料的水化，生成水化硅酸钙和水化铝酸钙。水化分两步进行，早期凝结硬化慢，强度低，后期生成的水化硅酸钙凝胶逐渐增多，后期（28d后）强度发展较快，将赶上甚至超过硅酸盐水泥。

2）水化热较低。由于熟料含量少，水泥水化时放热量高的硅酸三钙、铝酸三钙的含量也相对少，所以水化热低及放热缓慢，适合大体积混凝土工程。

3）耐腐蚀性较好。由于熟料含量少，水化后的氢氧化钙含量少，其后期水化还要消耗氢氧化钙，其含量更低，所以抵抗海水、软水及硫酸盐腐蚀能力较强，适合于抗硫盐酸和软水侵蚀的工程。

4）碱度低，抗碳化能力差。

5）对养护温度、湿度敏感，适合蒸汽养护。由于水泥熟料含量较少，低温时凝结硬化缓慢，在温度达到70℃以上的湿热条件下，硬化速度大大加快。

6）抗冻性和耐磨性不及硅酸盐水泥和普通硅酸盐水泥。

除上述共性之外，由于混合材料的不同，它们又有各自的特性。

矿渣硅酸盐水泥的保水性差，与水拌和时产生泌水现象，使水泥石内部产出较多的连通孔隙，抗渗性差，且干缩较大，不适合于抗渗工程。由于矿渣本身是耐火材料，其耐热性好，可用于高温车间和耐热要求高的工程。

火山灰质混合材料粗糙、多孔，故火山灰质硅酸盐水泥的保水性好，拌和时需水量大，泌水性较小，水化后形成较多的水化硅酸钙凝胶，使水泥石结构致密，抗渗性好，适合抗渗透的工程。

粉煤灰是表面致密的球形颗粒，比表面积小，所以粉煤灰硅酸盐水泥拌和需水量小，因而干缩性小、抗裂性好，适用于抗裂性要求高的构件以及有抗硫酸盐侵蚀要求的工程。

复合硅酸盐水泥的性能取决于所掺混合材料的种类、掺量及相对比例。复合硅酸盐水泥由于采用了复合混合材料，所以综合性能好，是一种大力发展的新型水泥。

2. 水泥强度等级的选择

水泥强度等级的选择，应根据结构对混凝土强度性能要求来考虑。高强度等级的水泥，用于配置高强度混凝土或对早强有特殊要求的混凝土；低强度等级的水泥适用于配置低强度混凝土或配置砌筑砂浆等。通常以水泥强度等级为混凝土强度等级的 1.5～2.0 倍为宜，对于高强度混凝土可取 0.9～1.5 倍。

若用低强度等级水泥配置高强度混凝土，为满足强度要求，必然会使水泥用量过多，这样不经济，还会使混凝土收缩和水化热增大；若用高强度等级水泥配置低强度混凝土，从强度方面考虑，少量水泥就能满足要求，但为满足混凝土拌合物的和易性和混凝土的耐久性要求，则需要额外增加水泥用量，从而造成水泥的浪费。

（四）特性水泥

一些特殊情况下，通用水泥不能很好地满足使用要求，需要用到特性水泥。特性水泥是指某些性能比较突出的水泥。目前市场上常见的特性水泥有铝酸盐水泥、快硬硅酸盐水泥、白色硅酸盐水泥及彩色硅酸盐水泥、中热硅酸盐水泥、低热硅酸盐水泥、道路硅酸盐水泥、砌筑水泥、明矾石膨胀水泥等。

1. 铝酸盐水泥

铝酸盐水泥是指以矾土和石灰石为原料，经过高温煅烧，得到以铝酸钙为主的熟料，将其磨成细粉而得到的水硬性胶凝材料，代号 CA。水化时反应剧烈，生成的铝酸盐水化物能在短期内结晶密实，故硬化速度较快，使早期强度迅速增长。

国家标准《铝酸盐水泥》（GB/T 201—2015）规定，按水泥中 Al_2O_3 的含量（质量分数）分为 CA50、CA60、CA70 和 CA80 四个品种。其中，CA50、CA60-Ⅰ、CA70、CA80 的初凝时间不能早于 30min，终凝时间不能迟于 6h；CA60-Ⅱ的初凝时间不能早于 60min，终凝时间不能迟于 18h。

铝酸盐水泥硬化时的放热量较大，且集中在早期，故不宜用于大体积混凝土工程，却有利于冬期施工，具有较高的抗渗性、抗冻性与抗侵蚀性，耐热性好，可以用来配制耐热混凝土。使用时，应避免与硅酸盐水泥、石灰等混合使用，也不能与未硬化的硅酸盐水泥接触使用，否则由于与 $Ca(OH)_2$ 作用，生成水化铝酸三钙，使水泥迅速凝结而降低强度。

铝酸盐水泥混凝土的后期强度下降较大，这是由于晶型转化（水化铝酸二钙的针、片状六方晶体系转化为水化铝酸三钙的立方晶体系）所造成的，特别是温度较高时，转化更快，晶型转化的结果，不但使强度降低，而且由于孔隙率增大，抗渗性和抗腐蚀性相应降低，因此，对于铝酸盐水泥混凝土应该按照最低稳定强度来设计。铝酸盐水泥混凝土主要适合于抢建、抢修、抗硫酸盐侵蚀和冬期施工等有特殊需要的工程，还可配制耐火材料以及石膏矾土膨胀水泥、自应力水泥。

2. 快硬硅酸盐水泥

凡以硅酸盐水泥熟料和适量的石膏磨细而成的，以 3d 抗压强度表示强度等级的水硬性胶凝材料称为快硬硅酸盐水泥（简称快硬水泥）。

快硬硅酸盐水泥的生成方法与硅酸盐水泥基本相同，只是要求的 C_3S 和 C_3A 含量高一些，通常 C_3S 含量为 50%～60%，C_3A 含量为 8%～14%，二者总含量不应小于 60%～65%。为加快硬化速度，可适当增加石膏的掺量（可以达到 8%）和提高水泥的细度。

这种水泥凝结硬化快，初凝时间不得早于 45min，终凝时间不得迟于 10h，并以 3d 抗压强度表示强度等级，分为 32.5、37.5、42.5 三个强度等级。这种水泥可用来配制早强、高强度混凝土，适用于紧急抢修工程、低温施工工程和高强度混凝土预制件等，在储存和运输中要特别注意防潮。

3. 白色硅酸盐水泥及彩色硅酸盐水泥

1）白色硅酸盐水泥。由氧化铁含量少的硅酸盐水泥熟料、适量石膏及石灰石或窑灰，磨细制成的水硬性胶凝材料称为白色硅酸盐水泥（简称白水泥）。

2）彩色硅酸盐水泥。由硅酸盐水泥熟料、适量石膏（或白色硅酸盐水泥）、混合材料及着色剂磨细或混合制成的带有色彩的水硬性胶凝材料称为彩色硅酸盐水泥。

彩色硅酸盐水泥分为 27.5、32.5、42.5 三个等级，基本色有红色、黄色、蓝色、绿色、棕色、黑色。三氧化硫的含量不得超过 4%，初凝时间不得早于 1h，终凝时间不得迟于 10h。

白色水泥、彩色水泥主要用于建筑物的内外面的装饰，如地面、楼面、墙柱、台阶、建筑立面的线条、装饰图案、雕塑等。配以彩色大理石、白云石石子和石英砂作为粗细骨料，可以拌制成彩色砂浆和混凝土，做成水磨石、水刷石、斩假石等饰面，起到艺术装饰作用。

4. 中热硅酸盐水泥、低热硅酸盐水泥

这两种水泥主要适用于要求水化热较低的大坝和大体积混凝土工程。国家标准《中热硅酸盐水泥、低热硅酸盐水泥》（GB 200—2017）规定，这两种水泥的定义如下：

1）中热硅酸盐水泥：以适当成分的硅酸盐水泥熟料，加入适当石膏，磨细制成的具有中等水化热的水硬性胶凝材料，称为中热硅酸盐水泥（简称中热水泥），代号 P·MH。

2）低热硅酸盐水泥：以适当成分的硅酸盐水泥熟料，加入适当石膏，磨细制成的具有低水化热的水硬性胶凝材料，称为低热硅酸盐水泥（简称低热水泥），代号 P·LH。为了减少水泥的水化热及降低放热速率，特限制中热硅酸盐水泥熟料中 C_3A 的含量不得超过 6%，C_3S 的含量不得超过 55%；低热硅酸盐水泥熟料中 C_3A 的含量不得超过 6%，C_2S 的含量不得超过 40%；当有低碱要求时，中热和低热硅酸盐水泥中碱含量不得超过 0.6%。这两种水泥初凝时间不得早于 1h，终凝时间不得迟于 12h，水泥沸煮安定性必须合格。

5. 道路硅酸盐水泥

由道路硅酸盐水泥熟料、适当石膏、规定的混合材料（F类粉煤灰、粒化高炉矿渣、粒化电炉磷渣），磨细制成的水硬性胶凝材料，称为道路硅酸盐水泥（简称道路水泥），代号为 P·R。

道路水泥分为 32.5、42.5 和 52.5 三个等级，比表面积为 300～450m^3/kg，初凝时间不得早于 1.5h，终凝时间不得迟于 10h。

道路水泥具有色泽美观，需水量少，抗折强度高，耐磨性、保水性、和易性好，抗冻性、外加剂适应性强等优点，是高速公路、机场跑道、大跨度建筑的首选水泥。

6. 砌筑水泥

由一种或几种以上的水泥混合材料，加入适量的硅酸盐水泥熟料，经过磨细制成的工作性能较好的水硬性胶凝材料，称为砌筑水泥，代号为 M。

砌筑水泥分为 12.5 和 22.5 两个等级。初凝时间不得早于 1h，终凝时间不得迟于 12h。

这种水泥强度较低，不能用于钢筋混凝土或结构混凝土，主要用于工业和民用建筑的砌筑和抹面砂浆、垫层混凝土等。

7. 明矾石膨胀水泥

以硅酸盐水泥熟料为主，以及铝质熟料、石膏和粒化高炉矿渣（或粉煤灰），按适当比例磨细制成的，具有膨胀性能的水硬性胶凝材料，称为明矾石膨胀水泥，代号 A·EC。

明矾石膨胀水泥分为 32.5、42.5、52.5 三个等级，比表面积不小于 400m^2/kg。初凝时间不得早于 45min，终凝时间不得迟于 6h。

主要用于补偿收缩混凝土结构工程、防渗抗裂混凝土工程、补强和防渗抹面工程、大口径混凝土排水管以及接缝、梁柱和管道接头、固接机器底座和地脚螺栓等。

（五）水泥保管与运输方式

1. 水泥保管

水泥很容易吸收空气中的水分，发生水化作用凝结成块状，从而失去胶结能力，因此水泥在运输和保管中应特别注意防水、防潮。

工地储存水泥应有专用仓库，库房要干燥。存放袋装水泥时，地面垫板要离地 30cm，四周离墙 30cm，堆放高度一般以 10 袋为宜，如图 2-33 所示。水泥的储存应按照到货先后依次堆放，尽量做到先到先用，防止存放过久。水泥按生产厂家、品种、强度、出厂日期要分别存放，不得混杂，并要防止其他杂物混入。一般水泥的储存期为 3 个月，3 个月后的强度降低 10%～20%。时间越长，强度降低越多，使用存放 3 个月以上的袋装水泥，必须重新检验其强度，否则不得使用。高级水泥为 1.5 个月,快硬水泥为 1 个月,膨胀水泥为 2 个月,一些特性水泥储存标准根据其说明书执行。如果水泥保管不当,则会使水泥因受潮而影响使用,甚至导致工程质量事故。对于受潮水泥可以进行处理,然后再使用,处理方法和使用范围见表 2-21。

表 2-21 受潮水泥处理方法和使用范围

受潮程度	处理方法	使用范围
有松块、小球,可以捏成粉末但无硬块	将松块、小球压成粉末,用时加强搅拌	试验后根据实际强度使用
部分结成硬块	筛去硬块,并将松块压碎	1. 试验后根据实际强度使用 2. 用于不重要、受力较小部位 3. 用于砌筑砂浆
硬块	将硬块压成粉末,在新鲜水泥中掺入 25% 硬块粉末,做强度试验	试验后根据实际强度使用

2. 运输方式

水泥采用袋装或散装,运输方式不同,袋装采用普通货车运输,散装水泥采用灌装水泥运输,如图 2-34 所示。

图 2-33 袋装水泥储存

图 2-34 灌装水泥运输

袋装水泥存在的问题:损耗、破袋、污染。

灌装水泥优点:不用袋、没有破袋损耗和污染,保存时间长,通用水泥和一些特性水泥最长可达 13 个月。

三、小组讨论

1)根据各组实训数据,汇报水泥的性能检测数据,并判断是什么强度规格、哪一类的通用硅酸盐水泥,能否满足混凝土主体结构 C25 混凝土要求。

2)通用水泥的性能检测主要有哪些项目?哪些性能不合格是废品?通过检测实训,谈谈你对坚守检测标准,苦练检测技能的体会,该试验对其他专业课学习的帮助。

3)总学习任务中图 1 所示建筑工程的地下桩基、主体结构、砌筑砂浆宜采用什么品种和强度的水泥?

四、总结汇报

分小组汇报,辩论和评分,教师进行总结和拓展,并重点讲解相关理论知识和应用。

五、评估

教师对每一个学生的课前、研讨汇报、作业等情况进行评价,填写表 1-4、表 1-5。

考/证/训/练

（一）判断题

1．影响快硬水泥强度的最主要因素是水泥熟料的矿物组成，与水泥的细度和拌和用水量的关系不大。（　　）
2．硅酸盐水泥的耐磨性优于粉煤灰硅酸盐水泥。（　　）
3．铝酸盐水泥不宜用于大体积混凝土工程，却有利于冬期施工，用来配制耐热混凝土。（　　）
4．快硬水泥可用来配制早强、高强度混凝土，适用于紧急抢修工程。（　　）
5．中热硅酸盐水泥、低热硅酸盐水泥主要适用于水化热较低的大坝和大体积混凝土工程。（　　）
6．道路硅酸盐水泥的混合材料有 F 类粉煤灰、粒化高炉矿渣、粒化电炉磷渣等。（　　）
7．水泥的储存期为 3 个月，期满后的强度降低 10% ~ 20%，时间越长，强度降低越多。（　　）
8．高强度等级的水泥，用于配置高强度混凝土或对早强有特殊要求的混凝土。（　　）

（二）填空题

1．矿渣硅酸盐水泥与普通硅酸盐水泥比，其早期强度_____，后期强度_____，水化热_____，耐腐蚀性_____，抗冻性_____。
2．明矾石膨胀水泥主要用于_____混凝土结构工程、_____混凝土工程、抹面工程、大口径混凝土排水管以及接缝、梁柱和管道接头、固接_____等。
3．使用存放 3 个月以上的水泥，必须重新检验其_____，否则不得使用。
4．受潮部分结成硬块的水泥处理办法是筛去硬块，并将松块压碎，使用范围：试验后根据_____使用；用于_____部位；用于_____。
5．硅酸盐水泥有不溶物含量、烧失量、三氧化硫含量、氧化镁含量、_____、_____、_____、_____和碱含量等技术指标。
6．通用水泥的选用原则，根据使用要求，从_____、_____两个方面考虑。

（三）选择题

1．大体积混凝土施工，当只有硅酸盐水泥供应时，为降低水化热，可采取（　　）措施。
　　A．将水泥进一步磨细　　　　　　　　B．掺入一定量的活性混合材料
　　C．增加拌和用水量　　　　　　　　　D．增加水泥用量
2．硅酸盐水泥硬化的水泥石，长期处在硫酸盐浓度较低的水环境中，将导致膨胀开裂，这是由于反应生成了（　　）所致。
　　A．$CaSO_4$　　　　　　　　　　　　B．$CaSO_4 \cdot H_2O$
　　C．$3CaO \cdot Al_2O_3 \cdot 3CaSO_4 \cdot 31H_2O$　　D．$Ca(OH)_2$
3．冬期施工现场浇筑钢筋混凝土工程，应优先采用（　　）水泥。
　　A．矿渣硅酸盐　　　　　　　　　　　B．普通硅酸盐
　　C．高铝硅酸盐　　　　　　　　　　　D．火山灰质硅酸盐
4．对于在干燥环境中的工程，应该优先选用（　　）水泥。
　　A．火山灰质硅酸盐　　　　　　　　　B．矿渣硅酸盐

C．普通硅酸盐　　　　　　　　　　D．硅酸盐
5．有抗冻要求的混凝土工程，应选用（　　）水泥。
A．矿渣硅酸盐　　　　　　　　　　B．普通硅酸盐
C．高铝硅酸盐　　　　　　　　　　D．火山灰质硅酸盐
6．提高水泥熟料中（　　）含量，可制得早期强度高的水泥。
A．C_3S　　　　B．C_2S　　　　C．C_3A　　　　D．C_4AF
7．现浇混凝土楼板、梁、柱，应选用（　　）水泥。
A．矿渣硅酸盐　　　　　　　　　　B．普通硅酸盐
C．高铝硅酸盐　　　　　　　　　　D．火山灰质硅酸盐
8．高强度混凝土工程，优先选用（　　）水泥。
A．矿渣硅酸盐　　　　　　　　　　B．普通硅酸盐
C．高铝硅酸盐　　　　　　　　　　D．硅酸盐
9．水下混凝土工程，应选用（　　）水泥。
A．矿渣硅酸盐　　　　　　　　　　B．普通硅酸盐
C．高铝硅酸盐　　　　　　　　　　D．硅酸盐
10．高温设备的混凝土基础，优先选用（　　）水泥。
A．矿渣硅酸盐　　　　　　　　　　B．普通硅酸盐
C．高铝硅酸盐　　　　　　　　　　D．硅酸盐
11．混凝土地面或道路工程，应选用（　　）水泥。
A．矿渣硅酸盐　　　　　　　　　　B．粉煤灰硅酸盐
C．高铝硅酸盐　　　　　　　　　　D．硅酸盐
12．抗渗性要求高的混凝土工程，不宜选用（　　）水泥。
A．矿渣硅酸盐　　　　　　　　　　B．普通硅酸盐
C．高铝硅酸盐　　　　　　　　　　D．粉煤灰硅酸盐
13．要求早脱模工程，优先选用（　　）水泥。
A．矿渣硅酸盐　　　　　　　　　　B．粉煤灰硅酸盐
C．高铝硅酸盐　　　　　　　　　　D．硅酸盐
14．耐磨要求工程，应选用（　　）水泥。
A．矿渣硅酸盐　　　　　　　　　　B．普通硅酸盐
C．高铝硅酸盐　　　　　　　　　　D．火山灰质硅酸盐

（四）简答题

1．控制水泥中氧化镁含量的意义是什么？
2．控制水泥中三氧化硫含量的意义是什么？
3．哪些项目不符合标准是废品水泥？废品水泥在工程中能使用吗？
4．水泥代号中 R 代表什么型水泥？
5．影响材料耐久性的因素有哪些？
6．硅酸盐水泥的特性有哪些？

（五）试验题

1．工地入库的 52.5 级矿渣硅酸盐水泥，存放 6 个月后，取样送实验室检测，结果见表 2-22。

表 2-22　检测数据

试件龄期 /d	抗折强度 /MPa	抗压强度 /MPa
3	3.6、4.2、3.6	23、25、24、25、26、26
28	6.6、6.3、6.7	63、59、69、72、66、71

问该水泥的强度等级已降为多少？

2．实验室对某施工单位的水泥进行强度检测，测得 28d 的抗压荷载分别为 90kN、92kN、87kN、83kN、91kN、71kN，另假定测得该水泥的 3d 抗折强度和抗压强度以及 28d 抗折强度能满足 42.5、52.5 级水泥的强度要求，试评定该水泥的强度等级。

学习情境 3

气硬性胶凝材料及检测

情境描述

总学习任务中图 1 所示建筑工程，广泛使用了石灰、石膏、水玻璃等材料。检测消石灰游离水，学习气硬性胶凝材料及与水相关的性能知识。

知识目标

1. 了解石灰、石膏、水玻璃的基本知识。
2. 了解石灰、石膏、水玻璃的应用。

能力目标

1. 能对消石灰游离水等性能进行检测。
2. 能在工程中正确应用石灰、石膏、水玻璃等材料。

素养目标

通过石灰石了解石灰的生产和应用，弘扬不怕困难、积极向上的人生观，培养对中华文化的自信。通过石膏在建筑艺术方面的应用，培养对美好生活的向往。

3.1 消石灰游离水的检测

石灰性能检测主要包括消石灰、粉状生石灰的松散密度、细度，消石灰的安定性，生石灰产浆量、未消化残渣，消石灰游离水的检测。石膏性能检测主要包括细度、凝结时间、强度检测。有关检测参考《建筑消石灰》（JC/T 481—2013）、《建筑石膏》（GB/T 9776—2022）。

下面介绍消石灰游离水的检测。

一、实训目的

掌握消石灰游离水的检测原理和方法。

二、实训准备

1）电子分析天平：量程为 200g，分度值为 0.1mg。
2）称量瓶：30mm×60mm。
3）烘箱：最高温度 200℃。

三、试验步骤

称 5g 消石灰样品（M_1），精确到 0.0001g，放入称量瓶中，在（105±5）℃烘箱内烘干到恒重后，立即放入干燥器中，冷却到室温（约需要 20min），称量（M_2）。

四、试验结果

当消石灰样品加热到 105℃时游离水逃逸，此温度下损失的质量百分数为消石灰游离水。
按下式计算消石灰游离水（W_F）：

$$W_F = \frac{M_1 - M_2}{M_2} \times 100\% \qquad (3-1)$$

式中　W_F——消石灰游离水（%）；
　　　M_1——干燥前样品质量（g）；
　　　M_2——干燥后样品质量（g）。

五、实训记录与数据处理

消石灰游离水原始记录表见表 3-1。

表 3-1　消石灰游离水原始记录表

项目	样品质量/g	干燥前样品质量 M_1/g	干燥后样品质量 M_2/g	W_F（%）	备注
第一次					
第二次					
第三次					
平均值					

3.2 气硬性胶凝材料相关知识学习

一、引导问题（判断题）

1）材料密实度越高、强度越高、耐水性越好，则其抗冻性越好；开口孔隙越多、吸水量越大，则其抗冻性越差。　　　　　　　　　　　　　　　　　　　　　　　　　　　　　（　　）
2）材料吸湿性用含水率来表示，含水率随空气环境变化，而吸水率可以说是在水中最大含水率，是一个固定值。　　　　　　　　　　　　　　　　　　　　　　　　　　　　（　　）

学习情境 3　气硬性胶凝材料及检测

3）常位于水中或受潮严重的重要结构所用材料，耐水性 K_R 不宜小于 0.85。（　　）

4）材料抗冻等级 F100 表示材料在吸水饱和状态下，经过冻融循环作用，强度损失和质量损失均不超过规定值时所能承受的最大冻融循环次数为 100 次。（　　）

5）建筑工程中直接使用的石灰品种主要有生石灰、消石灰粉和石灰膏。（　　）

6）气硬性胶凝材料是指只能在空气中凝结硬化，保持并发展其强度的无机胶凝材料，常用的气硬性胶凝材料有石膏、石灰、水玻璃。（　　）

7）生石灰的主要成分是 $Ca(OH)_2$，石灰膏的主要成分是 CaO。（　　）

8）石灰与水泥生产原材料相同，工艺、煅烧温度不相同。（　　）

9）建筑石膏可以用于制备石膏砂浆和粉刷石膏、石膏板及装饰制品等。（　　）

10）水玻璃的主要用途有涂刷或浸渍材料，配制防水剂，用于土壤加固，配制耐酸、耐热混凝土和砂浆等。（　　）

二、气硬性胶凝材料相关知识

气硬性胶凝材料是指只能在空气中凝结硬化，保持并发展其强度的无机胶凝材料。如石灰、石膏、水玻璃，如图 3-1 所示。气硬性胶凝材料在水中不能硬化，只适用于地上或干燥环境。由于凝结硬化过程有大量气孔存在，孔隙率大，其吸水性和吸湿性强，耐水性和抗冻性差。

胶凝材料（教）

a)　　　　　　　　b)　　　　　　　　c)

图 3-1　石灰、石膏、水玻璃块状形态

a）石灰　b）石膏　c）水玻璃

（一）材料与水有关的性能

1. 材料的吸水性

材料在水中吸收水分的能力，称为材料的吸水性。吸水性的大小以吸水率来表示。

质量吸水率是指材料在水中吸水饱和时，所吸水质量占材料在干燥状态下质量的百分率，以 W_m 表示，按下式计算：

$$W_m = \frac{m_b - m_g}{m_g} \times 100\% \tag{3-2}$$

式中　m_b——材料吸水饱和状态下的质量（g 或 kg）；

　　　m_g——材料在干燥状态下的质量（g 或 kg）。

体积吸水率是指材料在水中吸水饱和时，所吸水的体积占材料自然状态下体积的百分率，以 W_v 表示，按下式计算：

建筑材料及检验检测

$$W_{\mathrm{v}} = \frac{V_{\mathrm{b}}}{V_0} \times 100\% = \frac{m_{\mathrm{b}} - m_{\mathrm{g}}}{V_0} \times \frac{1}{\rho_{\mathrm{w}}} \times 100\% = \frac{m_{\mathrm{b}} - m_{\mathrm{g}}}{m_{\mathrm{g}}} \times \frac{\rho_0}{\rho_{\mathrm{w}}} \times 100\% = W_{\mathrm{m}} \times \rho_0 \qquad (3\text{-}3)$$

式中　V_{b}——材料吸水饱和状态下所吸水的体积（cm³ 或 m³）；
　　　V_0——材料在自然状态下的体积（cm³ 或 m³）；
　　　ρ_{w}——水的密度（g/cm³ 或 kg/m³），常温下取 ρ_{w}=1.0g/cm³；
　　　ρ_0——材料的体积密度（g/cm³ 或 kg/m³）。

材料的吸水率主要与材料的孔隙率和孔隙（开口孔、闭口孔）特征有关，与材料的亲水性和憎水性有关。孔隙率越大，吸水率越大，具有很多微小开口孔隙的材料，吸水率越大。工程中多用质量吸水率 W_{m} 表示材料的吸水性。但对于某些轻质材料如泡沫塑料等，由于其质量吸水率超过了 100%，故用体积吸水率 W_{v} 表示其吸水性较为适宜。

2. 材料的吸湿性

材料的吸湿性是指材料在潮湿空气中吸收水分的性质，用含水率 W_{h} 表示，即材料所含水的质量与材料干质量的百分率，按下式计算：

$$W_{\mathrm{h}} = \frac{m_{\mathrm{s}} - m_{\mathrm{g}}}{m_{\mathrm{g}}} \times 100\% \qquad (3\text{-}4)$$

式中　m_{s}——材料在吸湿状态下的质量（g 或 kg）；
　　　m_{g}——材料在干燥状态下的质量（g 或 kg）。

当空气中湿度在较长时间内稳定时，材料的吸湿和干燥过程处于平衡状态，此时材料的含水率保持不变，其含水率称为平衡含水率。含水率随空气环境变化，而吸水率可以说是在水中最大含水率，是一个固定值。

3. 材料的耐水性

材料的耐水性是指材料长期在饱和水的作用下不破坏，强度也不显著降低的性质。材料耐水性的指标用软化系数 K_{R} 表示，按下式计算：

$$K_{\mathrm{R}} = \frac{f_{\mathrm{b}}}{f_{\mathrm{g}}} \qquad (3\text{-}5)$$

式中　K_{R}——材料的软化系数；
　　　f_{b}——材料在吸水饱和状态下的抗压强度（MPa）；
　　　f_{g}——材料在干燥状态下的抗压强度（MPa）。

不同材料的软化系数相差颇大，如泥土 K_{R}=0，钢材 K_{R}=1。工程中将 $K_{\mathrm{R}} \geqslant 0.85$ 的材料称为耐水材料。常位于水中或受潮严重的重要结构所用材料，K_{R} 不宜小于 0.85。

4. 材料的抗冻性

材料在吸水饱和状态下，能经受多次冻结和融化作用（冻融循环）而不被破坏，同时也不严重降低强度的性质称为抗冻性。通常采用 –15℃的温度（水在微小的毛细管中低于 –15℃才能冻结）冻结后，再在 20℃的水中融化，这样的过程为一次冻融循环。材料的抗冻性通常采用抗冻等级表示。抗冻等级是材料在吸水饱和状态下，经过冻融循环作用，强度损失和质量损失均不超过规定值时所能承受的最大冻融循环次数,用符号 Fn 来表达,其中 n 为最大冻融循环次数,如 F25、F50、F100、F150。材料经多次冻融交替作用后,表面将出现剥落、裂纹,产生质量损失,强度也将会降低,这是由于材料孔隙内的水结冰时体积膨胀(约 9%)而引起的材料破坏。

影响抗冻性的因素:

1)材料的密实度(孔隙率):密实度越高则其抗冻性越好。
2)材料的孔隙特征:开口孔隙越多则其抗冻性越差。
3)材料的强度:强度越高则其抗冻性越好。
4)材料的耐水性:耐水性越好则其抗冻性也越好。
5)材料的吸水量大小:吸水量越大则其抗冻性越差。

石灰(教)

(二)石灰

石灰是古老的矿物胶凝材料。生产石灰的原料分布广,生产工艺简单,成本很低,工程中对于石灰的应用十分广泛。建筑用石灰主要有生石灰、熟石灰和石灰膏等几种形态。

1. 石灰的生产

生产石灰的原理是将石灰石、白云石等碳酸钙含量高的天然岩石通过 900~1100℃ 煅烧分解,释放出二氧化碳后,得到轻质的白色块状物质,称为生石灰,它的主要成分是氧化钙(CaO),其煅烧反应式为

$$CaCO_3 \xrightarrow{900\sim1100℃} CaO + CO_2$$

在煅烧过程中,质量损失 44%,体积损失 10%~15%,所以生石灰是一种多孔状、比表面积大、晶格畸变大的物质,水化活性非常大。将煅烧成的块状生石灰经过不同的加工,还可得到石灰的另外三种产品:生石灰、消石灰(熟石灰)、石灰膏。生石灰是由块状石灰磨细制成的。消石灰是将生石灰用适量水经消化和干燥而成的粉末,主要成分为 $Ca(OH)_2$,也称为熟石灰。石灰膏是将块状生石灰用过量水消化,或将消石灰和水拌和,所得到的具有一定稠度的膏状物,主要成分为 $Ca(OH)_2$ 和水。

在实际生产中,为加快石灰石分解,煅烧温度常提高到 1000~1200℃。由于石灰石原料的尺寸大或煅烧时窑中温度分布不匀等原因,石灰中常含有欠火石灰和过火石灰。欠火石灰中的碳酸钙未完全分解,使用时缺乏黏结力。过火石灰结构密实,表面常包覆一层玻璃釉状物,熟化很慢,若在石灰浆体硬化后再发生熟化,会因熟化产生的膨胀而引起隆起和开裂成放射状裂纹。为了消除过火石灰的这种危害,石灰在熟化后,还应"陈伏"2 周左右。生石灰熟化成石灰膏时,"陈伏"期间,储灰坑内的石灰膏表面应保持有一层水分,与空气隔绝,以免碳化。

2. 石灰的熟化和硬化

(1)石灰的熟化 生石灰的水化是指生石灰与水反应生成氢氧化钙的过程,又称为生石灰的熟化或消化,其反应式为

$$CaO + H_2O = Ca(OH)_2$$

根据加水量的不同,石灰可熟化成熟石灰或石灰膏。石灰熟化的理论需水量为石灰质量的 32%。在生石灰中,均匀加入 60%~80% 的水,可得到颗粒细小、分散均匀的消石灰,其主要

成分是 Ca(OH)$_2$。若用过量的水（为生石灰体积的 3~4 倍）熟化块状生石灰，将得到具有一定稠度的石灰膏，其主要成分是 Ca(OH)$_2$ 和水。

（2）石灰的硬化　石灰浆体在空气中的硬化，是由下面两个同时进行的过程来完成的。

1）结晶过程：石灰浆体在干燥过程中，游离水分蒸发，使 Ca(OH)$_2$ 从饱和溶液中逐渐结晶析出。

2）碳化过程：结晶和碳化两个过程同时进行，但碳化极为缓慢。碳化过程长时间只限于表面，结晶过程主要在内部发生，其反应式为

$$Ca(OH)_2 + CO_2 + nH_2O \rightarrow CaCO_3 + (n+1)H_2O$$

空气中 CO_2 含量稀薄，使碳化反应进展缓慢，同时表面的石灰浆一旦硬化就形成外壳，阻止了 CO_2 的渗入，同时又使内部的水分无法析出，影响硬化过程的进行。

3. 石灰的性质及技术要求

（1）石灰的性质

1）可塑性和保水性好。生石灰熟化后形成的石灰浆中，石灰粒子形成氢氧化钙胶体结构，颗粒极细（粒径约为 1μm），比表面积很大（达 10~30m^2/g），其表面吸附一层较厚的水膜，降低了颗粒之间的摩擦力，具有良好的塑性。同时可吸附大量的水，因而有较强保持水分的能力，即保水性好。将它掺入水泥砂浆中，配成混合砂浆，可显著提高砂浆的可塑性及和易性。

2）生石灰熟化成熟石灰或石灰膏时放出大量的热，体积增大 1~2.5 倍。

3）硬化缓慢。石灰浆硬化过程中结晶和碳化作用都极为缓慢。碳化只能在空气中进行，由于空气中 CO_2 含量少，使碳化作用进程缓慢，加之已硬化的表层对内部的硬化起阻碍作用，所以石灰浆的硬化过程较长。

4）硬化时体积收缩大。由于石灰浆中存在大量游离水，硬化时大量水分蒸发，导致内部毛细管失水紧缩，引起显著的体积收缩变形，使硬化石灰体产生网状裂纹，故石灰浆体不能单独使用，施工时通常会掺入一定量的骨料（砂）或纤维材料（麻刀、纸筋等）。

5）硬化后强度低。生石灰消化时的理论需水量为石灰质量的 32%，但为了使石灰浆具有一定的可塑性便于应用，同时考虑到一部分水因消化时水化热大而被蒸发掉，故实际消化用水量很大，多余水分在硬化后蒸发，留下大量孔隙，使硬化石灰体密实度小，强度低。

6）耐水性差。硬化后的石灰当受潮后，其中尚未碳化的 Ca(OH)$_2$ 易产生溶解，硬化石灰体与水会产生溃散，故石灰不能用于潮湿环境。

（2）石灰的技术要求

1）建筑生石灰的技术性质。按《建筑生石灰》（JC/T 479—2013）的规定，按照有效成分（CaO+MgO）含量的百分比，钙质石灰可分为钙质石灰 90（代号 CL90）、钙质石灰 85（代号 CL85）和钙质石灰 75（代号 CL75）三类；镁质石灰又可分为镁质石灰 85（代号 ML85）和镁质石灰 80（代号 ML80）两类。物理性质指标见表 3-2。代号后面加 Q 表示块状，加 QP 表示粉状。

2）建筑消石灰的技术性质。消石灰代号在生石灰上增加字母 H，如 HCL90。建筑消石灰的物理性质见表 3-3。

学习情境 3　气硬性胶凝材料及检测

表 3-2　建筑生石灰的物理性质

项目		钙质生石灰			镁质生石灰	
		CL90-QP	CL85-QP	CL75-QP	ML85-QP	ML80-QP
细度	0.2mm 筛余（%），不大于	2				7
	90μm 筛余（%），不大于	7				2

注：其他物理特性，根据客户要求，可按照《建筑石灰试验方法　第 1 部分：物理试验法》（JC/T 478.1—2013）进行测试。

表 3-3　建筑消石灰的物理性质

项目		钙质消石灰			镁质消石灰	
		HCL90	HCL85	HCL75	HML85	HML80
游离水（%），不大于		2				
细度	0.2mm 筛余（%），不大于	2				
	90μm 筛余（%），不大于	7				
安定性		合格				

4. 石灰的储运与应用

在石灰的储存和运输中必须注意，生石灰要在干燥环境中储存和保管。若储存期过长必须在密闭容器内存放。运输中要有防雨措施，要防止石灰受潮或遇水后水化，甚至由于熟化热量集中放出而发生火灾。磨细生石灰在干燥条件下储存期一般不超过 1 个月，最好是随产随用。

石灰在土木工程中应用范围很广。建筑工程中直接使用的石灰品种主要有生石灰、消石灰和石灰膏。

（1）建筑室内粉刷　由消石灰粉或消石灰浆与水调制而成的消石灰乳，大量用于建筑室内和顶棚粉刷。消石灰乳是一种廉价的涂料，施工方便，广泛应用于建筑室内粉刷。

（2）石灰砂浆　由石灰膏、砂和水按一定配比制成的石灰砂浆，一般用于强度要求不高、不受潮的砌体和抹灰层。

（3）混合砂浆　用石灰膏或消石灰与水泥、砂和水按一定比例可配制混合砂浆，用于砌筑或抹灰工程。

（4）硅酸盐制品　以石灰（消石灰或生石灰）与硅质材料（砂、粉煤灰、火山灰、矿渣等）为主要原料，经过配料、拌和、成型和养护后可制得砖、砌块等各种硅酸盐制品，常用的有蒸压灰砂砖、蒸压粉煤灰砖、硅酸盐砌块等。

（5）制备生石灰粉　目前，土木工程中大量采用块状生石灰磨细制成生石灰粉，可不经熟化和"陈伏"直接应用于工程或硅酸盐制品中，可提高功效，节约场地，改善环境。

（6）石灰稳定土　将消石灰或生石灰掺入各种粉碎或原来松散的土中，经拌和、压实及养护后得到的混合料，称为石灰稳定土。它包括石灰土、石灰稳定砂砾土、石灰碎石土等。

石灰稳定土具有一定的强度和耐水性，广泛用作建筑物的基础、地面的垫层及道路的路面基层。石灰稳定类材料适用于各级公路的底基层，也可用作二级和二级以下公路的基层，但石灰土不得用作二级和二级以上高级公路路面的基层。

（三）石膏

石膏是一种以硫酸钙为主要成分的气硬性胶凝材料，它具有许多优良的建筑性能，在土木工程材料领域得到了广泛的应用。石膏胶凝材料品种很多，建筑上使用较多的是建筑石膏，其次是高强石膏，此外，还有无水石膏。

石膏、水玻璃（教）

1. 石膏的生产

生产石膏胶凝材料的原料主要是天然二水石膏、天然无水石膏，也可采用化工石膏。天然二水石膏（$CaSO_4 \cdot 2H_2O$）又称为软石膏或生石膏，是生产建筑石膏和高强石膏的主要原料。

将天然二水石膏或化工石膏经加热煅烧、脱水、磨细即得石膏胶凝材料。由于加热温度和方式的不同，可以得到不同性质的石膏产品，见表3-4。

表3-4　石膏的生产工艺

原料	工艺	产品名称	分子式
天然二水石膏 （软石膏、生石膏） $CaSO_4 \cdot 2H_2O$	107～170℃，干燥	建筑石膏（熟石膏、β型半水石膏）	$\beta - CaSO_4 \cdot \frac{1}{2}H_2O$
	0.13MPa，125℃，蒸汽	高强石膏（α型半水石膏）	$\alpha - CaSO_4 \cdot \frac{1}{2}H_2O$
	173～360℃，干燥	可溶性石膏	$CaSO_4$（Ⅲ）
	400～750℃	不溶性硬石膏（死烧石膏）	$CaSO_4$（Ⅱ）
	800℃	高温煅烧石膏（地板石膏）	$CaSO_4$（Ⅰ）

建筑石膏（熟石膏、β型半水石膏）晶粒较细、分散度大、结晶度差，水化热快，水化热高，需水量大，硬化强度较低。而α型半水石膏需水量小，硬化强度高，所以称为高强石膏（24～40MPa），适用于强度要求高的抹灰工程和石膏制品，也可以用来制作模型。

可溶性石膏遇水后能逐步生成半水石膏直至二水石膏。

不溶性硬石膏加入某些激发剂（如各种硫酸盐、石灰、粒化高炉矿渣等）混合磨细后，成为无水石膏水泥（硬化石膏水泥），其结晶致密、质地坚硬，不能用来生产建筑石膏和高强石膏，仅用于生产硬石膏水泥及水泥调凝剂等，可做石膏灰浆、石膏板和其他石膏制品。

高温煅烧石膏中部分硬石膏分解出CaO，起碱性激化作用，硬化后有较高的强度和耐水性，又称为地板石膏。

2. 石膏的水化和硬化

石膏与适量的水相混合，最初成为可塑的浆体，但很快失去塑性并产生强度，并发展成为坚硬的固体。这一过程可从水化和硬化两方面分别说明。

（1）石膏的水化　石膏加水后，与水发生化学反应，生成二水石膏并放出热量，反应式为

$$\beta - CaSO_4 \cdot \frac{1}{2}H_2O + 1\frac{1}{2}H_2O = CaSO_4 \cdot 2H_2O$$

石膏加水后首先溶解于水，由于二水石膏在常温（20℃）下的溶解度仅为半水石膏的溶解度的1/5，半水石膏的饱和溶液对于二水石膏就成了过饱和溶液，所以二水石膏胶体颗粒不断从

过饱和溶液中析出。二水石膏的析出，使溶液中的二水石膏含量减少，浓度下降，破坏了原有半水石膏的平衡浓度，促使一批新的半水石膏继续溶解和水化，直至半水石膏全部转化为二水石膏为止。这一过程进行得很快，仅需 7～12min。

（2）石膏的硬化　随着水化的进行，二水石膏胶体颗粒不断增多，它比原来半水石膏颗粒细小，即总表面积增大，可吸附更多的水分；同时石膏浆体中的水分因水化和蒸发逐渐减少，浆体逐渐变稠，颗粒间的摩擦力逐渐增大而使浆体失去流动性，可塑性也开始减小，此时称为石膏的初凝。随着水分的进一步蒸发和水化的继续进行，浆体完全失去可塑性，开始产生结构强度，这时称为终凝。其后，随着水分的减少，石膏胶体凝集并逐步转变为晶体，且晶体间相互搭接、交错、连生，使浆体逐渐变硬产生强度，即为硬化。

3. 石膏的性质及技术要求

（1）石膏的性质

1）凝结硬化快。石膏一般在加水后 30min 左右即可完全凝结，在室内自然干燥条件下，1周左右能完全硬化。为满足施工操作的要求，往往需掺加适量的缓凝剂。

2）硬化时体积微膨胀。石灰和水泥等胶凝材料硬化时往往产生收缩，而建筑石膏却略有膨胀（膨胀率为 0.05%～0.15%），这能使石膏制品表面光滑饱满、棱角清晰、干燥时不开裂，有利于制造复杂图案花形的石膏装饰制品。

3）硬化后孔隙率较大，表观密度和强度较低。建筑石膏在使用时，为获得良好的流动性，加入的水量往往比水化所需的水分多。石膏凝结后，多余水分蒸发，在石膏硬化体内留下大量孔隙，故其表观密度小，强度较低。

4）隔热、吸声性良好。石膏硬化体孔隙率大，且均为微细的毛细孔，故导热系数小，具有良好的绝热能力；石膏的大量微孔，尤其是表面微孔使声音传导或反射的能力也显著下降，从而具有较强的吸声能力。

5）防火性能良好。遇火时，石膏硬化后的主要成分二水石膏中的结晶水蒸发并吸收热量，制品表面形成蒸汽幕，能有效阻止火的蔓延。

6）具有一定的调温调湿性。由于石膏制品孔隙率大，当空气湿度过大时，能通过毛细孔很快地吸水，在空气干燥时又很快地向周围扩散水分，直到空气湿度达到相对平衡，起到调节室内湿度的作用。同时由于其导热系数小，热容量大，可改善室内空气，形成舒适的表面温度，这一性质和木材相近。

7）耐水性和抗冻性差。石膏硬化体孔隙率大，吸水性强，并且二水石膏微溶于水，长期浸水会使其强度显著下降，所以耐水性差。若吸水后再受冻，会因结冰而产生崩裂，故抗冻性差。

（2）石膏的技术要求　建筑石膏为白色粉状材料，密度为 2.60～2.75g/cm^3，堆积密度为 800～1000kg/m^3。根据《建筑石膏》（GB/T 9776—2022）的规定，建筑石膏按 2h 湿抗折强度分为 4.0、3.0、2.0 三个等级，见表 3-5。

表 3-5 建筑石膏物理力学性能

等级	凝结时间 /min		强度 /MPa			
	初凝	终凝	2h 湿强度		干强度	
			抗折	抗压	抗折	抗压
4.0	≥3	≤30	≥4.0	≥8.0	≥7.0	≥15.0
3.0			≥3.0	≥6.0	≥5.0	≥12.0
2.0			≥2.0	≥4.0	≥4.0	≥8.0

4. 石膏的应用和储运

（1）石膏的应用

1）制备石膏砂浆和粉刷石膏。由于石膏具有优良的特性，因此常被用于室内高级抹灰和粉刷。建筑石膏加水、砂及缓凝剂拌和成石膏砂浆，可用于室内抹灰。石膏粉刷层表面坚硬、光滑细腻、不起灰，便于进行再装饰，如粘墙纸、刷涂料等。

2）石膏板及装饰制品。建筑石膏可与石棉、玻璃纤维、轻质填料等配制成各种石膏板材，它具有轻质、保温隔热、吸声、防火、尺寸稳定及施工方便等性能，广泛应用于高层建筑及大跨度建筑的隔墙。

建筑石膏还广泛应用于造型优美的石膏角线、石膏装饰制品，如图 3-2 所示，体现高雅的建筑艺术，满足人民对美好生活的向往。

图 3-2 艺术石膏制品

（2）石膏的储运　由于建筑石膏易吸潮，会影响其以后使用时的凝结硬化性能和强度，长期储存也会降低强度，因此建筑石膏储运时必须防潮，储存时间不宜过长，一般不得超过 3 个月。

（四）水玻璃

水玻璃是一种由碱金属氧化物和二氧化硅结合而成的水溶性硅酸盐材料，其化学通式为 $R_2O\text{-}nSiO_2$，其中 n 是氧化硅与碱金属氧化物之间的摩尔比，为水玻璃模数，一般在 1.5～3.5 之间。形态分为固体、液体、水淬三种。固体水玻璃是一种无色、天然色或浅蓝色的颗粒，高温高压溶解后是无色或略带色的透明或半透明黏稠液体，溶于水后形成黏稠溶液，俗称"泡花碱"，是一种无机黏合剂。

常见的有硅酸钠水玻璃（$Na_2O\text{-}nSiO_2$）和硅酸钾水玻璃（$K_2O\text{-}nSiO_2$）等，硅酸钾水玻璃在性能上优于硅酸钠水玻璃，但其价格较高，故建筑上最常用的是硅酸钠水玻璃。

1. 水玻璃的生产

生产硅酸钠水玻璃的主要原料是石英砂、纯碱或含碳酸钠的原料。生产方法有湿法和干法两种。

（1）湿法生产　将石英砂和氢氧化钠液体在蒸压锅内（0.2～0.3MPa）用蒸汽加热，并加以搅拌，使其直接反应而成液体水玻璃。

（2）干法生产　将石英砂或石英岩粉、氢氧化钠等原料磨细，按比例配合，在熔炉内加热至1300～1400℃，熔融而成硅酸钠，冷却后即为固态水玻璃，其反应式为

$$Na_2CO_3 + nSiO_2 \xrightarrow{1300\sim1400℃} Na_2O \cdot nSiO_{2+} + CO_2\uparrow$$

然后将固态水玻璃在水中加热溶解成无色、淡黄或青灰色透明或半透明的胶状玻璃溶液，即为液态水玻璃。

2. 水玻璃的水化和硬化

水玻璃在空气中吸收二氧化碳，形成无定形的二氧化硅凝胶（又称硅酸凝胶），凝胶脱水变为二氧化硅而硬化，其反应式为

$$Na_2O \cdot nSiO_2 + CO_2 + mH_2O == Na_2CO_3 + nSiO_2 \cdot mH_2O$$

由于空气中二氧化碳含量极少，上述硬化过程极慢，为加速硬化，可掺入适量促硬剂，如氟硅酸钠，促使硅胶析出速度加快，从而加快水玻璃的凝结与硬化，其反应式为

$$2(Na_2O \cdot nSiO_2) + mH_2O + Na_2SiF_6 == (2n+1)SiO_2 \cdot mH_2O + 6NaF$$

氟硅酸钠的适宜掺量为12%～15%（占水玻璃质量）。用量太少，硬化速度慢，强度低，且未反应的水玻璃易溶于水，导致耐水性差；用量过多会引起凝结硬化过快，造成施工困难。氟硅酸钠有一定的毒性，操作时应注意安全。

3. 水玻璃的性质

（1）黏结性能较好　水玻璃硬化比表面积大，有良好的黏结性能。硬化时析出的硅酸凝胶还可以堵塞毛细孔隙，起到防止液体渗漏的作用。

（2）耐热性好、不燃烧　水玻璃硬化后形成的SiO_2网状框架在高温下强度不下降，用它和耐热骨料配制的耐热混凝土可耐1000℃的高温而不破坏。

（3）耐酸性好　硬化后的水玻璃主要成分是SiO_2，在强氧化性酸中具有较好的化学稳定性，因此能抵抗大多数无机酸（氢氟酸除外）与有机酸的腐蚀。

（4）耐碱性与耐水性差　因SiO_2和Na_2O-$nSiO_2$均为酸性物质，溶于碱，故水玻璃不能在碱性环境中使用。而硬化产物NaF、Na_2CO_3等又均溶于水，因此耐水性差。

4. 水玻璃的应用和储存

（1）水玻璃的应用

1）涂刷或浸渍材料。直接将液体水玻璃涂刷或浸渍多孔材料（天然石材、黏土砖、混凝土以及硅酸盐制品），能在材料表面形成SiO_2膜层，提高其抗水性及抗风化能力，又因材料密实度提高，还可提高强度和耐久性。

石膏制品表面不能涂刷水玻璃，因二者反应，在制品孔隙中生成硫酸钠结晶，体积膨胀，将制品胀裂。

2）配制防水剂。以水玻璃为基料，加入两种、三种或四种矾可制成二矾、三矾或四矾防水剂。此类防水剂凝结迅速，一般不超过1min，适用于与水泥浆调和，堵塞漏洞、缝隙等局部抢修。因为凝结迅速，不宜用于调配防水砂浆。

3）用于土壤加固。将模数为2.5～3的液体水玻璃和氯化钙溶液通过金属管轮流向地层压入，两种溶液发生化学反应，析出硅酸胶体将土壤颗粒包裹并填实其空隙。硅酸胶体是一种吸水膨胀的果冻状凝胶，因吸收地下水而经常处于膨胀状态，阻止水分的渗透并使土壤固结，由这种方法加固的砂土，抗压强度可达3～6MPa。

4）水玻璃还可用于配制耐酸、耐热混凝土和砂浆等。

（2）水玻璃的储存　密封、阴凉、干燥保存，不能使用玻璃塞密封。

三、小组讨论

1）对比水泥、石膏、石灰、水玻璃各有什么优缺点。请将水泥、石膏、石灰、水玻璃在生产原材料、生产工艺、产品成分、水化反应、凝结和硬化过程、性能检测项目、应用、保管等方面进行列表对比。

2）总学习任务中图1所示建筑工程，哪些地方需要用石灰、石膏、水玻璃等气硬性胶凝材料？采用什么品种？采用何种使用形式？采用何种工艺？

四、总结汇报

分小组汇报，辩论和评分，教师进行总结和拓展，并重点讲解相关理论知识和应用。

五、评估

教师对每一个学生的课前、研讨汇报、作业等情况进行评价，填写表1-4、表1-5。

考/证/训/练

（一）判断题

1．气硬性胶凝材料只能在空气中硬化，而水硬性胶凝材料只能在水中硬化。　　（　　）

2．石灰碳化的反应式是$Ca(OH)_2+CO_2=\!=\!=CaCO_3+H_2O$。　　（　　）

3．建筑石膏因其晶粒较粗，调成浆体的需水量比高强石膏的需水量小得多。　　（　　）

4．欠火石灰与过火石灰对工程质量产生的后果是一样的。　　（　　）

5．在通常的硬化条件下，石灰的干燥收缩值大，这是它不宜单独生产石灰制品和构件的主要原因。　　（　　）

6．石灰是气硬性胶凝材料，所以用熟石灰配制的三合土不能用于受潮工程中。　　（　　）

（二）填空题

1．石灰在熟化时释放出大量的＿＿＿＿，体积显著＿＿＿＿；石灰在硬化时释放出大量的＿＿＿＿，体积显著＿＿＿＿。

2．欠火石灰的主要化学成分是_____和_____；正火石灰的主要化学成分是_____；过火石灰的主要化学成分是_____。

3．半水石膏的晶体有_____和_____型，_____型为建筑石膏，_____型为高强石膏。

4．消石灰的主要化学成分是_____；硬化后的石膏的主要成分是_____。

(三) 选择题

1．石灰熟化过程中"陈伏"是为了（　　）。
　　A．有利于结晶　　　　　　　　B．蒸发多余水分
　　C．降低放热量　　　　　　　　D．消除过火石灰危害

2．石灰浆体在空气中逐渐硬化，主要是由（　　）作用来完成的。
　　A．碳化和熟化　　B．结晶和陈伏　　C．熟化和陈伏　　D．结晶和碳化

3．（　　）浆体在凝结硬化过程中，体积发生微小膨胀。
　　A．石灰　　　　B．石膏　　　　C．水玻璃　　　　D．水泥

4．建筑石膏的主要化学成分是（　　）。
　　A．$CaSO_4 \cdot 2H_2O$　　　　　　B．$CaSO_4$
　　C．$CaSO_4 \cdot 1/2H_2O$　　　　　D．$Ca(OH)_2$

5．石膏制品具有良好的耐火性是因为（　　）。
　　A．石膏结构致密
　　B．石膏化学稳定性好，高温不分解
　　C．石膏遇火时脱水，在表面形成水蒸气和隔热层
　　D．石膏凝结硬化快

(四) 问答题

1．某民宅内墙使用石灰砂浆抹面，数月后，墙面出现了许多不规则的网状裂纹，同时个别部位还发现了部分凸出的放射状裂纹，试分析上述现象产生的原因。

2．根据石灰浆体的凝结硬化过程，试分析硬化石灰浆体有哪些特性。

3．建筑石膏与高强石膏有何区别？

4．试从建筑石膏的主要特性分析其为什么适用于室内，而不适用于室外。

学习情境 4

混凝土及检测

情境描述

总学习任务图 1 所示建筑工程中，设计要求梁、柱、板混凝土强度为 C25，施工要求坍落度为 120mm，混凝土采用机械搅拌和振捣，施工单位无历史统计资料。现对送检的石子、砂、掺加剂、添加剂等进行检测，结合学习情境 2 中送检的强度等级 32.5 水泥，对混凝土拌合物进行配合比试验，对混凝土物理力学性能进行检测，提供检测报告一份，判断是否达到混凝土强度 C25 要求，学习混凝土相关知识，对该工程的其他位置的混凝土提出配置方案。

知识目标

1. 了解混凝土的组成和基本性能。
2. 了解砂石相关知识。
3. 了解混凝土掺合料的物理性能参数。
4. 了解外加剂分类及应用。
5. 了解混凝土强度相关性能。
6. 掌握混凝土配合比计算。

能力目标

1. 能进行骨料颗粒级配的评定、细骨料细度模数和粗骨料最大粒径的确定。
2. 能根据工程特点与所处环境正确选用混凝土基本组成材料和外加剂。
3. 能对混凝土拌合物的和易性进行检测与评定，能改善与调整拌合物的和易性。
4. 能根据工程实际进行普通混凝土配合比设计。
5. 能正确对混凝土进行取样和检测。

素养目标

1. 遵守劳动纪律，穿好防护服装，严守检测标准，苦练检测技能。
2. 培养公正廉明的职业道德、精益求精的科学精神，提高生产效率意识、社会责任意识、一丝不苟的质量意识、自主学习和团队合作的能力。

学习情境 4　混凝土及检测

4.1　砂石及检测

对送检的砂石相关性能进行检测，学习砂石相关知识。

4.1.1　砂的检测

一、实训目的

掌握砂的筛分析、砂的表观密度、砂的堆积密度、砂的含泥量检测方法，填写砂取样信息，测定砂的累计筛余百分率和细度模数，判断级配情况；测定砂的表观密度、堆积密度以及含泥量，判断是否合格，并做好相关检测记录。

二、实训准备

1. 砂的筛分析检测

认识主要检测仪器：方孔筛。

砂筛分析用方孔筛各筛的尺寸：9.50mm、4.75mm、2.36mm、1.18mm、600μm、300μm、150μm。

2. 砂的表观密度检测

认识主要检测仪器：容量筒。

3. 砂的堆积密度检测

先用 4.75mm 方孔筛过筛，然后取经缩分后不少于 3L 的样品，装入浅盘，置于温度为（105±5）℃的烘箱中烘干至恒重，待冷却至室温后，分成大致相等的两份备用。

4. 砂的含泥量检测

试样的制备：按规定取样，并将试样缩分至约 1100g，放在烘箱中于（105±5）℃下烘干至恒重，待冷却至室温后称取各 500g（m_0）的试样两份备用。试样烘干后如有结块应在试验前先予捏碎。

三、试验步骤及数据处理

1. 砂的筛分析检测

砂的筛分析检测（虚）

（1）检测前的准备　试样的处理（人工四分法）：将所取样品置于平板上，在潮湿状态下拌和均匀，并堆成厚度约为 20mm 的圆饼，然后沿互相垂直的两条直径把圆饼分成大致相等的四份，取其中对角线的两份重新拌匀，再堆成圆饼。重复上述过程，直至把样品缩分到试验所需的量为止。按规定取样，将试样筛除大于 9.50mm 的颗粒，并将试样缩分至不少于 550g 的两份，放在烘箱中于（105±5）℃下烘干至恒重，待冷却至室温后备用。

注：恒重是指在相邻两次称量间隔不小于 3h 的情况下，其前后质量之差不大于该项试验所要求的称量精度。

（2）试验步骤

1）称取试样 500g，精确至 1g。将试样倒入按孔径大小从上到下组合的套筛（附筛底）上，然后进行筛分。

将套筛置于摇筛机上，摇 10min；取下套筛，按筛孔大小顺序再逐个用手筛，筛至每分钟通过量小于试样总量 0.1% 为止。通过的试样并入下一号筛中的试样一起筛，这样顺序进行，直至全部筛完为止。

2）称出各号筛的筛余量，精确至 1g。试样在各号筛的筛余量不得超过按式（4-1）计算出的量，否则应将该筛的筛余试样分成两份或数份，再次进行筛分，并以其筛余之和作为该筛的筛余量。

$$m_r = \frac{A \times \sqrt{d}}{200} \quad (4-1)$$

式中　m_r——某一筛上剩留量（g）；
　　　A——筛的面积（mm²）；
　　　d——筛孔边长（mm）。

试验原始记录表见表 4-1。

表 4-1　砂的筛分析试验原始记录表

样品编号				检测依据		GB/T 14684—2022		试验日期		
仪器设备			ZBSX-92A 标准振筛机（　　）、方孔砂石筛（　　）、电子天平 6kg（　　）							
				筛分析试验						
试样重 /g		筛孔尺寸 /mm		4.75	2.36	1.18	0.60	0.30	0.15	底盘
		筛余量 /g	1							
			2							
		平均								
		筛余量 /g	3							
			4							
		平均								
		累计筛余百分率 A（%）		A_1	A_2	A_3	A_4	A_5	A_6	M_x
			1							
			2							
结论										

（3）检测数据处理

1）计算分计筛余百分率：各号筛筛余量与试样总量之比，计算精确至 0.1%。

2）计算累计筛余百分率 A：该号筛的筛余百分率加上该号筛以上各筛余百分率之和，精确至 0.1%。筛分后，如每号筛的筛余量与筛底的剩余量之和同原试样质量之差超过 1% 时，须重新试验。

学习情境 4　混凝土及检测

3）砂的细度模数 M_x 按下式计算，精确到 0.01：

$$M_x = \frac{(A_2 + A_3 + A_4 + A_5 + A_6) - 5A_1}{100\% - A_1} \quad (4-2)$$

式中　A_1、A_2、A_3、A_4、A_5、A_6——4.75mm、2.36mm、1.18mm、600μm、300μm、150μm 筛的累计筛余百分率（%）。

4）累计筛余百分率取两次试验结果的算术平均值，精确至 1%。细度模数取两次试验结果的算术平均值，精确至 0.1；如两次试验的细度模数之差超过 0.20 时，须重新试验。

5）砂按细度模数大小分为粗砂、中砂、细砂、特细砂，粗砂 M_x=3.7～3.1，中砂 M_x=3.0～2.3，细砂 M_x=2.2～1.6，特细砂 M_x=1.5～0.7。

6）砂的颗粒级配应该符合表 4-2 的规定，除特细砂外，Ⅰ类砂的累计筛余百分率应符合表 4-2 中 2 区的规定，分计筛余百分率应符合表 4-2 中的规定；Ⅱ类和Ⅲ类砂的累计筛余百分率应符合表 4-2 的规定。砂的实际颗粒级配除 4.75mm 和 0.60mm 外，可以超出，但各级累计筛余百分率超出值总和不应大于 5%。

表 4-2　砂的颗粒级配区

方筛孔	分计筛余百分率（%）	累计筛余百分率 A（%）					
		天然砂			机制砂、混合砂		
		1 区	2 区	3 区	1 区	2 区	3 区
9.50mm	0	0	0	0	0	0	0
4.75mm	0～10	10～0	10～0	10～0	5～0	5～0	5～0
2.36mm	10～15	35～5	25～0	15～0	35～5	25～0	15～0
1.18mm	10～25	65～35	50～10	25～0	65～35	50～10	25～0
600μm	20～31	85～71	70～41	40～16	85～71	70～41	40～16
300μm	20～30	95～80	92～70	85～55	95～80	92～70	85～55
150μm	5～15	100～90	100～90	100～90	97～85	94～80	94～75
筛底	0～20	—	—	—	—	—	—

注：1. 对应机制砂，4.75mm 筛的分计筛余百分率不应大于 5%。
　　2. 对于亚甲蓝值 >1.4 的机制砂，0.15mm 筛和筛底的分计筛余百分率之和不应大于 25%。
　　3. 对于天然砂，筛底的分计筛余百分率不应大于 10%。

2. 砂的表观密度检测

（1）试验步骤

1）称取试样烘干重 300g，精确到 1g。将试样装入容量瓶，注入冷开水到接近 500mL 的刻度处，用手旋转容量瓶，使砂样充分摇动，排除气泡，塞紧瓶盖，静置 24h。然后用滴管小心加水至容量瓶 500mL 刻度处，塞紧瓶盖，擦干瓶外水分，称出其质量，精确至 1g。

砂的表观密度检测（虚）

2）倒出瓶内水和试样，洗净容量瓶，再向容量瓶内注水（与上一步骤中水温相差不超过 2℃，并在 15～25℃范围内）至 500mL 刻度处，塞紧瓶盖，擦干瓶外水分，称出其质量，精确至 1g。

试验原始记录表见表 4-3。

表 4-3　砂子表观密度试验原始记录表

样品编号		检测依据	GB/T 14684—2022	试验日期	
仪器设备		容量瓶			
表观密度					
水温 /℃			水温修正系数		
标准方法					
样品序号			1	2	
试样烘干重 m_{i0}/g					
试样、加入的水及瓶总重 m_{i1}/g					
加入 500mL 水及瓶总重 m_{i2}/g					
表观密度 /（kg/m³）	测定值				
	平均值				
样品序号			1	2	
试样烘干重 m_{i0}/g					
试样、加入的水及瓶总重 m_{i1}/g					
加入 500mL 水及瓶总重 m_{i2}/g					
表观密度 /（kg/m³）	测定值				
	平均值				

（2）检测数据处理　砂的表观密度按式（4-3）计算，其中，$m_{i0} + m_{i2} - m_{i1}$ = 加入 500mL 水质量 - 加入的水质量 = 砂子排除的水质量，其数值等于砂子排除水的体积，即砂子体积，表观密度取两次试验结果的算术平均值，精确至 10kg/m³；如两次试验结果之差大于 20kg/m³，须重新试验。

$$\rho_0 = \left(\frac{m_{i0}}{m_{i0} + m_{i2} - m_{i1}} - \alpha_t \right) \rho_w \quad (4-3)$$

式中　ρ_0——砂的表观密度（kg/m³）；
　　　ρ_w——水的密度（kg/m³）；
　　　m_{i0}——试样的烘干质量（g）；
　　　m_{i1}——试样、水及容量瓶总质量（g）；
　　　m_{i2}——水及容量瓶总质量（g）；
　　　α_t——水温对砂的表观密度影响的修正系数，见表 4-4。

表 4-4　不同水温对砂的表观密度影响的修正系数

水温 /℃	15	16	17	18	19	20
α_t	0.002	0.003	0.003	0.004	0.004	0.005
水温 /℃	21	22	23	24	25	—
α_t	0.005	0.006	0.006	0.007	0.008	—

学习情境 4　混凝土及检测

3. 砂的堆积密度检测

（1）松散堆积密度

1）称取容量筒质量（m_{j0}），测量容量筒容积 V。

砂子的堆积密度试验（同石子）（虚）

2）取试样一份，用漏斗或料勺将它徐徐装入容量筒（漏斗出料口或料勺距离容量筒筒口不应超过 50mm）直到试样装满并超出容量筒筒口。

3）然后用直尺将多余的试样沿筒口中心线向相反方向刮平，称其质量（m_{j1}）。

（2）紧密堆积密度

1）取试样一份，分两层装入容量筒。装完一层后，在筒底垫放一根直径为 10mm 的钢筋，将筒按住，左右交替颠击地面各 25 下，然后再装入第二层。

2）第二层装满后用同样方法颠实（但筒底所垫钢筋的方向应与第一层放置方向垂直）；两层装完并颠实后，加料直至试样超出容量筒筒口，然后用直尺将多余的试样沿筒口中心线向两个相反方向刮平，称其质量（m_{j2}）。

试验原始记录表见表 4-5。

表 4-5　砂子堆积密度试验原始记录表

样品编号			检测依据	GB/T 14684—2022		试验日期			
仪器设备	方孔砂石筛（　　）、电子天平 6kg（　　）								
松散堆积密度与紧密堆积密度试验									
样品序号	容量筒和试样共重 /g		容量筒重 /g	容量筒容积 /m³	密度 /（kg/m³）		平均密度 /（kg/m³）		
	松散	紧密			松散	紧密	松散	紧密	
1									
2									
1									
2									

（3）检测数据处理

1）砂的松散堆积密度和紧密堆积密度按下列公式计算，精确至 10kg/m³：

$$\rho_l = \frac{m_{j1} - m_{j0}}{V} \qquad (4\text{-}4)$$

$$\rho_c = \frac{m_{j2} - m_{j0}}{V} \qquad (4\text{-}5)$$

式中　ρ_l——松散堆积密度（kg/m³）；

　　　ρ_c——紧密堆积密度（kg/m³）；

　　　m_{j0}——容量筒质量（g）；

　　　m_{j1}——松散堆积时容量筒和砂的质量（g）；

　　　m_{j2}——紧密堆积时容量筒和砂的质量（g）；

　　　V——容量筒容积（m³）。

2）以两次试验结果的算术平均值为测定值。

4. 砂的含泥量检测

（1）试验步骤

砂中含泥量试验（虚）

1）取其中一份试样，将试样倒入淘洗容器中，注入清水，使水面高于试样面约150mm，充分搅拌均匀后，浸泡2h，然后用手在水中淘洗试样，使尘屑、淤泥和黏土与砂粒分离，把浑水缓缓倒入1.18mm及75μm的套筛上（1.18mm筛放在75μm筛的上面），滤去小于75μm的颗粒。试验前筛子的两面应先用水润湿，在整个过程中应小心防止砂粒的流失。

2）再向容器中注入清水，重复上述操作，直至容器内水目测清澈为止。

3）用水淋洗剩余在筛上的细粒，并将75μm筛放在水中（使水面略高出筛中砂粒的上表面）来回摇动，以充分洗掉小于75μm的颗粒，然后将两只筛的筛余颗粒和清洗容器中已经洗净的试样一并倒入搪瓷盘，放在烘箱中于（105±5）℃下烘干至恒量，待冷却至室温后，称出其质量，精确至0.1g。

试验原始记录表见表4-6。

表4-6 砂的含泥量试验原始记录表

样品编号		检测依据	GB/T 14684—2022	试验日期	
仪器设备	电子天平6kg（ ）				
含泥量试验					
样品序号		1	2	平均值	
试验前试样干重 m_{a0}/g					
试验后试样干重 m_{a1}/g					
含泥量（%）					
样品序号		1	2	平均值	
试验前试样干重 m_{a0}/g					
试验后试样干重 m_{a1}/g					
含泥量（%）					

（2）检测数据处理

1）试验结果处理。砂的含泥量按下式计算，精确至0.1%：

$$Q_a = \frac{m_{a0} - m_{a1}}{m_{a0}} \times 100\% \tag{4-6}$$

式中　m_{a0}——试验前试样干重（g）；

　　　m_{a1}——试验后试样干重（g）。

2）砂的含泥量取两次试验结果的算术平均值作为测定值，两次结果之差大于0.5%时，应重新取样进行检测。

3）砂的含泥量应符合表4-7的要求。

Ⅰ类宜用于强度等级大于 C60 的混凝土；Ⅱ类宜用于强度等级为 C30～C60 及抗冻、抗渗或其他要求的混凝土；Ⅲ类宜用于强度等级小于 C30 的混凝土和建筑砂浆。

表 4-7　含泥量指标

类别	Ⅰ类	Ⅱ类	Ⅲ类
含泥量（按质量计）（%）	≤1.0	≤3.0	≤5.0

四、填写砂检测报告

根据上述检测试验原始记录表，结合技术性能指标判定规则，通过计算、整理后写入报告，见表 4-8，并判定结论。

表 4-8　砂检测报告

委托单位＿＿＿＿＿＿＿＿＿＿＿＿＿＿＿＿＿＿＿＿　　检测单位＿＿＿＿＿＿（检测专用章）＿＿＿＿
工程名称＿＿＿＿＿＿＿＿＿＿＿＿＿＿＿＿＿＿＿＿
工程部位＿＿＿＿＿＿＿＿＿＿＿＿＿＿＿＿　　样品编号＿＿＿＿＿＿＿＿＿＿＿＿＿＿
送检日期＿＿＿＿＿＿＿＿＿＿　　检验日期＿＿＿＿＿＿＿＿＿＿　　报告日期＿＿＿＿＿＿＿＿＿＿
监督人＿＿＿＿＿＿＿＿＿＿＿　　见证人＿＿＿＿＿＿＿＿＿＿＿　　报告编号＿＿＿＿＿＿＿＿＿＿

序号	项目	技术要求					检验结果
1	表观密度/（kg/m³）	不小于 2500kg/m³					
2	松散堆积密度/（kg/m³）	不小于 1400kg/m³					
3	紧密堆积密度/（kg/m³）	—					
4	含泥量（%）	Ⅰ类时≤1.0，Ⅱ类时≤3.0，Ⅲ类时≤5.0					
颗粒级配							
累计筛余百分率 A（%）	公称粒径	4.75mm	2.36mm	1.18mm	600μm	300μm	150μm	细度模数
	检验结果							
	（　）区技术要求							
结论	根据细度模数，属于（　）砂，级配为（　）区						
备注							

批准：　　　　　　　　　审核：　　　　　　　　　试验：

⌕ 4.1.2　石的检测

一、实训目的

掌握石的筛分析、堆积密度、压碎指标值检测方法，填写石取样信息，判断是否合格，以便于选择优质粗骨料，达到节约水泥和改善混凝土性能的目的；测定石的堆积密度，判断是否合格；测定石的压碎指标值，用于衡量石子在逐渐增加的荷载下抵抗压碎的能力，工程施工单位可采用压碎指标值进行质量控制，判断是否合格，并做好相关检测记录。

二、实训准备

1. 石的筛分析检测

试样的处理：将试样缩分至略大于表 4-9 规定的质量的 2 倍，烘干或风干后备用。

建筑材料及检验检测

表 4-9　筛分析所需试样的最少质量

公称粒径 /mm	10.0	16.0	20.0	25.0	31.5	40.0	63.0	80.0
最少试样质量 /kg	2.0	3.2	4.0	5.0	6.3	8.0	12.6	16.0

2. 石的堆积密度检测

试验仪器准备：秤、容量筒、平头铁锹、烘箱。

3. 石的压碎指标值检测

试验仪器准备：压力试验机（量程 300kN）、压碎值测定仪、方孔筛（孔径分别为 2.36mm、9.50mm 和 19.0mm）、天平（称量 1kg，感量 1g）、台秤、垫棒（ϕ10mm，长 500mm）等。

试验样品的处理：将石料试样风干，筛除大于 19.0mm 及小于 9.50mm 的颗粒，并去除针片状颗粒，称取三份试样，每份 3000g，精确至 1g。

三、试验步骤及数据处理

1. 石的筛分析检测

1）称取按表 4-9 规定质量的试样一份，精确至 1g。将试样倒入按孔径大小从上到下组合的套筛（附筛底）上，然后进行筛分。

2）将套筛置于摇筛机上，摇 10min；取下套筛，按筛孔大小顺序再逐个用手筛，筛至每分钟通过量小于试样总量 0.1% 为止。通过的试样并入下一号筛中的试样一起筛，这样顺序进行，直至全部筛完为止。

3）称出各号筛的筛余量，精确至试样总量的 0.1%。各筛的分计筛余量和筛底剩余量的总和与筛分前测定的试样总量相比，相差不得超过 1%。

4）石子的筛分析试验原始记录表，见表 4-10。

表 4-10　石子的筛分析试验原始记录表

样品编号			检测依据	GB/T 14685—2022			试验日期			
仪器设备	ZBSX-92A 标准振筛机（　　）、方孔石子筛（　　）、电子天平 6kg（　　）									
筛分析试验										
试样重 /g										
筛孔尺寸 /mm	75.0	63.0	53.0	37.5	31.5	26.5	19.0	16.0	9.50	4.75	2.36	底盘
筛余量 /g												

5）检测数据处理。

①计算分计筛余百分率：各号筛余量与试样总量之比，计算精确至 0.1%。

②计算累计筛余百分率：该号筛的筛余百分率加上该号筛以上各筛余百分率之和，精确至 1%。筛分后，如每号筛的筛余量与筛底的剩余量之和同原试样质量之差超过 1% 时，须重新试验。

6）试验结果评定：根据各号筛累计筛余百分率，评定该试样的颗粒级配（即对应的公称粒径），见表 4-11。

学习情境 4　混凝土及检测

表 4-11　根据累计筛余百分率评定对应公称粒径的颗粒级配表

颗粒级配（对应公称粒径）/mm		累计筛余百分率 A（%）										
		方孔筛孔径 /mm										
		2.36	4.75	9.50	16.0	19.0	26.5	31.5	37.5	53.0	63.0	75.0	90.0
连续粒级	5～16	95～100	85～100	30～60	0～10	0	—	—	—	—	—	—	—
	5～20	95～100	90～100	40～80	—	0～10	0	—	—	—	—	—	—
	5～25	95～100	90～100	—	30～70	—	0～5	0	—	—	—	—	—
	5～31.5	95～100	90～100	70～90	—	15～45	—	0～5	0	—	—	—	—
	5～40	—	95～100	70～90	—	30～65	—	—	0～5	0	—	—	—
单粒粒级	5～10	95～100	80～100	0～15	0	—	—	—	—	—	—	—	—
	10～16	—	95～100	80～100	0～15	0	—	—	—	—	—	—	—
	10～20	—	95～100	85～100	—	0～15	0	—	—	—	—	—	—
	16～25	—	—	95～100	55～70	25～40	0～10	0	—	—	—	—	—
	16～31.5	—	95～100	—	85～100	—	—	0～10	0	—	—	—	—
	20～40	—	—	95～100	—	80～100	—	—	0～10	0	—	—	—
	40～80	—	—	—	—	95～100	—	—	70～100	—	30～60	0～10	0

注："—"表示孔径累计筛余不做要求；"0"表示该孔径累计筛余为 0。

2. 石的堆积密度检测

石堆积密度试验（虚）

1）松散堆积密度的测定。取试样一份，用取样铲从容量筒口中心上方 50mm 处，让试样自由落下，当容量筒上部试样呈锥体并向四周溢满时，停止加料。除去凸出容量筒表面的颗粒，以适当的颗粒填入凹陷处，使凹凸部分的体积大致相等。称出试样和容量筒的总质量，精确至 10g。

2）紧密堆积密度的测定。将容量筒置于坚实的平地上，取试样一份，用取样铲将试样分三次自距容量筒上口 50mm 高度处装入筒中，每装完一层后，在筒底放一根垫棒，将筒按住，左右交替颠击地面 25 次。将三层试样装填完毕后，再加试样直至超过筒口，用钢尺或直尺沿筒口边缘刮去高出的试样，并用适合的颗粒填平凹处，使表面凸起部分与凹陷部分的体积大致相等。称出试样和容量筒的总质量，精确至 10g。

3）称出容量筒的质量，精确至 10g。

4）堆积密度取两次试验结果的算术平均值，精确至 $10kg/m^3$。

5）石子松散堆积密度、紧密堆积密度检测试验原始记录表和计算公式参考砂子的。

3. 石的压碎指标值检测

石的压碎指标值检测（虚）

1）将试样分两层装入圆模，每装完一层试样后，在底盘下放置垫棒，将筒按住，左右交替颠击地面各 25 次，平整模内试样表面，盖上压头。

2）将压碎值测定仪放在压力机上，按 1kN/s 速度均匀地施加荷载至 200kN，稳定 5s 后卸载。

3）取出试样，用 2.36mm 的筛筛除被压碎的细粒，称出筛余质量，精确至 1g。

4）结果计算与评定。压碎指标值按下式计算，精确至 0.1%：

$$Q_g = \frac{m_{g1} - m_{g2}}{m_{g1}} \times 100\% \tag{4-7}$$

式中　Q_g——压碎指标值（%）；
　　　m_{g1}——试样的质量（g）；
　　　m_{g2}——压碎试验后筛余的试样质量（g）。

压碎指标值取三次试验结果的算术平均值，精确至1%。

5）石子压碎指标试验原始记录表，见表4-12。

表4-12　石子压碎指标试验原始记录表

样品编号			检测依据	GB/T 14685—2022		试验日期	
仪器设备			压力试验机、压碎值测定仪、天平、试验筛				
样品序号			1	2		3	平均
试样烘干重 m_{g1}/g							
压碎试验后筛余的试样质量 m_{g2}/g							
压碎指标 Q_g（%）							

4. 石检测报告

根据石子的筛分析检测试验原始记录表，压碎指标检测试验原始记录表及其他性能检测试验原始记录表，通过计算、整理后写入报告，见表4-13。

表4-13　碎石或卵石检测报告

委托单位_____　检测单位_____（检测专用章）
工程名称_____
工程部位_____　样品编号_____
送检日期_____　检验日期_____　报告日期_____
监 督 人_____　见 证 人_____　报告编号_____

公称直径/mm				堆积密度/（kg/m³）					
含泥量（%）				表观密度/（kg/m³）					
泥块含量（%）				孔隙率（%）					
针片状含量（%）				含水率（%）					
压碎指标值（%）				坚固率（%）			—		
碱活性试验			—						
颗粒级配									
筛孔尺寸/mm	75.0	63.0	53.0	37.5	31.5	26.5	19.0	16.0	9.5	4.75	2.36
累计筛余百分率(%) 检验结果										
累计筛余百分率(%) 技术要求										
结论										
依据标准				GB/T 14685—2022						
备注				—						

注：1. 未经本检测单位书面批准，不得复制（全文复制除外）检测报告。
　　2. 报告无检测专用章无效。
　　3. 检测单位地址：

批准：　　　　　　　审核：　　　　　　　试验：

4.1.3 砂石相关知识学习

一、引导问题（判断题）

1）组成普通混凝土的原材料主要包括水泥、水、粗细骨料、外加剂及掺合料。（　　）
2）选择较粗的、级配良好的砂，既能保证混凝土的质量，又能节省水泥。（　　）
3）砂颗粒级配的级配区按 600μm 筛的累计筛余百分率的大小，可分为1区、2区、3区三个级配区。（　　）
4）当石子最大粒径小于 80mm 时，水泥用量随最大粒径减小而减少。（　　）
5）粗骨料有良好的颗粒级配，可减少空隙率，改善混凝土拌合物和易性及提高混凝土的强度。（　　）

二、砂石相关知识

（一）混凝土材料的组成及作用

混凝土是由胶凝材料、颗粒状的粗细骨料和水按适当比例配合拌制成的拌合物，经硬化而成的一种人造石材，是建筑工程中的一种主要建筑材料。

组成普通混凝土的原材料主要包括水泥、水、粗细骨料、外加剂及掺合料。原材料的各自种类和比例不同，所配制出的水泥混凝土的性能也相应地有所变化。在混凝土中，砂、石起骨架作用，称为骨料，水泥与水形成水泥浆。水泥浆包裹在骨料表面并填充其空隙，在硬化前，水泥浆起润滑作用，赋予拌合物一定和易性，便于施工，水泥浆硬化后，则将骨料胶结成一个坚实的整体，如图 4-1 所示。

混凝土细骨料-砂（教）

图 4-1　混凝土材料组成

（二）细骨料——砂

1. 定义与分类

砂是指粒径在 4.75mm 以下的颗粒。砂可分为天然砂、机制砂、混合砂，但不包括软质、分化的颗粒。天然砂是在自然条件下岩石产生破碎、风化、分选、运移、堆（沉）积，形成的粒径小于 4.75mm 的岩石颗粒。天然砂按产源分为河砂、湖砂、山砂、净化处理的海砂。机制砂是以岩石、卵石、矿山废石和尾矿等为原料，经除土处理，由机械破碎、整形、筛分等工艺制成的，级配、粒形和石粉含量满足要求且粒径小于 4.75mm 的颗粒。混合砂是天然砂和机制砂按一定比例混合而成的砂。

也可按技术要求进行如下分类：Ⅰ类，宜用于强度等级大于 C60 的混凝土；Ⅱ类，用于强度等级为 C30～C60 及抗冻、抗渗或其他要求的混凝土；Ⅲ类，宜用于强度等级小于 C30 的混凝土和建筑砂浆。

2. 相关技术性质及指标

（1）物理性质　常用砂一般为硅质砂，其体积密度与密度值非常接近，为 2.6～2.7g/cm³，在干燥状态下松散堆积时，其堆积密度为 1350～1650kg/m³。砂在自然状态下，往往含有一定水分，其含水状态可分为以下四种：

砂的密度（教）

1）完全干燥状态（烘干状态）：在 100～110℃下烘干，达到恒重状态。
2）气干状态（风干状态）：在环境中达到平衡含水率时的状态。
3）饱和面干状态（表干状态）：颗粒表面干燥，内部孔隙吸水饱和时的状态。
4）湿润状态（潮湿状态）：颗粒内部吸水饱和，表面附有吸附水的状态。

砂处于潮湿状态时，因含水率不同，其堆积密度随之改变，使得砂的堆积体积也不同。在采用体积法验收、堆放及配料时应该注意湿砂的体积变化问题。在拌制混凝土时，砂含水状态不同将会影响混凝土的拌和用水量及砂的用量，在配制混凝土时规定，以干燥状态为准计算，含水时应进行换算。

（2）含泥量、泥块含量和石粉含量　含泥量是指天然砂中粒径小于 0.075mm 的颗粒含量；泥块含量是指砂中原粒径大于 1.18mm，经水浸泡、淘洗等处理后小于 600μm 的颗粒含量。石粉含量是机制砂中粒径小于 0.075mm 的颗粒含量。

（3）有害物质含量　砂中不应混有草根、树叶、树枝、塑料等杂物，有害物质主要是云母、轻物质、有机物、硫化物及硫酸盐、氯化物、贝壳等。有害物质含量见表 4-14。

表 4-14　砂有害物质含量

类别	Ⅰ类	Ⅱ类	Ⅲ类
云母（质量分数）（%）	≤1.0	≤2.0	≤2.0
轻物质（质量分数）（%）	≤1.0	≤1.0	≤1.0
有机物（比色法）	合格	合格	合格
硫化物及硫酸盐（按 SO_3 质量计）（%）	≤0.5	≤0.5	≤0.5
氯化物（按氯离子质量计）（%）	≤0.01	≤0.02	≤0.06
贝壳（质量分数）（%）	≤3.0	≤5.0	≤8.0

（4）粗细程度及颗粒级配　砂的粗细程度是指不同粒径的颗粒混合在一起后总体的粗细程度。通常有粗砂、中砂、细砂、特细砂之分。在相同质量条件下，细砂的总表面积较大，而粗砂的总表面积较小，在混凝土中，砂的表面需要由水泥浆包裹，砂的总表面积越大，则需要包裹砂粒表面的水泥浆就越多，因此一般用粗砂拌制混凝土比用细砂要节省水泥。在拌制混凝土时，理想的砂是砂中含有较多的粗粒径砂，并以适当的中粒径砂及少量细粒径砂填充其空隙，则可达到空隙率及总表面积均小，这样不仅水泥用量较少，还可提高混凝土的密实性与强度。

砂的颗粒级配是指砂中不同颗粒互相搭配的比例情况。在混凝土中砂粒之间的空隙由水泥浆所填充，为达到节约水泥和提高强度的目的，应尽量减小砂粒之间的空隙。如果是同样粗细的砂，空隙率大；两种粒径的砂搭配，空隙率减小；三种粒径的砂搭配，空隙率更小，如图 4-2 所示，因此级配良好的砂可以节省水泥。在拌制混凝土时应同时考虑砂的颗粒程度和级配。选择较粗的、级配良好的砂，既能保证混凝土的质量，又能节省水泥。

通过筛余试验来对砂进行级配判定，具体试验步骤见砂的筛分析检测。分计筛余百分率是指各筛上的筛余量占砂样总质量的百分率。累积筛余百分率是指各筛与比该筛粗的所有筛的分计筛余百分率之和，计算方法见表 4-15。将表 4-15 中各级配区相应的累计筛余百分率的范围标注在图上，级配区域如图 4-3 所示。

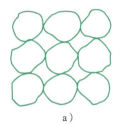 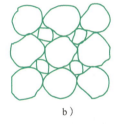 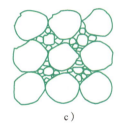

图 4-2 骨料颗粒级配示意图

a）单一粒径　b）两种粒径　c）多种粒径

表 4-15　累计筛余百分率计算

方筛孔径	标准粒径	分计筛余量/g	分计筛余百分率（%）	累计筛余百分率 A（%）
9.50mm	10mm			
4.75mm	5mm	m_1	$\alpha_1 = m_1/500$	$A_1 = \alpha_1$
2.36mm	2.5mm	m_2	$\alpha_2 = m_2/500$	$A_2 = \alpha_1 + \alpha_2$
1.18mm	1.25mm	m_3	$\alpha_3 = m_3/500$	$A_3 = \alpha_1 + \alpha_2 + \alpha_3$
600μm	630μm	m_4	$\alpha_4 = m_4/500$	$A_4 = \alpha_1 + \alpha_2 + \alpha_3 + \alpha_4$
300μm	315μm	m_5	$\alpha_5 = m_5/500$	$A_5 = \alpha_1 + \alpha_2 + \alpha_3 + \alpha_4 + \alpha_5$
150μm	160μm	m_6	$\alpha_6 = m_6/500$	$A_6 = \alpha_1 + \alpha_2 + \alpha_3 + \alpha_4 + \alpha_5 + \alpha_6$

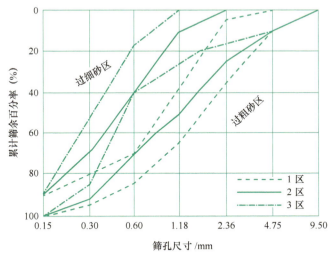

图 4-3　砂的级配曲线

砂颗粒级配的级配区按 600μm 筛的累计筛余百分率的大小，可分为 1 区、2 区、3 区三个级配区，详见表 4-2 砂的颗粒级配区。级配合格判定：砂的实际级配全部在任意一级配区规定范围内；除 4.75mm 和 600μm 筛档外，可以略有超出，但超出总量应小于 5%。宜优先选择级配在 2 区的砂；当采用 1 区砂时，应适当提高砂率；当采用 3 区砂时，应适当减小砂率。

砂的细度模数计算见式（4-2），砂按细度模数大小分为粗砂、中砂、细砂、特细砂，粗砂 $M_x = 3.7 \sim 3.1$，中砂 $M_x = 3.0 \sim 2.3$，细砂 $M_x = 2.2 \sim 1.6$，特细砂 $M_x = 1.5 \sim 0.7$。

（三）粗骨料——石

1. 粗骨料的定义

粗骨料-石（教）

粒径大于 4.75mm 的骨料称为粗骨料，按产源分为卵石和碎石。卵石是指在自然条件下岩石产生破碎、风化、分选、运移、堆（沉）积而形成的粒径大于 4.75mm 的岩石颗粒。碎石是指天然岩石、卵石或矿山废石经过破碎、筛分等机械加工而成的，粒径大于 4.75mm 的岩石颗粒。按卵石含泥量（碎石泥粉含量）、泥块含量、针片状颗粒含量、不规则颗粒含量、硫化物及硫酸盐含量、坚固性、压碎指标、连续级配松散堆积空隙率、吸水率技术要求分为三类，包括Ⅰ类、Ⅱ类、Ⅲ类。

2. 相关技术性质及指标

（1）物理性质　粗骨料的体积密度一般为 2.50～2.70g/cm³。在干燥状态下，松散堆积密度为 1450～1650kg/m³。粗骨料在自然状态下也有四种含水状态。计算混凝土中的各种材料的配合比时，一般以干燥骨料为准。

（2）最大粒径　粗骨料公称粒级的上限称为该粒级的最大粒径。

1）从结构上考虑。根据规定，混凝土用粗骨料的最大粒径不得超过结构截面最小尺寸的 1/4，且不得超过钢筋最小净间距的 3/4；对混凝土实心板，不宜超过板厚的 1/3，且不得超过 40mm。

2）从施工上考虑。对泵送混凝土，粗骨料最大粒径与输送管内径之比：碎石不宜大于 1∶3，卵石不宜大于 1∶2.5，高层建筑宜为 1∶3～1∶4，超高层建筑宜为 1∶4～1∶5。

3）从经济上考虑。如图 4-4 所示，当最大粒径小于 80mm 时，水泥用量随最大粒径减小而增加，当大于 150mm 后，节约水泥的效果却不明显。

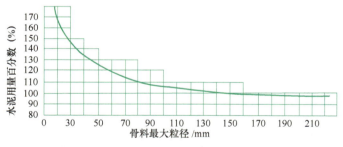

图 4-4　骨料最大粒径与水泥用量关系曲线图

（3）颗粒级配　为减少空隙率，改善混凝土拌合物和易性及提高混凝土的强度，粗骨料也要求有良好的颗粒级配。粗骨料的颗粒级配有连续级配与间断级配两种。连续级配是石子由小到大连续分级；间断级配是指石子粒级不连续，用小颗粒的粒级直接和大颗粒的粒级相配，中间为不连续的级配，由于易产生离析，应用较少。

（4）强度　粗骨料的强度采用岩石抗压强度和压碎指标两种检验。

岩石抗压强度是将母岩制成 50mm×50mm×50mm 的立方体试件，在水饱和状态下测定其极限抗压强度值。

压碎指标是将一定质量风干状态下 9.50～19.0mm 的颗粒装入标准圆模内，在压力机上按 1kN/s 速度均匀加荷至 200kN 并稳定，卸荷后用 2.36mm 的筛筛除被压碎的细粉，称出筛余量。

计算公式见式（4-7），指标见表4-16。

表4-16　碎石、卵石的压碎指标、针片状颗粒含泥量、碎石泥粉、泥块含量

类别	Ⅰ类	Ⅱ类	Ⅲ类
碎石压碎指标（%）	≤10	≤20	≤30
卵石压碎指标（%）	≤12	≤14	≤16
针片状颗粒含泥量（质量分数）（%）	≤5	≤8	≤15
卵石含泥量（质量分数）（%）	≤0.5	≤1.0	≤1.5
碎石泥粉含量（质量分数）（%）	≤0.5	≤1.5	≤2.0
泥块含量（质量分数）（%）	≤0.1	≤0.2	≤0.7

（5）骨料的坚固性　骨料的坚固性是指骨料在自然风化和其他外界物理、化学因素作用下，抵抗破坏的能力，也即指骨料的耐久性。坚固性采用硫酸钠溶液法进行试验，计算总质量损失百分率。

（6）针片状颗粒含量　针状颗粒是指颗粒长度大于该颗粒所属粒级的平均粒径2.4倍者；片状颗粒是指颗粒厚度小于平均粒径0.4倍者。针片状颗粒不仅本身容易折断，而且会增加骨料的空隙率，使拌合物和易性变差。

（7）含泥量、碎石泥粉含量、泥块含量　卵石含泥量是指卵石粒径小于0.075mm的黏土颗粒含量；碎石泥粉含量是指碎石中粒径小于0.075mm的黏土和石粉颗粒含量；泥块含量是指卵石、碎石中粒径大于4.75mm，经水浸泡、淘洗等处理后小于2.36mm的颗粒含量。具体指标见表4-16。

三、小组讨论

1）请上传本人砂石检测实训数据和结论。

①砂的表观密度为_____、松散堆积密度为_____、紧密堆积密度为_____、含泥量为_____、细度模数为_____，属于_____砂，级配为_____区。

②石子的表观密度为_____、堆积密度为_____、颗粒级配为_____粒级，公称粒级为_____、压碎指标为_____。

2）砂、石的筛分析，检测砂的细度模数和级配属区，石的粒级属性和公称粒级，有何现实意义？

3）结合总学习任务图1所示建筑工程，为不同构造选择合适的碎石、卵石、砂，并提出检测要求。

四、总结汇报

分小组汇报，辩论和评分，教师进行总结和拓展，并讲解相关理论知识和应用。

五、评估

教师对每一个学生的课前、研讨汇报、作业等情况进行评价，填写表1-4、表1-5。

考/证/训/练

（一）单选题

1. 普通混凝土用砂应选择（　　）的砂。
   A．空隙率小   B．尽可能粗
   C．越粗越好   D．在空隙率小的条件下尽可能粗
2. 普通混凝土用砂的细度模数范围为（　　）。
   A．3.7～3.1   B．3.7～2.3   C．3.7～1.6   D．3.7～0.7
3. 配制混凝土用砂要求采用（　　）的砂。
   A．空隙率较小   B．总表面积较小
   C．空隙率和总表面积都较小 D．空隙率和总表面积都较大
4. 在一般情况下，配制混凝土时，水泥等级应是混凝土等级的（　　）倍。
   A．1   B．1.5～2   C．2倍以上   D．1.5倍以下

（二）填空题

1. 普通混凝土由_____、_____、_____、_____以及必要时掺入的_____组成。
2. 普通混凝土用细骨料是指_____的岩石颗粒。细骨料砂有_____和_____两类，天然砂按产源不同分为_____、_____和_____。
3. 普通混凝土用砂的颗粒级配按_____mm筛的累计筛余百分率分为_____、_____和_____。
4. 普通混凝土用粗骨料石子主要有_____和_____两种。
5. 石子的压碎指标值越大，则石子的强度越_____。
6. 石子的颗粒级配分为_____和_____两种。采用_____级配配制的混凝土和易性好，不易发生离析。

（三）判断题

1. 两种砂子的细度模数相同，它们的级配也一定相同。（　　）
2. 级配好的骨料，其空隙率小。（　　）
3. 用级配良好的砂配制混凝土，不仅可节约水泥，还可提高混凝土的密实度。（　　）
4. 在结构尺寸及施工条件允许下，应尽可能选择较大粒径的粗骨料，这样可节约水泥。
   （　　）

（四）简答题

1. 砂为什么要分类？怎样分？
2. 砂颗粒搭配比例有什么要求？
3. 砂级配的选择原则是什么？
4. 砂按细度模数大小分为几种？其细度范围分别是多少？

（五）计算题

1. 某钢筋混凝土构件，其截面最小边长为400mm，采用钢筋为ϕ20mm，钢筋中心距为80mm。问选择哪一粒级的石子拌制混凝土较好？
2. 对某砂做筛分试验，方筛孔径为9.5mm、4.75mm、2.36mm、1.18mm、600μm、300μm、

150μm、<150μm，各筛的两次筛余量的平均值分别为：

0、32.5g、48.5g、40.0g、187.5g、118.0g、65.0g、8.5g、500g，计算各号筛的分计筛余百分率、累计筛余百分率、细度模数，并评定该砂的颗粒级配和粗细程度。

4.2 混凝土拌合物和物理力学性能及检测

通过混凝土拌合物坍落度/扩展度试验及坍落度/扩展度经时损失试验、表观密度试验，混凝土立方体试件的制作和混凝土立方体抗压强度试验，学习混凝土拌合物的各参数及检测、普通混凝土力学性能的相关知识。

4.2.1 混凝土拌合物性能试验

混凝土配合比试拌试验（虚）

一、实训目的

掌握混凝土拌合物制备、取样的方法，混凝土拌合物坍落度/扩展度试验、坍落度/扩展度经时损失试验、黏聚性、保水性、表观密度试验的步骤，判断混凝土拌合物是否满足设计或施工要求，并做好相关检测记录。

二、实训准备

1. 混凝土拌合物试验仪器

认识主要检测仪器：坍落度仪；钢尺两把，量程不小于300mm，分度值1mm；底板，1500mm×1500mm×3mm钢板，挠度不大于3mm；强制式单卧轴混凝土搅拌机；天平；电子秤，量程50kg，分度值10g；计时器；5L容量筒；振动台；捣棒。

2. 混凝土拌合物

（1）实验室制备混凝土拌合物

1）各种混凝土试验材料应提前至少24h移入实验室，材料和实验室均应保持在（20±3）℃。

2）取32.5级普通硅酸盐水泥，中砂，级配2区，5～31.5mm级配石子，混凝土配合比为水泥∶砂∶石∶水 =1∶1.1∶3∶0.4。

3）5L挂浆用混凝土原材料的用量：①_____；
20L试验用混凝土原材料的用量：②_____。

4）将称量好的挂浆用的石子、水泥、砂和水依次加入搅拌机，搅拌2min以上，直至搅拌均匀；搅拌机内壁挂浆后将剩余料卸出。挂浆的目的是消除对后面配合比试验的影响。

（2）工地取样

1）同一组混凝土拌合物的取样，应在同一盘混凝土或同一车混凝土中取样。取样量应多于试验所需量的1.5倍，且不宜小于20L。

2）混凝土拌合物的取样应具有代表性，宜采用多次采样的方法。宜在同一盘混凝土或同一车混凝土中的1/4处、1/2处和3/4处分别取样，并搅拌均匀；第一次取样和最后一次取样的时间间隔不宜超过15min。

填空答案：① 水泥∶砂∶石∶水 = 2.5∶2.75∶7.5∶1；
② 水泥∶砂∶石∶水 = 10∶11∶30∶4。

三、试验步骤及数据处理

1. 混凝土拌合物坍落度/扩展度试验、坍落度/扩展度经时损失试验、黏聚性、保水性性能试验

（1）试验步骤

1）实验室制备混凝土拌合物：制备 20L 拌合物，将称量好的石子、水泥、砂和水依次加入搅拌机，坍落度 1h 经时损失试验自搅拌加水开始计时。搅拌 2min 以上，直至搅拌均匀。

坍落度、扩展度试验（虚）

宜在取样后 5min 内开始各项性能试验。

2）将湿润过的坍落度筒放在底板中央，然后用脚踩住两边的脚踏板，使之保持位置固定。

3）混凝土拌合物试验应分三层均匀地装入坍落度筒内，每装一层混凝土拌合物，应用捣棒由边缘到中心按螺旋形均匀插捣 25 次，捣实后每层混凝土拌合物试样高度约为筒高的 1/3；插捣底层时，捣棒应贯穿整个深度，插捣第二层和底层时，捣棒应插透本层至下一层的表面。

4）顶层混凝土拌合物装料应高出筒口，插捣过程中，混凝土拌合物低于筒口时，应随时添加。

5）顶层插捣完后，取下装料漏斗，将多余混凝土刮去，并沿筒口抹平。

6）清除筒边底板上的混凝土，应垂直平稳地提起坍落度筒，并轻放于试样旁边，坍落度筒的提离过程宜控制在 3～7s。

7）坍落度不小于 10mm 的混凝土拌合物坍落度测定：当试样不再继续坍落或坍落时间达 30s 时，用钢尺测量出筒高与坍落后混凝土拌合物最高点之间的高度差，作为该混凝土拌合物的坍落度值。混凝土拌合物发生一边崩塌或剪坏现象，可能由于插捣不均匀或提筒歪斜造成，因此应重新测定，再次仍出现该现象时，则表明混凝土的和易性不好，应记录注明。坍落度筒的提离过程宜控制在 3～7s 完成，从开始装料到提坍落度筒的整个过程应连续进行，并在 150s 内完成。

坍落度不小于 160mm 混凝土扩展度的测定：当混凝土拌合物不再扩散或扩散持续时间已达 50s 时，应使用钢尺测量混凝土拌合物展开扩展面的最大直径以及与最大直径呈垂直方向的直径。当两直径之差小于 50mm 时，应取其算术平均值作为扩展度试验结果；当两直径之差大于 50mm 时，应重新取样另行测定。发现粗骨料在中央堆集或边缘有浆体析出时，应记录说明。从开始装料到测得混凝土扩展度值的整个过程应连续进行，并应在 4min 内完成。

8）观察坍落后的混凝土拌合物的黏聚性和保水性。黏聚性的检查方法是用捣棒在已坍落的混凝土锥体侧面轻轻敲打，此时，如果锥体逐渐下沉，则表示黏聚性良好，如果锥体倒塌、部分崩裂或出现离析现象，则表示黏聚性不好。

保水性以混凝土拌合物中稀浆析出的程度来评定。坍落度筒提起后，如有较多的稀浆从底部析出，锥体部分的混凝土也因失浆而骨料外露，则表明此混凝土拌合物的保水性不好；如坍落度筒提起后无稀浆或仅有少量稀浆从底部析出，则表明此混凝土拌合物的保水性良好。

9）将全部混凝土拌合物装入塑料桶内，用桶盖密封静置。

自 1）搅拌加水开始计时，静置 60min 后应将桶内混凝土拌合物全部倒入搅拌机内，搅拌 20s。重复 2）～7）得到 60min 混凝土坍落度/扩展度经时损失试验结果。

10）试验原始记录表见表 4-17。

学习情境 4　混凝土及检测

表 4-17　混凝土拌合物物理性能试验原始记录表

试验日期：　　　　　　　　　　　　　　　记录编号：

检测项目	坍落度/扩展度试验、坍落度/扩展度经时损失试验、黏聚性、保水性性能试验				
检测依据	GB/T 50080—2016				
仪器设备	□搅拌机（　　）、□钟表（　　）、□钢直尺（　　） □坍落度筒（　　）、□天平（　　）、□电子秤（　　）				
取样/制备	□取样、□实验室制备				
混凝土配合比					
5L 混凝土材料用量					
20L 混凝土材料用量					
温度/℃			相对湿度（%）		
加水/第一次取样时刻			最后一次取样时刻		
坍落度/mm			扩展度/mm		
序号	测量值	结果	测量值	测量值	结果
1					
2					
坍落度经时损失试验结果/mm			扩展度经时损失试验结果/mm		
序号	测量值	结果	测量值	测量值	结果
1					
2					
	□崩塌　□剪坏		□粗骨料在中央堆集　□浆体析出		
黏聚性和保水性试验					
黏聚性	□良好　□差		保水性	□良好　□差	
备注					

（2）试验结果处理

1）混凝土拌合物坍落度值/扩展度值测量应精确至 1mm，结果应修约至 5mm。

2）计算初始坍落度值/扩展度值与 60min 坍落度值/扩展度值的差值，可得到 60min 混凝土坍落度/扩展度经时损失试验结果。

2. 混凝土拌合物表观密度试验

1）普通混凝土拌合物表观密度试验的装料和捣实方法，应根据拌合物的坍落度而定。

①坍落度不大于 90mm 时，混凝土拌合物宜用振动台振实。应一次性将混凝土拌合物装填至高出容量筒筒口；装料时可用捣棒稍加插捣，振动过程中混凝土低于筒口时，应随时添加混凝土，振动直至表面出浆为止。

②坍落度大于 90mm 时，混凝土拌合物宜用捣棒插捣密实。混凝土拌合物应分两层装入，每层的插捣次数应为 25 次；各次插捣应由边缘向中心均匀地插捣，插捣底层时捣棒应由边缘向中心均匀地插捣，插捣底层时捣棒应贯穿整个深度，插捣第二层时，捣棒应插透本层至下一层的表面；每一层插捣完后用橡皮锤沿容量筒外壁敲击 5～10 次，进行振实，直至混凝土拌合物表面插捣孔消失并不见大气泡为止。

③自密实混凝土应一次性填满,且不应进行振动和振捣。

2)将筒口多余的混凝土拌合物刮去,表面有凹陷应填平;应将容量筒外壁擦净,称出混凝土拌合物试样与容量筒总质量,精确至10g。

3)试验记录原始表见表4-18。

表 4-18　混凝土拌合物表观密度试验原始记录表

试验日期:　　　　　　　　　　　　　记录编号:

检测项目	表观密度试验		
检测依据	GB/T 50080—2016		
仪器设备	□搅拌机(　　)、□5L容量筒(　　)、□振动台(　　)、□捣棒(　　)、□电子秤(　　)		
容量筒体积 V/L	容量筒质量 m_1/kg	筒和试样总质量 m_2/kg	试样质量(m_2-m_1)/kg
表观密度 ρ/(kg/m³)			

4)试验数据处理。混凝土拌合物的表观密度应按下式计算:

$$\rho = \frac{m_2 - m_1}{V} \times 1000 \qquad (4-8)$$

式中　ρ——混凝土拌合物表观密度(kg/m³),精确至10kg/m³;

　　　m_1——容量筒质量(kg);

　　　m_2——容量筒和试样总质量(kg);

　　　V——容量筒容积(L),容量筒容积以标定结果为准。

4.2.2　混凝土物理力学性能检测

一、实训目的

掌握混凝土立方体试件的制作步骤,混凝土抗压强度试验的基本操作及数据处理。

二、实训准备

1. 混凝土立方体试件制作需要的仪器

认识主要试验仪器:振动台;标准养护室或标准养护箱;150mm的立方体试件模具一组(三个),试模内表面应涂一薄层矿物油或其他不与混凝土发生反应的脱模剂;捣棒;抹刀;橡皮锤。

2. 利用混凝土拌合物制作试件

1)混凝土的取样应符合4.2.1中试验准备的规定。

2)普通混凝土力学性能试验应以三个试件为一组,每一组试件所用的拌合物应从同一盘混凝土或同一车混凝土中取样。

3. 混凝土立方体试件测量

1)混凝土立方体试件达到龄期时,从养护地点取出,并尽快进行试验。

2)测量其规格是否符合要求,测值精确至0.1mm(试件的尺寸公差不得超过1mm),并据此计算试件的承压面积 A。

学习情境 4　混凝土及检测

3）将试件表面与上下承压面擦拭干净。

三、试验步骤及数据处理

1. 混凝土立方体试件的制作

1）取样或拌制好的混凝土拌合物应至少用铁锹再来回拌和三次。

2）根据混凝土拌合物的坍落度确定混凝土成型方法。坍落度不大于 70mm 的混凝土宜用振动台振实；大于 70mm 的宜用捣棒人工捣实。检验现浇混凝土或预制构件的混凝土，试件成型方法宜与实际采用的方法相同。

①振动台振实

a．混凝土拌合物一次装入试模，装料时应用抹刀沿各试模壁插捣，并使混凝土拌合物高出试模上口。

b．试模应附着或固定在振动台上，振动时试模不得有任何跳动，振动应持续到表面出浆为止，不得过振。

②人工捣实。

a．混凝土拌合物应分两层装入试模内，每层的装料厚度大致相等。

b．插捣应按螺旋方向从边缘向中心均匀进行。在插捣底层混凝土时，捣棒应达到试模底部；插捣上层时，捣棒应贯穿上层后插入下层 20～30mm；插捣时捣棒应保持垂直，不得倾斜。然后应用抹刀沿试模内壁插拔数次。

c．每层插捣次数按 $10000mm^2$ 截面面积内不得少于 12 次。

d．插捣后应用橡皮锤轻轻敲击试模四周，直至捣棒留下的空洞消失为止。

3）取样或实验室拌制的混凝土应在拌制后尽可能短的时间内成型，一般不宜超过 15min。试件成型后应立即用不透水的薄膜覆盖表面。

4）试件养护。

①采用标准养护的试件，应在温度为（20±5）℃的环境中静置 24～48h，然后编号、拆模。拆模后应立即放入标准养护室或标准养护箱内。

②标准养护龄期为 28d（从搅拌加水开始计时）。标准养护环境：温度为（20±2）℃、相对湿度为 95% 以上的标准养护室中养护，或温度为（20±2）℃的不流动的氢氧化钙饱和溶液中养护。

2. 混凝土抗压强度试验

1）以试件成型时的侧面为承压面，将试件安放在试验机下压板上，试件的承压面应与成型时的顶面垂直，试件中心与下压板中心对准。

混凝土抗压强度检测（虚）

2）设置万能试验机参数：

①填入试验参数：选择试件类型为 150mm 立方体试件，填入试件实测尺寸。

②选择试验规范：《混凝土物理力学性能试验方法标准》（GB/T 50081—2019）。

③选择加荷方式：应力加荷。

3）填入加荷速率参数：当混凝土强度等级 <C30 时，加荷速度取每秒 0.3～0.5MPa；混凝土强度≥C30，且 <C60 时，取每秒 0.5～0.8MPa；当混凝土强度≥C60 时，取每秒 0.8～1.0MPa。

4）核查试验终止条件和保护条件。

5）启动试验机，加荷并使试件破坏。

6）记录试验机的试验结果参数。

混凝土抗压强度试验原始记录表见表 4-19。

表 4-19　混凝土抗压强度试验原始记录表

试验日期：			记录编号：		
	检测项目		混凝土抗压强度检测		
	检测依据		GB/T 50081—2019		
	强度等级		加荷速率		
	仪器设备		□压力试验机（　　）、□卡尺（　　）、□微变形测量仪（　　）		
试验结果	编号		试样 1	试样 2	试样 3
	尺寸 /mm				
	极限荷载 /kN				
	结论				
	备注				

7) 数据处理。混凝土立方体试件抗压强度应按下式计算：

$$f_{cc} = \frac{F}{A} \qquad (4-9)$$

式中　f_{cc}——混凝土立方体试件抗压强度（MPa），计算结果应精确至 0.1MPa；

　　　F——试件破坏荷载（N）；

　　　A——试件承压面积（mm^2）。

① 以三个试件的算术平均值作为该组试件的抗压强度代表值。

② 三个测值中的最大值或最小值有一个与中间值的差超过中间值的 15%，则把最大值及最小值一并剔除，取中间值作为该组试件的抗压强度代表值。

③ 当最大值和最小值与中间值的差均超过中间值的 15% 时，则该组试件试验结果无效。

8) 撰写混凝土抗压强度检测报告。根据上述检测试验原始记录表，结合技术性能指标判定规则，通过计算、整理后写入报告，并判定结论，见表 4-20。

表 4-20　混凝土抗压强度检测报告

检验性质＿＿＿＿＿＿＿＿＿＿＿＿＿＿＿＿　　报告编号＿＿＿＿＿＿＿＿＿＿＿＿＿＿

委托单位＿＿＿＿＿＿＿＿＿＿＿＿＿＿＿＿　　检测单位＿＿＿＿＿（检测专用章）

工程名称＿＿＿＿＿＿＿＿＿＿＿＿＿＿＿＿　　工程部位＿＿＿＿＿＿＿＿＿＿＿＿＿＿

送检日期＿＿＿＿＿＿＿＿＿＿＿＿＿＿＿＿　　报告日期＿＿＿＿＿＿＿＿＿＿＿＿＿＿

检测依据							
样品编号	强度等级	样品			龄期 /d	试样抗压强度 /MPa	抗压强度代表值 /MPa
		尺寸 /mm	成型日期	检测日期			
结论							
备注							

注：1. 未经本检测单位书面批准，不得复制（全文复制除外）检测报告。
　　2. 报告无检测专用章无效。
　　3. 检测单位地址：

批准：　　　　　　　　　审核：　　　　　　　　　试验：

4.2.3 混凝土拌合物和物理力学性能相关知识学习

一、引导问题（判断题）

1）混凝土的主要优点有原材料丰富、成本低、施工方便、抗压强度高、耐久性好、性能可根据需要设计调整。（　　）

2）在满足混凝土和易性、强度、耐久性的前提下，要尽量降低水泥的用量，节约成本。（　　）

3）和易性通常用流动性、黏聚性和保水性三项内容表示。（　　）

4）采用测定混凝土拌合物的稠度（坍落度、扩展度或维勃稠度）指标，辅以直观经验评定黏聚性和保水性，来评定混凝土拌合物的和易性。（　　）

5）影响和易性的因素只有水泥品种、骨料的种类、水胶比、砂率、浆骨比。（　　）

6）改善和易性可以采用合理砂率、砂石的级配，采用较粗的砂、石等办法。（　　）

7）普通混凝土划分为13个等级，即C20、C25、C30、C35、C40、C45、C50、C55、C60、C65、C70、C75、C80。（　　）

二、混凝土拌合物和物理力学性能相关知识

（一）混凝土概述

1. 混凝土分类

（1）按胶凝材料分类　混凝土按胶凝材料可分为无机胶结材料混凝土、有机胶结材料混凝土和有机、无机复合胶结材料混凝土。

（2）按用途分类　混凝土按用途可分为结构混凝土、道路混凝土、水工混凝土、耐热混凝土、耐酸混凝土、防射线混凝土等。

（3）按表观密度分类　混凝土按表观密度大小可分为重混凝土、普通混凝土、轻质混凝土。其中轻质混凝土可分为轻骨料混凝土、多孔混凝土、大孔混凝土三类。

（4）按强度等级分类　混凝土按强度等级可分为普通混凝土、高强混凝土、超高强度混凝土。

（5）按施工方法分类　混凝土按施工方法可分为现浇混凝土、预制混凝土、泵送混凝土、喷射混凝土等。

2. 普通混凝土的优点

1）原材料丰富、成本低。混凝土中约70%以上的材料是砂石料，属于地方性材料，可以就地取材，避免长途运输，价格低廉。

2）施工方便。混凝土拌合物具有良好的流动性和可塑性，可以根据工程需要浇筑成各种各样的形状、尺寸的构件和构筑物。既可现浇，也可预制。

3）性能可根据需要设计调整。通过调整各组成材料的品种和数量，特别是掺入不同的外加剂和掺合料，可获得不同施工和易性、强度、耐久性或具有特殊性能的混凝土，满足工程上的不同需求。

4）抗压强度高。混凝土的抗压强度一般在15～80MPa，当掺入高效减水剂和掺合料时，

强度可以达到 100MPa 以上。由于混凝土与钢筋具有良好的匹配性，浇筑成钢筋混凝土后，可以有效改善抗拉强度低的缺陷，使混凝土能够应用于各种结构部位。

5）耐久性好。原材料选择正确、配合比合理、施工养护良好的混凝土具有优异的抗渗性、抗冻性和耐腐蚀性，且对钢筋有保护作用，可保持混凝土结构长期使用而性能稳定。

3. 普通混凝土的缺点

1）抗拉强度低（约为抗压强度的 1/10～1/20），变形性能差，易开裂。
2）自重大，比强度小，体积密度大（约为 2400kg/m³），工程成本高。
3）硬化较缓慢，生产周期长。
4）生产工艺复杂，质量难以控制。
5）导热系数大 [约为 1.8W/（m·K）]，保温性能不高。

（二）工程中对普通混凝土的基本要求

1）混凝土拌合物满足搅拌、运输、浇捣密实等与施工条件相适应的施工和易性。
2）混凝土养护到规定龄期，应具有与设计要求相符合的强度。
3）混凝土硬化后应具有与工程环境相适应的耐久性。
4）在满足以上三个要求的前提下，最大限度降低水泥用量，节约成本，使各组成材料经济合理。

为满足以上基本要求，必须学习原材料性能，研究影响混凝土的和易性、强度、耐久性、变形能力的主要因素，学习配合比设计原理和相关检验评定标准、规范等。

（三）普通混凝土的组成材料

普通混凝土是指水泥作为胶凝材料，砂石作为粗、细骨料，加水及其他材料拌和，经硬化而成的混凝土，又称水泥混凝土。其干表观密度为 2000～2800kg/m³，是目前工程上用量最大的混凝土品种。

1. 水泥

水泥品种主要根据工程的结构特点、所处环境和施工条件确定；水泥强度等级的选择，应根据结构对混凝土强度性能要求来考虑。相关的知识详见"学习情境 2"。

2. 骨料

粗、细骨料的总体积占混凝土体积的 60%～80%，所以骨料的好坏将直接影响混凝土的各项性能。需要遵守《建设用砂》（GB/T 14684—2022）、《建设用卵石、碎石》（GB/T 14685—2022）的要求，见"4.1 砂石及检测"。

3. 混凝土用水

混凝土用水的基本要求是不影响混凝土的凝结和硬化，无损于混凝土的强度发展及耐久性，不加快钢筋的锈蚀，不引起预应力钢筋的脆断，不污染混凝土表面，遵循《混凝土用水标准》（JGJ 63—2006）。凡饮用水及清洁的天然水，可用于混凝土的拌制和养护。

4. 外加剂

外加剂是指能有效改善混凝土某项或多项性能的一类材料。其掺量一般只占水泥质量的 5%

以下，但能显著改善混凝土的和易性、强度、耐久性或调节凝结时间及节约水泥和水。将在后文中详细介绍。

5. 掺合料

混凝土掺合料是为了改善混凝土性能，节约水泥用量，在混凝土拌和时掺入天然或人工的改善混凝土性能的粉状矿物质。将在后文中详细介绍。

拌合物性能（教）

（四）普通混凝土拌合物的性能

《普通混凝土拌合物性能试验方法标准》（GB/T 50080—2016）中提出了坍落度试验及坍落度经时损失试验、扩展度试验及扩展度经时损失试验、维勃稠度试验、倒置坍落度筒排空试验、间隙通过性试验、漏斗试验、扩展时间试验、凝结时间试验、泌水试验、压力泌水试验、表观密度试验、含气量试验、均匀性试验、抗离析性能试验、温度试验、绝热温升试验十六种性能指标的试验方法标准。工程上普通混凝土拌合物常用到的性能指标包含和易性、表观密度等，商品混凝土拌合物常用到的性能指标包含和易性、表观密度、含气量等。

1. 混凝土和易性的概念

混凝土在未凝结硬化以前，称为混凝土拌合物。混凝土拌合物性能应满足设计和施工要求。新拌混凝土的和易性（或称工作性）是指混凝土拌合物易于浇筑、捣实，且保持组成材料均匀稳定的性质。和易性通常用流动性、黏聚性和保水性三项性能表示。

流动性：拌合物在自重或外力作用下产生流动的难易程度。

黏聚性：拌合物各组成材料之间不产生分层离析现象的性质。

保水性：拌合物不产生严重的泌水现象的性质。

混凝土拌合物的流动性主要取决于拌合物的稠度。在混凝土施工中，不同的施工条件和施工方法应采用相应的稠度，因此混凝土拌合物和易性的好与差，应该用拌合物的稠度能否适应所浇筑结构的构造特征以及采用的运输和捣实方法来衡量。和易性良好的混凝土拌合物除具有一定的稠度，易于成型外，还应在搅拌后，直至成型结束，组成材料都能保持在混凝土中均匀分布，即黏聚性和保水性良好。对于均匀稳定性较差的混凝土拌合物在静置、运输、浇筑和捣实的过程中都可能发生离析和泌水。

离析是指拌合物中大颗粒和细颗粒间产生分离的现象。对于流动性较大的混凝土拌合物，因各组分粒度及密度不同，易引起砂浆与石子间的分层离析现象。对于硬性或少砂的混凝土拌合物，若装卸及浇筑方法不当，也会发生离析现象。泌水是指拌和水按不同方式从拌合物中分离出来的现象。固体材料在混凝土拌合物中下沉使水被排出并上升至表面，使表面形成浮浆；有些水到达钢筋及粗骨料下沿而停留；有些水通过模板接缝渗漏，这是泌水的表现。

无论是离析还是泌水，对硬化后混凝土的强度和耐久性都将有很大的影响。显然，混凝土拌合物的和易性是一项综合的技术性质，它包括流动性和均匀稳定性两方面的含义。这两者相互联系，又相互矛盾。流动性过大将影响均匀稳定性；反之亦然，因此在实际工程中，优先保障流动性，其次是黏聚性，再次是保水性。应在流动性基本满足施工的条件下，力求保证均匀稳定性，使两者统一起来。

2. 混凝土拌合物和易性的测定

由于和易性是一项综合的技术性质，因此很难找到一种能全面反映拌合物和易性的测定方法。在工程上，通常采用测定混凝土拌合物的稠度（坍落度、扩展度或维勃稠度）指标，辅以直观经验评定黏聚性和保水性，来评定混凝土拌合物的和易性。检测方法按照《普通混凝土拌合物性能试验方法标准》（GB/T 50080—2016）的规定进行。

（1）坍落度法　坍落度法适用于骨料最大粒径不大于 40mm、坍落度值大于 10mm 的塑性和流动性混凝土拌合物稠度测定。方法是将拌合物按规定的试验方法装入坍落度筒内，提起坍落度筒后拌合物因自重而向下坍落，下落的尺寸即为混凝土拌合物的坍落度值，以 mm 为单位，用 T 表示，如图 4-5 所示。

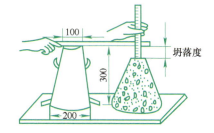

图 4-5　混凝土坍落度试验

混凝土拌合物根据其坍落度大小可分为四级，见表 4-21。

表 4-21　混凝土拌合物按坍落度、维勃稠度的分级

名称	大类	细类	级别	坍落度、维勃稠度
混凝土拌合物	塑性混凝土（坍落度≥10mm）	低塑性混凝土	T1	10～40mm
		塑性混凝土	T2	50～90mm
		流动性混凝土	T3	100～150mm
		大流动性混凝土	T4	>160mm
	干硬性混凝土（坍落度<10mm）	超干硬性混凝土	V0	>31s
		特干硬性混凝土	V1	30s～21s
		干硬性混凝土	V2	20s～11s
		半干硬性混凝土	V3	10s～5s

在测定坍落度的同时，应观察拌合物的均匀稳定性情况，以全面地评定混凝土的和易性。根据不同结构种类，混凝土浇筑时的坍落度见表 4-22。流动性根据施工要求不同，坍落度要求不同，采用泵送混凝土，坍落度大于 100mm。在便于施工操作并能保证振捣密实的条件下，尽可能取较小的坍落度，以节约水泥并获得质量较高的混凝土。

表 4-22　混凝土浇筑时的坍落度

结构种类	坍落度/mm
基础或地面垫层、无配筋的大体积结构（挡土墙、基础等）或配筋稀疏结构	10～30
板、梁或大型及中型截面的柱子等	35～50
配筋密列的结构（薄壁、斗仓、筒仓、细柱等）	55～70
配筋特密的结构	75～90

（2）维勃稠度　坍落度值小于 10mm 的干硬性混凝土拌合物应采用维勃稠度法测定。维勃稠度法适用于骨料最大粒径不大于 40mm，维勃稠度在 5～30s 之间的混凝土拌合物稠度的测定，维勃稠度仪如图 4-6 所示。这种方法是先按规定方法在圆柱形容器内做坍落度试验，提起坍落度筒后在拌合物试件顶面上放一透明圆盘，开启振动台，同时启动秒表并观察拌合物下落情况。当透明圆盘下面全部布满水泥浆时关闭振动台，停秒表，此时拌合物已被振实。秒表的读

数即为该拌合物的维勃稠度值,以 s 为单位,用 V 表示,分为 V0、V1、V2、V3 四级,见表 4-21。

3. 黏聚性及保水性评定

通常以测定流动性(稠度)为主,而对黏聚性及保水性主要通过观察拌合物离析或崩塌、稀浆情况进行评定。方法见"4.2.1 混凝土拌合物性能试验"。

4. 影响和易性的因素

混凝土拌合物的和易性主要取决于各组成材料的品种、规格及组成材料之间数量的比例关系(水胶比、砂率、浆骨比)等。

(1)水泥品种 不同品种的水泥,需水量不同,因此在配合比相同时,拌合物的稠度也有所不同。需水量大者,其拌合物的坍落度较小。一般采用火山灰水泥、矿渣水泥时,拌合物的坍落度较用普通水泥时小一些。

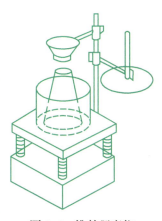

图 4-6 维勃稠度仪

(2)骨料的种类 河砂和卵石表面光滑无棱角,多呈球状,拌制的混凝土拌合物比碎石拌制的混凝土拌合物流动性好。采用最大粒径较大的级配良好的砂石,因其总表面积和空隙小,包裹骨料表面和填充空隙用的水泥浆用量小,因此拌合物的流动性也好。

(3)水胶比 水胶比的大小决定了水泥浆的稠度。水胶比越小,水泥浆就越稠,当水泥浆与骨料用量比一定时,拌制成的拌合物的流动性便越小。当水胶比过小时,水泥浆较干稠,拌制的拌合物的流动性过低会使施工困难,不易保证混凝土质量。若水胶比过大,会造成拌合物均匀稳定性变差,产生流浆、离析现象,因此水胶比不宜过小或过大,应根据混凝土的强度和耐久性要求合理地选用。

(4)砂率 砂率是指拌合物中砂的质量占砂石总质量的百分率,计算公式如下:

$$\beta_s = \frac{m_s}{m_s + m_G} \times 100\% \qquad (4-10)$$

式中 β_s——砂率(%);

m_s——混凝土中砂的质量(kg);

m_G——混凝土中石子的质量(kg)。

砂的粒径比石子小得多,具有很大的比表面积,而且砂在拌合物中填充粗骨料的孔隙,因而砂率的改变会使骨料的总表面积和空隙有显著的变化,可见砂率对拌合物的和易性有显著的影响。砂率过大,骨料的总表面积及空隙都会增大,在水泥浆量一定的条件下,骨料表面的水泥浆层厚度减小,水泥浆的润滑作用减弱,使拌合物的流动性变差。若砂率过小,砂填充石子空隙后,不能保证粗骨料间有足够的砂浆层,也会降低拌合物的流动性,而且会影响拌合物的均匀稳定性,使拌合物粗涩、松散,粗骨料易发生离析现象。当砂率适宜时,砂不但填满石子的空隙,而且还能保证粗骨料间有一定厚度的砂浆层以便减小粗骨料的滑动阻力,使拌合物有较好的流动性。这个适宜的砂率称为合理砂率。采用合理砂率时,在用水量和水泥用量一定的情况下,能使拌合物获得最大的流动性,且能保证良好的黏聚性和保水性。或者,在保证拌合物获得所要求的流动性及良好的黏聚性和保水性时,水泥用量为最小,砂率与坍落度及砂率与水泥用量的关系如图 4-7、图 4-8 所示。

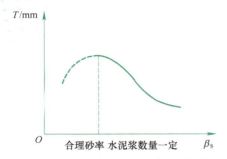 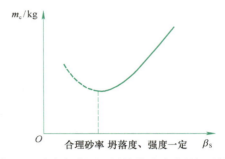

图 4-7 砂率与坍落度的关系（水泥浆数量一定） 　　图 4-8 砂率与水泥用量的关系（达到相同的坍落度）

一般在保证拌合物不离析，又能很好地浇筑、捣实的条件下，应尽量选用较小的砂率。这样可节约水泥。对于混凝土量大的工程，应通过试验找出合理砂率，如无使用经验可按骨料的品种、规格及混凝土的水胶比值参照表 4-23 选用合理的数值。表 4-23 适用坍落度为 10～60mm 的混凝土；坍落度大于 60mm 的混凝土，其砂率可经试验确定，也可在表 4-23 的基础上，按坍落度每增大 20mm，砂率增大 1% 的幅度予以调整。

表 4-23　混凝土砂率的选用

水胶比 C	卵石最大粒径 /mm			碎石最大粒径 /mm		
	10	20	40	16	20	40
0.40	26～32	25～31	24～30	30～35	29～34	27～32
0.50	30～35	29～34	28～33	33～38	32～37	30～35
0.60	33～38	32～37	31～36	36～41	35～40	33～38
0.70	36～41	35～40	34～39	39～44	38～43	36～41

（5）浆骨比　水泥浆与骨料的数量比称为浆骨比。在骨料量一定的情况下，浆骨比的大小可用水泥浆的数量表示，浆骨比越大，表示水泥浆用量越多。在混凝土拌合物中，水泥浆赋予拌合物以流动性，是影响拌合物稠度的主要因素。在水泥浆稠度（水胶比）一定时，增加水泥浆数量，拌合物流动性随之增大。但水泥浆过多，不仅不经济，还会使拌合物均匀稳定性变差，出现流浆现象。

（6）外加剂　在拌制混凝土时，掺用外加剂（减水剂、引气剂）能使混凝土拌合物在不增加水泥和水用量的条件下，显著地提高流动性，且使拌合物具有较好的均匀稳定性。此外，由于混凝土拌和后水泥立即开始水化，使水化产物不断增多，游离水逐渐减少，因此拌合物的流动性将随时间的增长不断降低，而且坍落度降低的速度随温度的提高而显著加快。详细介绍见"4.3 混凝土掺合料和混凝土外加剂及检测"。

（7）矿物掺合料　掺加矿物掺合料能改变水泥浆的稠度，从而能够改变混凝土的流动性。

（8）时间和温度　拌合物拌制后，随时间延长而逐渐变得干稠，流动性减小，原因是有一部分水供水泥水化，一部分水被骨料吸收，一部分水蒸发以及凝聚结构的逐渐形成，致使混凝土拌合物的流动性变差。混凝土拌合物的和易性也受温度的影响，因为环境温度的升高，水分蒸发及水泥水化反应加快，拌合物的流动性变差，而且坍落度损失也变快。泵送混凝土在泵送过程中，由于拌合物与管壁摩擦，温度升高，平均上升 0.4℃，最高上升 1℃，这与泵送时间长短有关。一般拌合物温度升高 1℃，其坍落度下降 0.4cm，因此在盛夏施工时，要充分考虑由于温

学习情境 4　混凝土及检测

度的升高而引起的坍落度降低。施工中为了保证一定的和易性，必须注意环境温度的变化，采取相应的措施。

5. 改善和易性的措施

在实际工作中调整混凝土拌合物的和易性，可采取如下措施：尽可能降低砂率，通过试验，采用合理砂率；改善砂、石的级配，有利于提高混凝土的质量和节约水泥；尽量采用较粗的砂、石；当混凝土拌合物的坍落度太小时，维持水胶比不变，适当增加水泥和水的用量，或者加入外加剂或掺合料等；当拌合物坍落度太大，但黏聚性良好时，可保持砂率不变，适当增加砂、石。

（五）混凝土物理力学性能

1. 立方体抗压强度与强度等级

按《混凝土物理力学性能试验方法标准》（GB/T 50081—2019）制作 150mm×150mm×150mm 的标准立方体试件，在标准条件下养护 28d，所测得的抗压强度值为立方体抗压强度，按式（4-9）计算。

混凝土力学性能（教）

当混凝土强度等级 <C60 时，用非标准试件测得的强度值均应乘以尺寸换算系数，200mm×200mm×200mm 试件为 1.05；100mm×100mm×100mm 试件为 0.95。当混凝土强度等级 ≥ C60 时，宜采用标准试件；使用非标准试件时，尺寸换算系数应由试验确定。

混凝土强度等级按标准立方体抗压强度标准值确定，采用符号 C 与立方体抗压强度标准值（单位 MPa）表示，如 C50。

按照《混凝土结构设计标准（2024 年版）》（GB 50010—2010）规定，普通混凝土划分为 13 个等级，即 C20、C25、C30、C35、C40、C45、C50、C55、C60、C65、C70、C75、C80。

2. 轴心抗压强度

为了使测得的混凝土强度接近于混凝土构件的实际情况，在钢筋混凝土结构计算中，计算轴心受压构件，都采用混凝土的轴心抗压强度作为设计依据。

《混凝土物理力学性能试验方法标准》规定，轴心抗压强度采用 150mm×150mm×300mm 的棱柱体作为标准试件。轴心抗压强度值比立方体抗压强度值小，轴心抗压强度 $f_{cp} \approx (0.70 \sim 0.80) f_{cu}$。混凝土试件轴心抗压强度应按下式计算：

$$f_{cp} = \frac{F}{A} \qquad (4-11)$$

式中　f_{cp}——混凝土试件轴心抗压强度（MPa），计算结果应精确至 0.1MPa；
　　　F——试件破坏荷载（N）；
　　　A——试件承压面积（mm²）。

（六）混凝土的耐久性

高耐久性的混凝土是现代高性能混凝土发展的主要方向，它不但可以保证建筑物、构筑物安全、长久地使用，而且对节约资源、保护环境、可持续发展都具有重要意义。

1. 抗渗性

材料抵抗压力水渗透的性质称为抗渗性（不透水性），常用渗透系数 K 表示。渗透系数是指一定厚度的材料，在单位水压力的作用下，单位时间内透过单位面积的水量，按下式计算：

$$K = \frac{Qd}{AtH} \quad (4-12)$$

式中　　K——材料的渗透系数（cm/h）；

　　　　Q——时间 t 内的渗水总量（cm^3）；

　　　　d——试件的厚度（cm）；

　　　　A——材料垂直于渗水方向的渗水面积（cm^2）；

　　　　t——渗水时间（h）；

　　　　H——材料两侧的水压差（cm）。

对于防水、防潮材料，如沥青、油毡、沥青混凝土、瓦等，常用渗透系数 K 表示其抗渗性。

对于砂浆、混凝土等材料，常用抗渗等级 P 来表示其抗渗性。混凝土的抗渗性是指混凝土抵抗压力水渗透的能力。它不但关系到混凝土本身的防渗透性能，还直接影响到混凝土的抗冻性、抗侵蚀性等其他耐久性指标，因而，抗渗性是决定混凝土耐久性最主要的技术指标。当混凝土的抗渗性较差时，不但容易透水，而且由于水分渗入内部，当有冰冻作用或水中含侵蚀性介质时，混凝土容易受到冰冻或侵蚀作用而破坏，对钢筋混凝土还可能引起钢筋的锈蚀、混凝土保护层的开裂和剥落。混凝土内部连通的孔隙、毛细管和混凝土浇筑中形成的孔洞、蜂窝等，都会引起混凝土的渗水。因此，提高混凝土的密实度、改变孔隙结构、减少连通孔隙是提高抗渗性的重要措施。

混凝土的抗渗性用抗渗等级表示，以28d龄期的标准试件，按规定方法进行试验时所能承受的最大静水压力（MPa）来确定。可分为 P4、P6、P8、P10、P12 五个等级，分别表示混凝土能抵抗 0.4MPa、0.6MPa、0.8MPa、1.0MPa 和 1.2MPa 的静水压力而不发生渗透。

2. 抗冻性

混凝土在低温受潮状态下，尤其是经常与水接触，容易受冻的外部混凝土工程，经过长期冻融循环作业，容易受到破坏，影响使用。一般来说，密实的、具有封闭孔隙的混凝土，抗冻性较好；水胶比越小，混凝土的密实度越高，抗冻性也越好；在混凝土中加入引气剂或减水剂，能有效提高混凝土的抗冻性。

混凝土的抗冻性是指混凝土在饱和水状态下，能抵抗冻融循环作用而不发生破坏，强度也不显著降低的性质。对于冬季室外温度低于10℃的地区，工程中使用的材料必须进行抗冻性检验。

抗冻性用抗冻等级 F 表示。抗冻等级是以28d龄期的混凝土标准试件，在饱和水状态下，强度损失不超过25%，且质量损失不超过5% 时，所能承受的最大冻融循环次数来表示，有 F10、F15、F25、F50、F100、F150、F200、F250、F300 九个等级。

3. 抗侵蚀性

混凝土的抗侵蚀性是指混凝土抵抗外界侵蚀介质破坏作用的能力。提高混凝土的抗侵蚀性应根据工程所处的环境，合理选择水泥品种、提高混凝土制品的密实度、改变孔隙特征。

4. 抗碳化能力

混凝土的碳化作用是指混凝土中的 $Ca(OH)_2$，在湿度适宜的情况下，与空气中的 CO_2 作用生成 $CaCO_3$ 和水，使混凝土碱度降低的过程。

学习情境 4　混凝土及检测

混凝土碳化，使其碱度降低，从而使混凝土对钢筋的保护作用降低，钢筋易锈蚀，引起混凝土表面产生收缩而开裂。采用水化后 $Ca(OH)_2$ 含量高的硅酸盐水泥，比采用掺混合料的硅酸盐水泥的碱度高，碳化速度慢，抗碳化能力强。低水胶比的混凝土的孔隙率低，CO_2 不易侵入，故抗碳化能力强。

5. 碱-骨料反应

碱-骨料反应是指水泥、外加剂等混凝土组成材料及环境中的碱与骨料中碱活性矿物在潮湿环境下缓慢发生并导致混凝土开裂破坏的膨胀反应。

应严格控制水泥中碱的含量和骨料中碱活性物质的含量。

6. 提高混凝土耐久性的措施

（1）合理选择混凝土的组成材料

1）根据混凝土工程特点或所处环境条件，选择水泥品种。

2）选择质量良好、技术要求合格的骨料。

（2）提高混凝土制品的密实度

1）严格控制混凝土的水胶比和水泥用量。

2）选择级配良好的骨料及合理砂率，保证混凝土的密实度。

3）掺入适量减水剂，提高混凝土的密实度。

4）严格按操作规程进行施工操作。

（3）改善混凝土的孔隙结构　在混凝土中掺入适量引气剂，可改善混凝土内部的孔隙结构，封闭孔隙的存在，可以提高混凝土的抗渗性、抗冻性及抗侵蚀性。

三、小组讨论

1）你检测的普通混凝土拌合物的坍落度为_____，拌合物表观密度为_____，扩展度为_____，黏聚性_____，保水性_____，混凝土抗压强度为_____。

2）针对你检测试验用的普通混凝土拌合物，可以从哪些方面去改善和易性？

3）结合总学习任务中图 1 所示建筑工程，对不同的构造，选择混凝土的强度和检测方案。

四、总结汇报

分小组汇报，辩论和评分，教师进行总结和拓展，并讲解相关理论知识和应用。

五、评估

教师对每一个学生的课前、研讨汇报、作业等情况进行评价，填写表 1-4、表 1-5。

考 / 证 / 训 / 练

（一）填空题

1. 混凝土拌合物的和易性包括_____、_____和_____三个方面。其测定采用定量测定_____。方法是塑性混凝土采用_____法，单位为_____，干硬性混凝土采用_____法，单位是_____；采用直观经验评定_____和_____。

2. 混凝土强度测定检测的方法是：制备边长为_____mm 的立方体试件，在温度为_____，相对湿度为_____以上的条件下养护_____d，用标准检测方法测定抗压强度，用_____符号表示，单位为_____。

（二）选择题

1. 用维勃稠度法测定混凝土拌合物的流动性时，其值越大表示混凝土的（　　）。
   A．流动性越大　　B．流动性越小　　C．黏聚性越好　　D．保水性越差
2. 施工所需要的混凝土拌合物坍落度的大小主要根据（　　）来选取。
   A．水胶比和砂率
   B．构件的截面大小和钢筋疏密、捣实方式
   C．骨料的性质、最大粒径和级配
   D．水胶比和捣实方式
3. 配置混凝土时，水胶比过大，下列说法错误的是（　　）。
   A．混凝土拌合物的保水性变差
   B．混凝土拌合物的黏聚性变差
   C．混凝土拌合物的耐久性和强度下降
   D．混凝土拌合物的骨料和浆体之间的黏结力变强
4. 试拌调整混凝土时，发现拌合物的保水性差，应采取（　　）措施。
   A．增大砂率　　B．减小砂率　　C．增加水泥　　D．增加用水量
5. 配置高强度混凝土时应选择（　　）。
   A．早强剂　　B．高效减水剂　　C．引气剂　　D．膨胀剂
6. 混凝土强度包括抗压、抗拉、抗弯及抗剪强度，其中以（　　）为最高。
   A．抗压　　B．抗拉　　C．抗弯　　D．抗剪
7. 普通混凝土立方体的强度测试，采用 100mm×100mm×100mm 的试件，其强度换算系数为（　　）。
   A．0.9　　B．0.95　　C．1.05　　D．1.00

4.3 混凝土掺合料和混凝土外加剂及检测

通过对样品粉煤灰进行物理性能的检测，掌握粉煤灰参数检测的步骤和操作，学习粉煤灰的相关知识，掌握各种粉煤灰的特性，学会判断不合格粉煤灰的依据，培养产品质量意识。

通过对混凝土外加剂进行匀质性检测、混凝土拌合物性能检测，学习混凝土外加剂的相关知识，掌握混凝土外加剂的特性。

4.3.1 粉煤灰的检测

粉煤灰的检测（教）

一、实训目的

根据《用于水泥和混凝土中的粉煤灰》（GB/T 1596—2017），粉煤灰检测包括细度、需水量比、含水率、安定性、强度活性指数、烧失量、三氧化硫含量、游离氧化钙含量等项目，大部

分检测在水泥检测中做了介绍,不再实训。本实训对强度活性指数进行检测,判断该指标的检测结果是否符合标准要求。

二、实训准备

认识主要检测仪器:抗压强度试验机、天平、搅拌机、振实台。

三、试验步骤及数据处理

(1)粉煤灰强度活性指数检测试验步骤

1)胶砂配比按表 4-24。

表 4-24 胶砂配比

胶砂种类	对比水泥 /g	试验样品		标准砂 /g	水 /g
		对比水泥 /g	粉煤灰 /g		
对比胶砂	450	—	—	1350	225
试验胶砂	—	315	135	1350	225

2)胶砂按《水泥胶砂强度检验方法(ISO 法)》(GB/T 17671—2021)规定进行搅拌、试件成型和养护,或参照"2.3.3 水泥胶砂强度检测"中的步骤进行。

3)试件养护至 28d,按《水泥胶砂强度检验方法(ISO 法)》规定或"2.3.3 水泥胶砂强度检测"中的方法分别测定对比胶砂和试验胶砂的抗压强度。

粉煤灰强度活性指数试验原始记录表见表 4-25。

表 4-25 粉煤灰强度活性指数试验原始记录表

试验日期: 　　　　　　　　　　　记录编号:

检测项目	强度活性指数			
检测依据	GB/T 1596—2017,GB/T 17671—2021			
仪器设备	□天平(　　)、□水泥胶砂搅拌机(　　)、□抗折强度试验机(　　) □振实台(　　)、□抗压强度试验机(　　)			
抗压强度	试验胶砂			
	对比胶砂			
试验结果	R/MPa	R_0/MPa		H_{28}(%)
结论				
备注	强度活性指数不小于 70.0%			

(2)数据处理 活性指数按下式计算,计算至 1%:

$$H_{28}=(R/R_0)\times100\% \tag{4-13}$$

式中　R——试验胶砂 28d 抗压强度（MPa）；
　　　R_0——对比胶砂 28d 抗压强度（MPa）；
　　　H_{28}——强度活性指数（%）。

四、粉煤灰强度活性指数检测报告

根据上述检测试验原始记录表，结合技术性能指标判定规则，通过计算、整理后写入报告，并判定结论，见表 4-26。

表 4-26　粉煤灰强度活性指数检测报告

检验性质_____　　　报告编号_____
委托单位_____　　　检测单位_____（检测专用章）
工程名称_____　　　工程部位_____
产　　地_____　　　种　　类_____
送检日期_____　　　报告日期_____

检测依据				
检测结果	检测项目	技术指标	试验结果	判定
	强度活性指数（%）			
结论				
备注				

注：1. 未经本检测单位书面批准，不得复制（全文复制除外）检测报告。
　　2. 报告无检测专用章无效。
　　3. 检测单位地址：
批准：　　　　　　　　审核：　　　　　　　　试验：

4.3.2　混凝土外加剂匀质性检测

混凝土外加剂均质性检测（教）

一、实训目的

根据《混凝土外加剂匀质性试验方法》（GB/T 8077—2023），检测包括含固量、密度、pH、氯离子含量、胶砂减水率、水泥净浆流动度、细度、碱含量等项目，大部分检测在水泥检测中做了介绍，不再实训。本实训对含固量、pH 值进行检测，判断该指标的检测结果是否符合标准要求。

二、实训准备

1. 混凝土外加剂含固量检测

主要设备仪器：电子分析天平，分度值 0.0001g；鼓风电热恒温干燥箱，温度范围 0～200℃；带盖称量瓶，65mm×25mm；干燥器，内盛变色硅胶。

学习情境 4　混凝土及检测

2. 混凝土外加剂 pH 值检测

主要设备仪器：酸度计，如图 4-9 所示；烧杯；洗瓶；超级恒温器或同等条件的恒温设备；温度传感器；天平；电极。

1）将被测溶液的温度控制在 20℃±3℃。

2）酸度计按仪器出厂说明书进行校准。

三、试验步骤及数据处理

1. 混凝土外加剂含固量检测

（1）试验步骤

1）将洁净带盖称量瓶放入烘箱内，于 100～105℃烘 30min，取出置于干燥器内，冷却 30min 后称量，重复上述步骤直至恒量，其质量为 m_0。

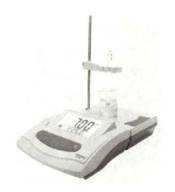

图 4-9　酸度计

经第一次灼烧或干燥冷却、称量后，通过连续每次 30min 的灼烧或干燥，然后冷却、称量的方法来检查恒定质量，当连续两次称量之差小于 0.0005g 时，即达到恒量。

2）将被测液体装入已经恒量的称量瓶内，盖上盖称出液体试样及称量瓶的总质量为 m_1。液体试样称量为 3.0000～5.0000g。

液体称量确定：m_1-m_0。

3）将盛有液体试样的称量瓶放入烘箱内，开启瓶盖，升温至 100～105℃烘干。盖上盖置于干燥器内冷却 30min 后称量，重复上述步骤直至恒量，其质量为 m_2。

试验原始记录表见表 4-27。

表 4-27　混凝土外加剂含固量试验原始记录表

试验日期：　　　　　　　　　　　记录编号：

检测项目	混凝土外加剂含固量		
检测依据	GB/T 8077—2023、GB 8076—2008		
仪器设备	□电子分析天平（　　）、□鼓风电热恒温干燥箱（　　）、□带盖称量瓶（　　）、□干燥器（　　）		
试验结果	m_0/g	m_1/g	m_2/g
含固量	第一次 $X_固$（%）	第二次 $X_固$（%）	平均值 $X_固$（%）
结论			
备注	S 为含固量生产厂控制值 $S>25\%$ 时，应控制在 $0.95S\sim1.05S$ $S\leqslant25\%$ 时，应控制在 $0.90S\sim1.10S$		

（2）数据处理　含固量 $X_固$ 按下式计算：

$$X_{固} = \frac{m_2 - m_0}{m_1 - m_0} \times 100\% \tag{4-14}$$

式中 $X_{固}$——含固量(%);

m_0——称量瓶的质量(g);

m_1——称量瓶加液体试样的质量(g);

m_2——称量瓶加液体试样烘干后的质量(g)。

重复性限为0.30%。重复性为一个数值,在同一实验室,由同一操作员使用相同的设备,按相同的测试方法,在短时间内对同一被测对象相互独立进行的测试条件下,两个测试结果的绝对差小于或等于此数的概率为95%。

再现性限为0.50%。再现性为一个数值,在不同的实验室,由不同的操作员使用不同设备,按相同的测试方法,对同一被测对象相互独立进行的测试条件下,两个测试结果的绝对差小于或等于此数的概率为95%。

2. 混凝土外加剂 pH 值检测

(1)试验步骤

1)先用水,再用测试溶液冲洗电极。

2)将电极浸入被测溶液中,轻轻摇晃烧杯,确保被测溶液的均匀性。

3)待酸度计的读数稳定1min,记录读数。

4)测量结束后,用水冲洗电极,以待下次测量。

混凝土外加剂 pH 值试验原始记录表见表4-28。

表4-28 混凝土外加剂 pH 值试验原始记录表

试验日期:　　　　　　　　　　　　　　　记录编号:

检测项目	pH 值		
检测依据	GB/T 8077—2023、GB/T 8076—2008		
仪器设备	□酸度计(　)、□超级恒温器(　)、□温度传感器(　)、□天平(　)、□电极(　)		
试验结果	第一次	第二次	平均值
结论			
备注	生产厂家控制范围内		

(2)结果　酸度计测出的结果即为溶液的 pH 值。重复性限为0.2;再现性限为0.5。

四、混凝土外加剂检测报告

根据上述检测试验原始记录表,结合技术性能指标判定规则,通过计算、整理后写入报告,并判定结论。

按检测项目编制混凝土外加剂检测报告,见表4-29。

学习情境 4　混凝土及检测

表 4-29　混凝土外加剂检测报告

检验性质＿＿＿＿＿＿＿＿＿＿＿＿＿　　报告编号＿＿＿＿＿＿＿＿＿＿＿＿＿
委托单位＿＿＿＿＿＿＿＿＿＿＿＿＿　　检测单位＿＿＿＿＿＿（检测专用章）
工程名称＿＿＿＿＿＿＿＿＿＿＿＿＿　　工程部位＿＿＿＿＿＿＿＿＿＿＿＿＿
样品名称＿＿＿＿＿＿＿＿＿＿＿＿＿　　生产厂家＿＿＿＿＿＿＿＿＿＿＿＿＿
出厂编号＿＿＿＿＿＿＿＿＿＿＿＿＿　　出厂日期＿＿＿＿＿＿＿＿＿＿＿＿＿
送检日期＿＿＿＿＿＿＿＿＿＿＿＿＿　　报告日期＿＿＿＿＿＿＿＿＿＿＿＿＿

检测依据				
检测结果	检测项目	技术指标	试验结果	判定
	含固量（%）			
	pH 值			
结论				
说明				

注：1. 未经本检测单位书面批准，不得复制（全文复制除外）检测报告。
　　2. 报告无检测专用章无效。
　　3. 检测单位地址：

批准：　　　　　　　审核：　　　　　　　试验：

4.3.3　混凝土掺合料和混凝土外加剂相关知识学习

一、引导问题（判断题）

1）混凝土掺合料是为了改善混凝土性能，节约水泥用量。　　　　　　　　　（　　）
2）粉煤灰一般可取代混凝土中水泥用量的 20%～40%。　　　　　　　　　　（　　）
3）粉煤灰对混凝土强度的影响包含减少用水量，增加胶凝材料含量和通过火山灰反应提高后期强度。　　　　　　　　　　　　　　　　　　　　　　　　　　　　（　　）
4）混凝土中掺入粒化高炉矿渣粉可使混凝土干缩率大大减小，抗冻性、抗渗性提高，混凝土的耐久性得到显著改善。　　　　　　　　　　　　　　　　　　　　（　　）
5）泵送剂是用于改善混凝土泵送性能的外加剂。它由减水剂、调凝剂、引气剂、润滑剂等复合而成。　　　　　　　　　　　　　　　　　　　　　　　　　　　（　　）
6）缓凝剂是可在较长时间内保持混凝土工作性，延缓混凝土凝结和硬化时间的外加剂，缓凝剂的种类较多，可分为有机和无机两大类。　　　　　　　　　　　　（　　）

二、混凝土掺合料和混凝土外加剂相关知识

（一）混凝土掺合料

混凝土掺合料是为了改善混凝土性能，节约水泥用量，在混凝土拌和时掺入天然或人工的改善混凝土性能的粉状矿物质。

混凝土掺合料（教）

粉煤灰、粒化高炉矿渣粉、沸石粉、硅粉等本身不硬化或硬化速度很慢，但能与水泥生成具有胶凝能力的水化产物。

石灰石、细磨石英砂等掺合料基本不与水泥组分起反应。

1. 粉煤灰

粉煤灰又称为飞灰，是从火力发电厂烟道中收集到的细小颗粒，尺寸从几微米到几百微米，通常为球形颗粒。

粉煤灰单独加水后本身并不硬化，但与石灰或水泥水化生成的 $Ca(OH)_2$ 作用生成水化硅酸钙和水化铝酸钙，这种性能称为火山灰活性。

目前，粉煤灰用于配置混凝土已被广泛用于土木工程。在配置混凝土时，粉煤灰一般可取代混凝土中水泥用量的 20%～40%，通常与减水剂、引气剂等同时掺用。

（1）粉煤灰分类与技术指标　《用于水泥和混凝土中的粉煤灰》（GB/T 1596—2017）中将粉煤灰按燃煤的种类分为 F 类和 C 类，前者是由无烟煤或烟煤煅烧收集，后者由褐煤或次烟煤煅烧收集，其氧化钙含量一般大于或等于 10%。将拌制混凝土和砂浆用的粉煤灰分为 I 级、II 级、III 级，其技术指标详见表 4-30。

表 4-30　拌制混凝土和砂浆用粉煤灰技术要求

项目		技术要求		
		I 级	II 级	III 级
细度（45μm 方孔筛筛余）（%），不大于	F、C 类粉煤灰	12.0	30.0	45.0
需水量比（%），不大于	F、C 类粉煤灰	95	105	115
烧失量（%），不大于	F、C 类粉煤灰	5.0	8.0	10.0
含水率（%），不大于	F、C 类粉煤灰	1.0		
三氧化硫质量分数（%），不大于	F、C 类粉煤灰	3.0		
游离氧化钙质量分数（%），不大于	F 类粉煤灰	1.0		
	C 类粉煤灰	4.0		
安定性（雷氏法）/mm，不大于	C 类粉煤灰	5.0		
强度活性指数（%），不小于	F 类粉煤灰	70.0		
	C 类粉煤灰			

细度：细小、密实的球形颗粒对所配置的混凝土性能特别是流动性具有积极贡献。粉煤灰细度越大，其微骨料效应越显著，需水量比也越低，其矿物减水效应越显著。通常细度小、需水量比低的粉煤灰化学活性也较高。

需水量比：对用于水泥和混凝土中的粉煤灰，试验水泥胶砂流动度达到与对比水泥胶砂流动度的加水量之比。配置混凝土时粉煤灰的需水量比在一定程度上影响水胶比。

含水率：粉煤灰质量按干灰（含水率小于 1%）的质量计算。

安定性：凝结硬化过程中的体积变化是否均匀适当，是否会产生翘曲、开裂等现象。

强度活性指数：粉煤灰的火山灰活性指标，以评价粉煤灰用作活性混合材料或活性骨料等的性能。

（2）粉煤灰对混凝土性能的影响

1）粉煤灰对混凝土工作性能的影响。粉煤灰含有大量的玻璃微珠，在混凝土拌合物中起到一定的"滚珠"效应。粉煤灰可以补偿细小颗粒的不足，中断浆体中泌水渠道的连续性，提高保水性。粉煤灰的掺入可以减少混凝土的内摩擦阻力，增大混凝土拌合物的和易性。

2）粉煤灰对混凝土强度的影响。粉煤灰对混凝土强度的影响包含减少用水量，增加胶凝材料含量和通过火山灰反应提高后期强度。其中优质粉煤灰需水量比较小，可以小幅度降低用水量。相同质量的粉煤灰体积要比水泥约大30%，大量的浆体填充了骨料间的孔隙。粉煤灰混凝土的强度增长主要取决于粉煤灰的火山灰效应，粉煤灰与水泥水化产物之间逐步形成牢固联系，强化了混凝土微观界面的过渡区。

3）粉煤灰对混凝土耐久性的影响。粉煤灰对混凝土耐久性的作用主要为粉煤灰的微骨料效应，即粉煤灰分散于混凝土微小孔隙和胶凝体中，填充了混凝土的毛细孔及孔裂缝。粉煤灰改善了混凝土中毛细孔的结构，提高了混凝土的密实性。

2. 粒化高炉矿渣粉

粒化高炉矿渣粉以粒化高炉矿渣为主要原料，可掺加少量天然石膏，磨制成一定细度的粉体。

粒化高炉矿渣经过超细粉磨后具有很高的活性和极大的表面能，可以满足配置不同性能要求的高性能混凝土的要求。超细矿渣的比表面积一般大于450m²/kg，可等量替代15%～50%的水泥。

（1）粒化高炉矿渣粉分类与技术指标　《用于水泥、砂浆和混凝土中的粒化高炉矿渣粉》（GB/T 18046—2017）中将粒化高炉矿渣粉分为S105、S95、S75三级，其技术指标详见表4-31。

表4-31　粒化高炉矿渣粉技术要求

项目		级别		
		S105	S95	S75
密度/（g/cm³）		≥2.8		
比表面积/（m²/kg）		≥500	≥400	≥300
活性指数（%）	7d	≥95	≥70	≥55
	28d	≥105	≥95	≥75
流动度比（%）		≥95		
初凝时间比（%）		≤200		
含水率（质量分数）（%）		≤1.0		
三氧化硫质量分数（%）		≤4.0		
氯离子质量分数（%）		≤0.06		
烧失量（质量分数）（%）		≤1.0		
不溶物质量分数（%）		≤3.0		
玻璃体含量（质量分数）（%）		≥85		
放射性		$I_{Ra} \leq 1.0$ 且 $I_\gamma \leq 1.0$		

（2）粒化高炉矿渣粉对混凝土性能的影响　混凝土中掺入粒化高炉矿渣粉可取得以下几个方面的效果：

1）采用高强度等级水泥及优质粗、细骨料并掺入高效减水剂时，可配置出高强度混凝土及超高强混凝土。

2）混凝土干缩率大大减小，抗冻性、抗渗性提高，混凝土的耐久性得到显著改善。

3）混凝土拌合物的工作性能明显改善，可配出大流动性且不离析的泵送混凝土。

（二）混凝土外加剂

1. 混凝土外加剂概述

混凝土外加剂是一种在混凝土搅拌之前或拌制过程中加入的、用于改善新拌混凝土和（或）

硬化混凝土性能的材料。

（1）混凝土外加剂分类　混凝土外加剂的种类繁多，根据《混凝土外加剂术语》（GB/T 8075—2017），混凝土外加剂按其主要使用功能分为以下四类：

1）改善混凝土拌合物流变性能的外加剂，包括各种减水剂和泵送剂等。

2）调节混凝土凝结时间、硬化过程的外加剂，包括缓凝剂、促凝剂和速凝剂等。

3）改善混凝土耐久性的外加剂，包括引气剂、防水剂、阻锈剂等。

4）改善混凝土其他性能的外加剂，包括膨胀剂、防冻剂、着色剂等。

（2）混凝土外加剂主要品种　《混凝土外加剂》（GB/T 8076—2008）中规定混凝土外加剂主要包括普通减水剂[早强型（WR-A）、标准型（WR-S）、缓凝型（WR-R）]、高效减水剂[标准型（HWR-S）、缓凝型（HWR-R）]、高性能减水剂[早强型（HPWR-A）、标准型（HPWR-S）、缓凝型（HPWR-R）]、引气减水剂（AEWR）、泵送剂（PA）、早强剂（Ac）、缓凝剂（Re）及引气剂（AE）。

2. 主要外加剂介绍

（1）减水剂　减水剂是指在混凝土坍落度基本相同的条件下，能减少拌和用水量的外加剂。水泥加水搅拌后，会形成絮凝结构，流动性很低。在掺入减水剂后，增加了表面活性作用，水泥颗粒相互分开，导致絮凝结构解体，将其中的游离水释放出来，从而大大增加了拌合物流动性。在保持水胶比和水泥用量不变的情况下，可增加拌合物的流动性。在保持强度和坍落度的情况下，节约了水泥。在保证拌合物和易性和水泥用量的情况下，可减少水的用量，水胶比降低，从而提高强度。还可以减少拌合物的泌水离析现象，延缓凝结时间，降低水化热放热速度，提高混凝土抗渗性、抗冻性、耐久性。

1）普通减水剂（WR）：普通减水剂主要成分为木质素磺酸盐，通常由亚硫酸盐法生产纸浆的副产品制得。常用的有木钙、木钠和木镁。其具有一定的缓凝、减水和引气作用。以其为原材料，加入不同类型的调凝剂，可制得不同类型的减水剂，如早强型、标准型和缓凝型的减水剂。适用于一般混凝土工程及滑模混凝土工程、泵送混凝土工程、大体积混凝土及夏季施工工程。

2）高效减水剂（HWR）：高效减水剂不同于普通减水剂，具有较高的减水率，较低引气量，是我国使用量大、面广的外加剂品种。主要有萘系减水剂、氨基磺酸盐系减水剂、脂肪族（醛酮缩合物）减水剂、密胺系及改性密胺系减水剂、蒽系减水剂、洗油系减水剂。缓凝型高效减水剂是以以上各种高效减水剂为主要组分，再复合各种适量的缓凝组分或其他功能性组分而成的外加剂。适用于所有混凝土工程，特别适合配置高强混凝土及流态混凝土、泵送混凝土等。

3）高性能减水剂（HPWR）：高性能减水剂是国内外近年来开发的新型外加剂品种，目前主要为聚羧酸盐类产品。它具有"梳状"的结构特点，由带有游离的羧酸阴离子团的主链和聚氧乙烯基侧链组成，用改变单体的种类、比例和反应条件可生产具有不同性能和特性的高性能减水剂。早强型、标准型和缓凝型高性能减水剂可由分子设计引入不同功能团而生产，也可掺入不同组分复配而成。其主要特点为：掺量低（按照固体含量计算，一般为胶凝材料质量的0.15%～0.25%），减水率高；混凝土拌合物工作性及工作性保持性较好；外加剂中氯离子和碱含量较低；用其配制的混凝土收缩率较小，可改善混凝土的体积稳定性和耐久性；对水泥的适应性较好；生产和使用过程中不污染环境，是环保型的外加剂。

（2）引气型外加剂　引气剂是在搅拌混凝土过程中能产生大量均匀分布、稳定而封闭的微小气泡的外加剂。按化学成分分为松香类树脂、烷基苯磺酸类及脂肪醇磺酸类。引气剂产生大量的 0.05～1.25mm 的起滚珠作用的微小气泡，提高了流动性，同时隔断了混凝土毛细管通道，缓冲因水结冰而产生的膨胀压力，显著提高了混凝土的抗渗性和抗冻性。引气剂也可改善和易性和耐久性。但由于气泡存在，致密度降低，强度和耐磨性降低，引气剂适用于强度要求不太高，水胶比比较大的混凝土，如水工大体积混凝土。

1）引气减水剂（AEWR）：引气减水剂是兼有引气和减水功能的外加剂。它由引气剂与减水剂复合组成，根据工程要求不同，性能有一定的差异。

2）引气剂（AE）：引气剂是一种在搅拌过程中具有在砂浆或混凝土中引入大量、均匀分布的微气泡，而且在硬化后能保留在其中的一种外加剂。引气剂的种类较多，主要有可溶性树脂酸盐（松香酸）、文沙尔树脂、皂化的吐尔油、十二烷基磺酸钠、十二烷基苯磺酸钠、磺化石油羟类的可溶性盐等。

（3）泵送剂（PA） 泵送剂是用于改善混凝土泵送性能的外加剂。它由减水剂、调凝剂、引气剂、润滑剂等多种组成复合而成。

（4）早强剂（Ac） 早强剂是能加速水泥水化和硬化，促进混凝土早期强度增长并对后期强度无明显影响的外加剂，可缩短混凝土养护龄期，加快施工进度，提高模板和场地周转率。多用于冬期施工、紧急抢险工程及要求加快混凝土强度发展的情况。

早强剂主要是无机盐类、有机物等，但现在越来越多地使用各种复合型早强剂。

（5）缓凝剂（Re） 缓凝剂是可在较长时间内保持混凝土工作性，延缓混凝土凝结和硬化时间并对后期强度发展无不利影响的外加剂。缓凝剂有利于浇筑成型，提高施工质量及降低水化热，适用于大体积混凝土、炎热气候条件下施工的混凝土以及需要长时间停放或长时间运输的混凝土。

缓凝剂的种类较多，可分为有机和无机两大类。主要有：糖类及碳水化合物，如淀粉、纤维素的衍生物等；羟基羧酸，如柠檬酸、酒石酸、葡萄糖酸以及其盐类；可溶硼酸盐和磷酸盐等。

3. 混凝土外加剂的性能

混凝土外加剂的性能主要包括混凝土外加剂匀质性、有害物质限性、混凝土拌合物性能、硬化混凝土性能、净浆性能、水泥砂浆性能。

1）混凝土外加剂匀质性：是指混凝土外加剂产品呈均匀、同一状态的性能。主要性能指标包括含固量、含水率（含水量）、密度、细度、pH 值、表面张力、氯离子含量、硫酸钠含量、水泥净浆流动度、水泥胶砂减水率、总碱量（碱含量）等参数。

2）混凝土外加剂有害物质限性：是指混凝土外加剂中对人、生物、环境或混凝土耐久性产生危害的组分，主要性能指标包括甲醛含量、释放氨等参数。

3）混凝土拌合物性能：主要性能指标包括坍落度和坍落度 1h 经时变化量、减水率、泌水率和泌水率比、含气量和含气量 1h 经时变化量、凝结时间和凝结时间差、受检净浆安定性等参数。

4）硬化混凝土性能：主要性能指标包括抗压强度、抗压强度比、收缩率、收缩比、相对耐久性、相对动弹性模量、抗冻性、渗透高度、渗透高度比、吸水量比、限制膨胀率等参数。

5）净浆性能：主要性能指标包括膨胀水泥膨胀率、灌浆料竖向膨胀率、受检净浆安定性、受检净浆凝结时间、水泥与减水剂相容性等参数。

6）水泥砂浆性能：主要性能指标包括泌水率和泌水率比、分层度、凝结时间和凝结时间差、含气量和 1h 静置含气量、抗压强度和抗压强度比、收缩率和收缩率比、透水压力比、吸水量比等参数。

4. 混凝土外加剂适应性问题分析

水泥与外加剂的适应性是一个十分复杂的问题，至少受到下列因素的影响：

1）水泥：矿物组成、细度、游离氧化钙含量、石膏加入量及形态、水泥熟料碱含量、碱的硫酸饱和度、混合材料种类及掺量、水泥助磨剂等。

2）外加剂的种类和掺量。如萘系减水剂的分子结构，包括磺化度、平均分子量、分子量分布、聚合性能、平衡离子的种类等。

3）混凝土配合比，尤其是水胶比、矿物外加剂的品种和掺量。

4）混凝土搅拌时的加料程序、搅拌时的温度、搅拌机的类型等。

遇到水泥和外加剂不适应的问题，必须通过试验，对不适应因素逐个排除，找出原因。

5. 混凝土外加剂适应性试验方法

为找出水泥与外加剂不适应的原因，以及确定受检混凝土性能指标，《混凝土外加剂》（GB 8076—2008）提出了相应的试验方法。

（1）材料试验方法

1）水泥：采用符合《混凝土外加剂》附录 A 规定的基准水泥，符合规定品质指标的硅酸盐熟料与二水石膏共同粉磨而成的 42.5 强度等级的 P·I 型硅酸盐水泥。

2）砂：符合《建设用砂》（GB/T 14684—2022）中Ⅱ区要求的中砂，但细度模数为 2.6～2.9，含泥量小于 1%。

3）石：符合《建设用卵石、碎石》（GB/T 14685—2022）要求的公称粒径 5～20mm 的碎石或卵石，采用二级配，其中 5～10mm 占 40%，10～20mm 占 60%，满足连续级配要求，针片状物质含量小于 10%，空隙率小于 47%，含泥量小于 0.5%。如有争议，以碎石结果为准。

4）水：符合《混凝土用水标准》（JGJ 63—2006）混凝土拌和用水的技术要求。

5）外加剂：需要检测的外加剂。

（2）配合比试验方法　基准混凝土配合比按《普通混凝土配合比设计规程》（JGJ 55—2011）进行设计。掺非引气型外加剂的受检混凝土和其对应的基准混凝土的水泥、砂、石的比例相同。配合比设计应符合以下规定：

1）水泥用量：掺高性能减水剂和泵送剂的基准混凝土和受检混凝土的单位水泥用量为 360kg/m³；掺其他外加剂的基准混凝土和受检混凝土单位水泥用量为 330kg/m³。

2）砂率：掺高性能减水剂或泵送剂的基准混凝土和受检混凝土的砂率均为 43%～47%；掺其他外加剂的基准混凝土和受检混凝土的砂率为 36%～40%；但掺引气减水剂或引气剂的受检混凝土的砂率应比基准混凝土的砂率低 1%～3%。

3）外加剂掺量：按生产厂家指定掺量。

4）用水量：掺高性能减水剂或泵送剂的基准混凝土和受检混凝土的坍落度控制在（210±10）mm，用水量为坍落度在（210±10）mm 时的最小用水量；掺其他外加剂的基准混凝土和受检混凝土的坍落度控制在（80±10）mm。

用水量包含液体外加剂、砂、石材料中所含的水量。

（3）试验项目及所需数量　试验项目及所需数量详见表 4-32。

学习情境 4　混凝土及检测

表 4-32　试验项目及所需数量

试验项目		外加剂类别	试验类别	试验所需数量			
				混凝土拌和批数	每批取样数目	基准混凝土总取样数目	受检混凝土总取样数目
减水率		除早强剂、缓凝剂外的各种外加剂	混凝土拌合物	3	1个	3个	3个
泌水率比		各种外加剂		3	1个	3个	3个
含气量				3	1个	3个	3个
凝结时间差				3	1个	3个	3个
1h经时变化量	坍落度	高性能减水剂、泵送剂		3	1个	3个	3个
	含气量	引气剂、引气减水剂		3	1个	3个	3个
抗压强度比		各种外加剂	硬化混凝土	3	6块、9块或12块	18块、27块或36块	18块、27块或36块
收缩率比				3	1条	3条	3条
相对耐久性		引气减水剂、引气剂		3	1条	3条	3条

注：试验时，检验同一种外加剂的三批混凝土的制作宜在开始试验一周内的不同日期完成，对比的基准混凝土和受检混凝土应同时成型。

（4）混凝土搅拌　采用公称容量为 60L 的单卧轴式强制搅拌机。搅拌机的拌和量应不少于 20L，不宜大于 45L。

外加剂为粉状时，将水泥、砂、石、外加剂一次投入搅拌机，干拌均匀，在加入拌和水，一起搅拌 2min。外加剂为液体时，将水泥、砂、石一次投入搅拌机，干拌均匀，再加入掺有外加剂的拌和水一起搅拌 2min。

出料后，在铁板上用人工翻拌至均匀，再进行试验。各种混凝土试验材料应提前至少 24h 移入实验室，材料和实验室温度均应保持在（20±3）℃。

三、小组讨论

1) 普通混凝土拌合物试验，在配合比中，加入的粉煤灰质量为_____，它起什么作用？
2) 为了改善普通混凝土拌合物的和易性，可以加入哪些外加剂？改善了哪些性能？
3) 结合总学习任务中图 1 所示建筑工程，对地基工程，选择外加剂和掺合料方案。

四、总结汇报

分小组汇报，辩论和评分，教师进行总结和拓展，并讲解相关理论知识和应用。

五、评估

教师对每一个学生的课前、研讨汇报、作业等情况进行评价，填写表 1-4、表 1-5。

考/证/训/练

（一）选择题

1．在混凝土中掺入（　　），对混凝土的抗冻性有明显改善。
　　A．引气剂　　　　B．减水剂　　　　C．缓凝剂　　　　D．早强剂

2. 在普通混凝土中加入引气剂，能（　　）。
   A．改善拌合物的和易性　　　　　　B．切断毛细管通道，提高混凝土抗渗性
   C．使混凝土的强度提高　　　　　　D．提高抗冻性
3. 缓凝剂主要用于（　　）。
   A．大体积混凝土　　　　　　　　　B．高温季节施工的混凝土
   C．远距离运输混凝土　　　　　　　D．喷射混凝土
4. 加入减水剂，可以（　　）等。
   A．增加拌合物的流动性　　　　　　B．节约水泥
   C．提高强度　　　　　　　　　　　D．减少水的用量

（二）简答题

1. 混凝土掺合料有哪些？怎样分类？
2. 在工程中大量使用粉煤灰，利用了粉煤灰的哪些特点？
3. 粉煤灰按什么进行分类？
4. 拌制混凝土和砂浆用粉煤灰分为哪些等级？
5. 粉煤灰等级划分的主要技术指标有哪些？
6. 在工程中大量使用混凝土外加剂，利用了混凝土外加剂的哪些特点？
7. 混凝土外加剂匀质性检测中哪些参数为物理参数？哪些参数为化学参数？
8. 混凝土外加剂匀质性检测中水泥胶水减水率的意义是什么？
9. 坍落度和减水率都涉及混凝土配合比中哪一个参数的改变？
10. 《混凝土外加剂》（GB 8076—2008）和《普通混凝土拌合物性能试验方法标准》（GB/T 50080—2016）中哪些混凝土拌合物参数重合？两种方法的异同点是什么？

4.4　普通混凝土配合比设计

学习普通混凝土的配合比设计知识，根据原材料的技术性能及施工条件，确定出能满足工程所需要的技术经济指标的各项组成材料的用量。

4.4.1　填写混凝土配合比报告

混凝土配合比报告（虚）

一、实训目的

根据混凝土拌合物实训的有关混凝土配合比数据，填写配合比设计报告。

二、实训准备

将 4.1、4.2 中所完成的砂石、掺合料、添加剂等参数，将学习情境 2 中完成的水泥检测参数进行整理和计算。

三、混凝土配合比报告

将学习情境 2 中完成的水泥检测参数，将 4.1、4.3 中所完成的砂石、掺合料、添加剂等参数，

学习情境 4　混凝土及检测

根据 4.2 中混凝土拌合物实训的有关混凝土配合比，填写配合比报告，见表 4-33。

表 4-33　混凝土配合比报告

普通送检

委托单位：_____　　　　检测单位：_____（公章）

工程名称：_____

试验规程：JGJ 55—2011_____　　样品编号：_____　　报告编号：_____

收样日期：_____　　　　试验日期：_____　　报告日期：_____

委托要求							
构件名称或工程部位	配合比类型	设计强度	坍落度 /mm	抗渗等级	抗冻等级	浇筑条件或方式	其他要求

混凝土配合比用原材料							
水泥	样品编号	品种	强度等级	生产厂家	3d 抗折强度 /MPa	3d 抗压强度 /MPa	28d 抗折强度 /MPa	28d 抗压强度 /MPa

砂	样品编号	产地	级配区	细度模数	类型	表观密度 /(kg/m³)	堆积密度 /(kg/m³)	含泥量（%）	氯离子含量（%）
									—

	样品编号	产地	品种	级配规格 /mm	表观密度 /(kg/m³)	堆积密度 /(kg/m³)	针片状颗粒含量（%）	含泥量（%）	压碎指标（%）
石1									—
石2	—	—	—	—	—	—	—	—	—

矿物掺合料		名称与品种	等级	掺量（%）	外加剂		名称与品种	掺量（%）	减水率（%）	水	来源
	1					1					饮用水
	2					2			—		

实验室配合比设计							
选用强度标准差 /MPa			配制强度 /MPa		水胶比		砂率（%）

材料用量 /(kg/m³)	胶凝材料			砂	石1	石2	水	外加剂	
	水泥	掺合料 1	掺合料 2					1	2
						—			
配合比									

实验室混凝土拌合物试验实测结果	坍落度 /mm	表观密度 /(kg/m³)	实测抗渗等级	实测抗冻等级	含气量（%）	3d 抗压强度 /MPa	28d 抗压强度 /MPa
			—	—			

备注	本配合比所用材料为绝对干料状态，现场施工应考虑砂、石含水率，并对其用量加以调整

注：1. 未经本检测单位书面批准，不得复制（全文复制除外）检测报告。
　　2. 报告无检测专用章无效。
　　3. 检测单位地址：

批准：_____　　审核：_____　　试验：_____

4.4.2 混凝土配合比设计相关知识学习

一、引导问题（判断题）

1）混凝土配合比设计应满足混凝土强度、拌合物性能、耐久性等设计要求。（   ）
2）水胶比、单位用水量和砂率是混凝土配合比设计的三个基本参数。（   ）
3）混凝土配合比设计分初步配合比、基准配合比、设计配合比、实际配合比四步。
（   ）
4）水胶比根据设计要求的混凝土强度和耐久性来确定。按照耐久性校核水胶比。（   ）
5）混凝土用水量与拌合物的坍落度、所用骨料的种类及最大粒径有关。（   ）
6）砂率应根据骨料、混凝土拌合物性能指标和施工要求，参考历史资料确定。（   ）
7）采用质量法和体积法计算混凝土配合比，会完全一致。（   ）
8）砂石含砂，对混凝土的配合比没有影响。（   ）

二、混凝土配合比设计相关知识

（一）配合比及其表示方法

混凝土配合比是指混凝土中各组成材料数量之间的比例关系。混凝土配合比设计应满足混凝土强度、拌合物性能、耐久性等设计要求，符合经济原则，即节约水泥以降低混凝土成本。试验方法应分别符合《混凝土物理力学性能试验方法标准》（GB/T 50081—2019）、《普通混凝土拌合物性能试验方法标准》（GB/T 50080—2016）、《普通混凝土长期性能和耐久性能试验方法标准》（GB/T 50082—2009）。

混凝土配合比设计相关知识（教）

通常有两种表示方式：一种是以每立方米混凝土中各种材料的质量来表示，如水泥 320kg，水 160kg，砂 800kg，石 1200kg；另一种是以各种材料相互间的质量比来表示（以水泥质量为 1），如水泥 : 砂 : 石 =1 : 2.5 : 3.5，水胶比为 0.5。

（二）混凝土配合比设计前的准备

1）了解工程设计要求的混凝土强度等级，以便确定混凝土的配制强度。
2）了解工程所处环境对混凝土耐久性的要求，以便确定所配制混凝土的最大水胶比和最小水泥用量。
3）了解结构构件的断面尺寸及钢筋配置情况，以便确定粗骨料的最大粒径。
4）了解混凝土的施工方法，以便选择混凝土拌合物的坍落度。
5）掌握各种原材料的性能指标，如水泥的品种、强度等级、密度，砂、石骨料的品种及规格、表观密度、级配等，拌和水的情况，外加剂的品种、掺量等。

（三）配合比设计的三个重要参数

1. 水胶比（m_w/m_c）

水胶比根据设计要求的混凝土强度和耐久性确定。确定的原则为：在满足混凝土设计强度和耐久性的基础上，选用较大水胶比，以节约水泥，降低混凝土成本。

2. 单位用水量（m_w）

单位用水量主要根据坍落度要求和粗骨料品种、最大粒径取得。确定原则为：在满足施工和易性的基础上，尽量选用较小的单位用水量，以节约水泥。因为当水胶比一定时，用水量越大，所需水泥用量也越大。

3. 砂率（β_s）

合理砂率的确定原则为：砂子的用量填满石子的空隙略有富余。砂率对混凝土和易性、强度和耐久性影响很大，也直接影响水泥用量，故应尽可能选用最优砂率，并根据砂子细度模数、坍落度要求等加以调整，有条件时宜通过试验确定。

（四）混凝土配合比设计思路

1）根据经验公式和经验数据，确定基本满足强度和耐久性要求的初步配合比。
2）在实验室实配、检测、进行工作性调整确定混凝土基准配合比。
3）通过对水胶比的微调，确定实验室配合比（设计配合比）。
4）考虑砂石的含水率，计算施工配合比（实际配合比）。

（五）混凝土配合比设计步骤

1. 计算初步配合比

计算初步配合比（教）

（1）确定混凝土配置强度（$f_{cu,0}$）　在工程中配置混凝土时，如果所配置的混凝土强度（$f_{cu,0}$）等于设计强度（$f_{cu,k}$），这时混凝土的强度保证率只有 50%。因此，为了保证工程混凝土具有设计所要求的 95% 的强度保证率，在混凝土配合比设计时，必须使配置强度（$f_{cu,0}$）大于设计强度（$f_{cu,k}$），并按照《普通混凝土配合比设计规程》（JGJ 55—2011）的规定方法通过计算的方式确定初步配合比。

1）当混凝土的设计强度等级小于 C60 时，按照 95% 的保证率所对应的概率度，则配置强度 $f_{cu,0}$ 按下式进行计算：

$$f_{cu,0} = f_{cu,k} + 1.645\sigma \quad (4-15)$$

式中　$f_{cu,0}$——混凝土配置强度（MPa）；
　　　$f_{cu,k}$——混凝土立方体抗压强度标准（MPa），此式取设计混凝土强度等级；
　　　σ——施工单位的混凝土强度标准差的历史统计水平（MPa）。当没有近期的同一品种、同一强度等级混凝土强度资料时，可按表 4-34 取值。

2）当设计强度等级 ≥ C60 时，配制强度应按下式确定：

$$f_{cu,0} \geq 1.15 f_{cu,k} \quad (4-16)$$

表 4-34　标准差 σ 值　　　　　　　　　　（单位：MPa）

混凝土强度标准值	≤ C20	C25～C45	C50～C55
标准差	4.0	5.0	6.0

（2）水胶比 W/B 的确定

1）计算水胶比。水胶比根据设计要求的混凝土强度和耐久性，通过公式计算和耐久性校核查表确定。

当混凝土强度等级小于 C60 时，混凝土水胶比 W/B 按下式进行计算：

$$\frac{W}{B} = \frac{\alpha_a f_b}{f_{cu,0} + \alpha_a \alpha_b f_b} \quad (4-17)$$

式中 W——每立方米混凝土中水的用量（kg）；

B——每立方米混凝土中胶凝材料的用量（kg）；

$f_{cu,0}$——混凝土配置强度（MPa）；

α_a、α_b——回归系数，与骨料品种、水泥品种等因素有关，可通过试验建立的水胶比与混凝土强度关系式确定，当不具备上述统计条件时，采用碎石时，$\alpha_a=0.53$，$\alpha_b=0.20$，采用卵石时，$\alpha_a=0.49$，$\alpha_b=0.13$；

f_b——混凝土所用胶凝材料28d胶砂抗压强度（MPa）；可实测，且试验方法按照《水泥胶砂强度检验方法（ISO法）》（GB/T 17671—2021）执行，当f_b无实测值时，可按下式计算：

$$f_b = \gamma_f \gamma_s f_{ce} \quad (4-18)$$

$$f_{ce} = \gamma_c f_{ce,g} \quad (4-19)$$

式中 γ_f——粉煤灰影响系数，可按表4-35选用；

γ_s——粒化高炉矿渣粉影响系数，可按表4-35选用；

f_{ce}——混凝土所用胶凝材料为水泥时28d胶砂实际检测抗压强度（MPa），若无法取得水泥的实际检测强度数据时，可以按照式（4-19）选用；

$f_{ce,g}$——混凝土所用水泥强度等级值（MPa）；

γ_c——水泥强度等级值的富余系数，可按实际统计资料确定，当缺乏统计数据时，也可按表4-36选用。

表4-35 粉煤灰影响系数γ_f和粒化高炉矿渣粉影响系数γ_s

掺量（%）	种类	
	粉煤灰影响系数γ_f	粒化高炉矿渣粉影响系数γ_s
0	1.00	1.00
10	0.85～0.95	1.00
20	0.75～0.85	0.95～1.00
30	0.65～0.75	0.90～1.00
40	0.55～0.65	0.80～0.90
50	—	0.70～0.85

注：1. 采用Ⅰ级、Ⅱ级粉煤灰宜取上限值。
2. 采用S75级粒化高炉矿渣粉宜取下限值，采用S95级粒化高炉矿渣粉宜取上限值，采用S105级粒化高炉矿渣粉可取上限值加0.05。
3. 当超出表中的掺量时，粉煤灰和粒化高炉矿渣粉影响系数应经试验确定。

表4-36 水泥强度等级值的富余系数γ_c

所用水泥强度等级	32.5	42.5	52.5
富余系数γ_c	1.12	1.16	1.10

矿物掺合料最大掺量应满足表 4-37 的要求。

表 4-37 矿物掺合料最大掺量

结构类型	矿物掺合料种类	水胶比	最大掺量（%）	
			硅酸盐水泥	普通硅酸盐水泥
钢筋混凝土	粉煤灰	≤ 0.40	45	35
		>0.40	40	30
	粒化高炉矿渣粉	≤ 0.40	65	55
		>0.40	55	45
预应力钢筋混凝土	粉煤灰	≤ 0.40	35	30
		>0.40	25	20
	粒化高炉矿渣粉	≤ 0.40	55	45
		>0.40	45	35

注：对基础大体积混凝土，粉煤灰、粒化高炉矿渣粉的最大掺量可增加 5%。

2）按照耐久性校核水胶比。《混凝土结构设计标准（2024 年版）》（GB/T 50010—2010）对设计使用年限为 50 年的混凝土的最大水胶比和最小胶凝材料用量做出了相应规定，见表 4-38。如果计算的水胶比大于表中数值，则按表中值作为水胶比。

表 4-38 混凝土的最大水胶比和最小胶凝材料用量

环境类别	条件	最大水胶比（质量比）	最低强度等级	最小胶凝材料用量 /（kg/m³）		
				素混凝土	钢筋混凝土	预应力混凝土
一	室内干燥环境；无侵蚀性静水浸没环境	0.6	C25	250	280	300
二 a	室内潮湿环境；非严寒和非寒冷地区的露天环境；非严寒和非寒冷地区与无侵蚀性的水或土壤直接接触的环境；非严寒和非寒冷地区的冰冻线以下与无侵蚀性的水或土壤直接接触的环境	0.55	C25	280	300	300
二 b	干湿交替环境；水位频繁变动环境；严寒和寒冷地区的露天环境；严寒和寒冷地区的冰冻线以上与无侵蚀性的水或土壤直接接触的环境	0.5（0.55）	C30（C25）	320		
三 a	严寒和寒冷地区冬季水位变动区环境；受除冰盐影响的环境；海风环境	0.45（0.50）	C35（C30）	330		
三 b	盐渍土环境；受除冰盐作用环境；海岸环境	0.40	C40	330		

注：处于严寒和寒冷地区二 b、三 a 类环境中的混凝土应使用引气剂，也可以采用括号中的参数。

（3）用水量的确定　通过试验或查表可确定用水量。

1）未掺外加剂时用水量（m'_{w0}）。

① 混凝土水胶比小于 0.40 时，可通过试验确定。

② 混凝土水胶比在 0.40～0.80 范围时，干硬性或塑性混凝土的用水量 m_{w0}，根据工地要求的混凝土拌合物的坍落度、所用骨料的种类及最大粒径查表 4-39、表 4-40 可得到用水量。

表 4-39　干硬性混凝土的用水量 m_{w0}

拌合物稠度		卵石最大公称粒径 /mm			碎石最大公称粒径 /mm		
项目	指标	10.0	20.0	40.0	16.0	20.0	40.0
		每立方米干硬性混凝土的用水量 m_{w0}/kg					
维勃稠度 /s	16～20	175	160	145	180	170	155
	11～15	180	165	150	185	175	160
	5～10	185	170	155	190	180	165

表 4-40　塑性混凝土的用水量 m_{w0}

拌合物稠度		卵石最大公称粒径 /mm				碎石最大公称粒径 /mm			
项目	指标	10.0	20.0	31.5	40.0	16.0	20.0	31.5	40.0
		每立方米塑性混凝土的用水量 m_{w0}/kg							
坍落度 /mm	10～30	190	170	160	150	200	185	175	165
	35～50	200	180	170	160	210	195	185	175
	55～70	210	190	180	170	220	205	195	185
	75～90	215	195	185	175	230	215	205	195

注：1. 本表用水量是采用中砂时的取值。采用细砂时，每立方米混凝土用水量可增加 5～10kg；采用粗砂时，可减少 5～10kg。
　　2. 掺用矿物掺合料和外加剂时，用水量应相应调整。

2）掺外加剂时，每立方米流动性或大流动性混凝土的用水量（m_{w0}）可按下式计算：

$$m_{w0} = m'_{w0}(1-\beta) \quad (4-20)$$

式中　m'_{w0}——未掺外加剂时推定的满足坍落度要求的每立方米混凝土用水量（kg），以表 4-40 中 90mm 坍落度的用水量为基础，按每增大 20mm 坍落度相应增加 5kg/m³ 用水量来计算；当坍落度增大到 180mm 以上时，随坍落度相应增加的用水量可减少；

　　　　β——外加剂的减水率（%），应经混凝土试验确定。试验报告中掺量为 2% 的减水率为 18%。

（4）胶凝材料、粉煤灰、水泥用量　在确定了水灰比 W/B 和用水量 m_{w0} 之后，可以计算每立方米胶凝材料的用量。

1）胶凝材料用量 m_{b0}（包含水泥和矿物掺合料）按下式进行计算：

$$m_{b0} = \frac{m_{w0}}{W/B} \quad (4-21)$$

2）矿物掺合料用量 m_{f0} 按下式进行计算：

$$m_{f0} = m_{b0}\beta_f \quad (4-22)$$

式中　β_f——胶凝材料中矿物掺合料占比（%），经试验确定。

3）水泥用量 m_{c0} 按下式进行计算：

$$m_{c0} = m_{b0} - m_{f0} \quad (4-23)$$

（5）外加剂用量　外加剂用量 m_{a0} 按下式进行计算：

学习情境 4　混凝土及检测

$$m_{a0} = m_{b0}\beta_a \tag{4-24}$$

式中　β_a——胶凝材料中外加剂占比（%），经试验确定。

（6）确定合理砂率（β_s）　砂率应根据骨料的技术指标、混凝土拌合物性能和施工要求，参考历史资料确定或按表 4-41 选取。

表 4-41　混凝土的砂率

水胶比	卵石最大公称粒径 /mm			碎石最大公称粒径 /mm		
	10.0	20.0	40.0	16.0	20.0	40.0
	混凝土的砂率（%）					
0.40	26～32	25～31	24～30	30～35	29～34	27～32
0.50	30～35	29～34	28～33	33～38	32～37	30～35
0.60	33～38	32～37	31～36	36～41	35～40	33～38
0.70	36～41	35～40	34～39	39～44	38～43	36～41

注：1. 坍落度大于 60mm 的混凝土，其砂率可经试验确定，或按坍落度每增大 20mm，砂率增大 1% 的幅度予以调整。
　　2. 本表数值是中砂的选用砂率，对细砂或粗砂，可相应地减少或增大砂率。
　　3. 采用人工砂配置混凝土时，砂率可适当增大。
　　4. 只用一个单粒级粗骨料配制混凝土时，砂率应适当增大。

（7）计算石子、砂用量　已知水泥用量 m_{c0}、掺合物用量 m_{f0}、水的用量 m_{w0}、砂率 β_s，计算石子、砂用量。

1）采用质量法计算混凝土配合比，假定混凝土拌合物的质量 m_{cp} 为 2450kg/m³。粗、细骨料用量按下列公式计算：

$$m_{f0} + m_{c0} + m_{g0} + m_{s0} + m_{w0} = m_{cp} \tag{4-25}$$

$$\beta_s = \frac{m_{s0}}{m_{g0} + m_{s0}} \times 100\% \tag{4-26}$$

式中　m_{g0}——计算配合比每立方米混凝土的粗骨料用量（kg）；
　　　m_{s0}——计算配合比每立方米混凝土的细骨料用量（kg）。

2）体积法。体积法是假定混凝土拌合物的体积等于各组成材料的绝对体积与拌合物中所含空气的体积之和。联立 1m³ 混凝土拌合物的体积和混凝土砂率的两个方程，可得式（4-27）、式（4-28），从而求得 1m³ 混凝土拌合物中粗、细骨料用量。

$$\frac{m_{f0}}{\rho_f} + \frac{m_{c0}}{\rho_c} + \frac{m_{g0}}{\rho_g} + \frac{m_{s0}}{\rho_s} + \frac{m_{w0}}{\rho_w} + 0.01\alpha = 1 \tag{4-27}$$

$$\beta_s = \frac{m_{s0}}{m_{g0} + m_{s0}} \times 100\% \tag{4-28}$$

式中　ρ_f——掺合料密度（kg/m³）；
　　　ρ_c——水泥密度（可取 2900～3100kg/m³）；
　　　ρ_g——粗骨料的表观密度（kg/m³）；
　　　ρ_s——细骨料的表观密度（kg/m³）；
　　　ρ_w——水的密度（可取 1000kg/m³）；
　　　α——混凝土的含气量百分数（在不使用引气型外加剂时，可取 1）。

这样，就计算出了每立方米混凝土拌合物中掺合料用量 m_{f0}、水泥用量 m_{c0}、石子的用量 m_{g0}、砂子的用量 m_{s0}、水的用量 m_{w0}。完成了初步配合比设计：

$m_{b0}:m_{g0}:m_{s0}:m_{w0}$ 或者 $1:\dfrac{m_{g0}}{m_{c0}}:\dfrac{m_{s0}}{m_{c0}}:\dfrac{m_{w0}}{m_{c0}}$

计算实验室配合比与施工配合比（教）

2. 基准配合比的试配、调整与确定

（1）试配思路　由于在计算初步配合比的过程中，使用了一些经验公式和经验数据，所以按初步配合比的结果拌制混凝土，其和易性不一定能够完全符合施工要求。故需要在实验室进行试配、调整，直至和易性符合要求，各种材料的用量比即为基准配合比。

（2）实验室试配

1）试验仪器、试验准备、试验步骤等按混凝土拌合物性能检测的相关规定执行。

2）在计算配合比的基础上进行试拌，并测试混凝土拌合物的坍落度和表观密度。

3）当坍落度不满足要求时，计算水胶比宜保持不变，通过调整配合比其他参数使混凝土拌合物性能符合设计和施工要求，然后修正计算配合比。试拌调整坍落度合适后，应测出混凝土拌合物的表观密度 ρ'_{cp}，各组分的质量为：掺合料 m_{fb}、水泥 m_{cb}、石子 m_{gb}、砂 m_{sb}、水 m_{wb}，按照式（4-29）～式（4-33）重新计算 1m³ 混凝土的各种材料的用量，得出基准配合比。

$$m_{fj}=\dfrac{m_{fb}}{m_{fb}+m_{cb}+m_{gb}+m_{sb}+m_{wb}}\times\rho'_{cp}\times 1m^3 \quad (4-29)$$

$$m_{cj}=\dfrac{m_{cb}}{m_{fb}+m_{cb}+m_{gb}+m_{sb}+m_{wb}}\times\rho'_{cp}\times 1m^3 \quad (4-30)$$

$$m_{gj}=\dfrac{m_{gb}}{m_{fb}+m_{cb}+m_{gb}+m_{sb}+m_{wb}}\times\rho'_{cp}\times 1m^3 \quad (4-31)$$

$$m_{sj}=\dfrac{m_{sb}}{m_{fb}+m_{cb}+m_{gb}+m_{sb}+m_{wb}}\times\rho'_{cp}\times 1m^3 \quad (4-32)$$

$$m_{wj}=\dfrac{m_{wb}}{m_{fb}+m_{cb}+m_{gb}+m_{sb}+m_{wb}}\times\rho'_{cp}\times 1m^3 \quad (4-33)$$

式中　m_{fj}、m_{cj}、m_{gj}、m_{sj}、m_{wj}——1m³ 混凝土的掺合料用量、水泥用量、石子用量、砂用量、水用量（kg）；比值即为基准配合比；

ρ'_{cp}——混凝土拌合物表观密度实测值（kg/m³）；

$\rho'_{cp}\times 1m^3$——按照体积为 1m³ 混凝土计算的实测质量。

则基准配合比如下：胶凝材料:石:砂:水 = （m_{fj}、m_{cj}）:m_{gj}:m_{sj}:m_{wj}。

3. 实验室配合比的确定

1）在试拌配合比的基础上，提出另外两个配合比。水胶比较试拌配合比分别增加或减少 0.05，用水量应与试拌配合比相同，砂率可分别增加和减少 1%。

2）对三个配合比试配的混凝土进行强度试验。

3）根据强度试验结果，绘制强度 - 水胶比关系曲线图或者采用插值法确定略大于配置强度对应的水胶比。确定水泥用量最少但强度能满足要求的实验室配合比。

4）对混凝土其他组分进行调整，获得调整后的配合比。

5）配合比调整后的表观密度计算按下式进行：

$$\rho_{cc} = m_f + m_c + m_g + m_s + m_w + m_a \qquad (4\text{-}34)$$

式中　　ρ_{cc}——混凝土拌合物的表观密度计算值（kg/m³）；

m_f、m_c、m_g、m_s、m_w、m_a——每立方米混凝土中掺合料、水泥、石子、砂、水、外加剂用量（kg），其比值即为配合比：$m_f:m_c:m_g:m_s:m_w:m_a$。

6）表观密度实测值与计算值有可能不一致，配合比的校正系数 δ 按下式计算：

$$\delta = \frac{\text{实测表观密度}}{\text{计算表观密度}} = \frac{\rho_{ct}}{\rho_{cc}} \qquad (4\text{-}35)$$

式中　ρ_{ct}——混凝土拌合物的表观密度实测值（kg/m³）。

7）当混凝土拌合物表观密度实测值与计算值之差的绝对值不超过计算值的 2% 时，调整后的配合比即为确定配合比；当二者之差超过 2% 时，应将调整后的配合比中每项材料用量均乘以校正系数 δ 得到确定配合比。

8）混凝土配合比设计试配原始记录表见表 4-42。

表 4-42　混凝土配合比设计试配原始记录表

试验日期：　　　　　　　　　　记录编号：

检测项目		混凝土配合比设计					
配制要求							
检测依据							
原材料		水泥					
		砂					
		石					
		混凝土掺合料					
		混凝土外加剂					
计算配合比		水泥	掺合料	砂	石	水	外加剂
试拌配合比	配合比 1						
	配合比 2						
	配合比 3						
试拌用料 /kg	配合比 1						
	配合比 2						
	配合比 3						
混凝土拌合物性能		配合比 1		配合比 2		配合比 3	
	坍落度 /mm						
	表观密度 /（kg/m³）						
试验结果		坍落度 /mm		表观密度 /（kg/m³）		抗压强度 /MPa	
	配合比 1						
	配合比 2						
	配合比 3						
配合比结果							
备注							

4. 施工配合比

工程中应现场测量砂、石的含水率 a、b，为了保证水胶比不变，则施工配合比砂 m'_s、石 m'_g、水 m'_w 的质量应按式（4-36）～式（4-38）进行调整，其他保持不变。

$$\begin{cases} m'_s = m_s(1+a) & (4-36) \\ m'_g = m_g(1+b) & (4-37) \\ m'_w = m_w - m_s a - m_g b & (4-38) \end{cases}$$

$m'_b = m_b = m_f + m_c$ 保持不变。

施工配合比为 $m'_b : m'_g : m'_s : m'_w$。水胶比保持不变：$W/B$。

（六）混凝土配合比计算的案例

某框架结构钢筋混凝土梁强度等级为 C30，施工要求坍落度为 120mm，混凝土采用机械搅拌和振捣。施工单位无历史统计资料。所用原材料如下：

1）水泥：P·O 42.5。密度是 3.05g/cm³，强度富余系数是 1.16。
2）砂：Ⅱ区中砂，细度模数为 2.8，表观密度是 2650kg/m³，含水率为 3%。
3）石：公称粒径 5～20mm 的碎石，表观密度是 2700kg/m³，含水率为 1%。
4）粉煤灰：F 类Ⅰ级，需水量比为 97%，含水率为 0.5%，掺量为 30%。
5）GX-N5 泵送剂：减水率大于等于 18%，常用掺量为 1.8%～3.0%。
6）自来水。

试求：
1）计算初步配合比。
2）提出在实验室试配的材料用量，并描述确定基准配合比办法。
3）假定初步配合比数据就是确定的设计配合比，按施工现场中含水率要求进行施工配合比计算。

解：

1. 计算初步配合比

1）确定配置强度，查表 4-34，C30 混凝土标准差 σ 为 5MPa。

$$f_{cu,0} = f_{cu,k} + 1.645\sigma = 30\text{MPa} + 1.645 \times 5\text{MPa} = 38.225\text{MPa}$$

2）水胶比的计算。

① 水泥 28d 胶砂抗压强度。查表 4-36，富余系数 $\gamma_c = 1.16$，则

$$f_{ce} = \gamma_c f_{ce,g} = 1.16 \times 42.5\text{MPa} = 49.3\text{MPa}$$

② 胶凝材料 28d 胶砂抗压强度。查表 4-35，粉煤灰影响系数 $\gamma_f = 0.75$，粒化高炉矿渣粉影响系数 $\gamma_s = 1.00$，则

$$f_b = \gamma_f \gamma_s f_{ce} = 0.75 \times 1.00 \times 49.3\text{MPa} = 36.98\text{MPa}$$

③ 混凝土水胶比。采用碎石时，回归系数 $\alpha_a = 0.53$，$\alpha_b = 0.20$。

$$\frac{W}{B} = \frac{\alpha_a f_b}{f_{cu,0} + \alpha_a \alpha_b f_b} = \frac{0.53 \times 36.98}{38.225 + 0.53 \times 0.20 \times 36.98} = 0.47$$

考虑耐久性，查表 4-38，最大水胶比为 0.6，故水胶比 0.47 满足耐久性要求。

3）用水量的确定。

① 本次初步计算配合比，未加减水剂的用水量 m'_{w0}：碎石公称粒径为 5～20mm，坍落度 120mm，查表 4-40，坍落度 90mm，用水 215kg/m³，坍落度每增加 20mm，用水量增加 5kg/m³。故为

$$m'_{w0}=215\text{kg/m}^3+5\text{kg/m}^3\times(120-90)/20=222.5\text{kg/m}^3$$

② 掺外加剂时，每立方米流动性或大流动性混凝土的用水量 m_{w0} 为

$$m_{w0}=m'_{w0}(1-\beta)=222.5\text{kg/m}^3\times(1-18\%)=182\text{kg/m}^3$$

4）胶凝材料、粉煤灰、水泥用量

① 胶凝材料用量 $m_{b0}=\dfrac{m_{w0}}{W/B}=\dfrac{182\text{kg/m}^3}{0.47}=387\text{kg/m}^3$。

考虑耐久性，查表 4-38，最小胶凝材料用量为 280kg，胶凝材料用量 387kg 满足耐久性要求。

② 粉煤灰用量 $m_{f0}=m_{b0}\beta_f=387\text{kg/m}^3\times30\%=116\text{kg/m}^3$。

③ 水泥用量 $m_{c0}=m_{b0}-m_{f0}=387\text{kg/m}^3-116\text{kg/m}^3=271\text{kg/m}^3$。

5）外加剂用量，掺量按照 2% 计算。

$$m_{a0}=m_{b0}\beta_a=387\text{kg/m}^3\times2\%=8\text{kg/m}^3$$

6）确定合理砂率，碎石粒径 20mm，水胶比 0.47，查表 4-41，本次初步计算配合比 β_s=35%。

7）计算石子、砂用量。采用质量法计算混凝土配合比，假定混凝土拌合物的表观密度为 2450kg/m³。

$$116\text{kg/m}^3+271\text{kg/m}^3+m_{g0}+m_{s0}+182\text{kg/m}^3+8\text{kg/m}^3=2450\text{kg/m}^3$$

$$35\%=m_{s0}/(m_{g0}+m_{s0})\times100\%$$

计算得到 m_{g0}=1217kg/m³，m_{s0}=656kg/m³。

计算初步配合比：$m_{b0}:m_{g0}:m_{s0}:m_{w0}$=387:1217:656:182=1:3.15:1.69:0.47，W/B=0.47。

2. 实验室试配基准配合比的材料用量及确定办法

为了试验和易性，在实验室进行试配。

1）计算实验室试拌材料的用料。依据最大粒径为 20mm，确定拌合物最小搅拌量为 20L。按计算初步配合比，计算试拌 20L 的拌合物时，各材料的用量。

水泥用量：271kg/m³×0.02m³=5.42kg

粉煤灰用量：116kg/m³×0.02m³=2.32kg

石子用量：1217kg/m³×0.02m³=24.34kg

砂用量：656kg/m³×0.02m³=13.12kg

水用量：182kg/m³×0.02m³=3.64kg

外加剂用量：8kg/m³×0.02m³=0.16kg

2）拌制混凝土，测定和易性，确定基本配合比。称取各种材料，按要求拌制混凝土，测定和易性和表观密度。如果不符合要求，微调配合比，至和易性合格，测定表观密度。记录各组成材料的实际用量和表观密度实测值 ρ'_{cp}，并按照式（4-29）～式（4-33），计算出基准配合比 $m_{fj}:m_{cj}:m_{gj}:m_{sj}:m_{wj}$。

3. 求施工配合比

因为砂石含有水分，为了保证水胶比不变，需要对设计配合比中用水量、砂石用量进行调整，其余保持不变。

$m'_f = m_f = 116 \text{kg/m}^3$

$m'_c = m_c = 271 \text{kg/m}^3$

$m'_s = m_s(1+a) = 656 \text{kg/m}^3 \times (1+3\%) = 676 \text{kg/m}^3$

$m'_g = m_g(1+b) = 1217 \text{kg/m}^3 \times (1+1\%) = 1229 \text{kg/m}^3$

$m'_w = m_w - m_s \times a - m_g \times b = 182 \text{kg/m}^3 - 656 \text{kg/m}^3 \times 3\% - 1217 \text{kg/m}^3 \times 1\% = 150 \text{kg/m}^3$

$m'_c = m_c = 8 \text{kg/m}^3$

施工配合比为 $m'_b : m'_g : m'_s : m'_w = 387 : 1229 : 676 : 150$，$W/B = 0.47$。

三、小组讨论

1）在4.2中普通混凝土拌合物试验中，拌合物的配合比是_____，水胶比是_____。

2）请简述配合比设计的四个步骤。

3）结合总学习任务中图1所示建筑工程，需要做哪些混凝土配合比试验？

四、总结汇报

分小组汇报、辩论和评分，教师进行总结和拓展，并讲解相关理论知识和应用。

五、评估

教师对每一个学生的课前、研讨汇报、作业等情况进行评价，填写表1-4、表1-5。

考 / 证 / 训 / 练

（一）单选题

1．在一般情况下，配制混凝土时，水泥强度等级应是混凝土强度等级的（　　）倍。

　　A．1　　　　　　　B．1.5～2　　　　　C．2倍以上　　　　D．1.5倍以下

2．影响混凝土强度的因素有（　　）。

　　A．水泥强度和水胶比　　　　　　　　B．集料

　　C．养护条件和龄期　　　　　　　　　D．以上三者都是

（二）简答题

1．混凝土配合比需要满足哪些要求？

2．混凝土配合比是怎样确定的？

3．影响混凝土强度的因素是什么？怎样影响？

4．常用混凝土强度等级为C20～C60，能否直接调用历史数据，不再进行配合比设计？

（三）计算题

1．普通硅酸盐水泥，$\rho = 3.10 \text{g/cm}^3$，水泥强度富余系数为1.06；中砂，级配合格，$\rho_s = 2.65 \text{g/cm}^3$，砂含水率为3%；5～20mm碎石，级配合格，$\rho_g = 2.70 \text{g/cm}^3$，石子含水率为1%。

已知混凝土施工要求的坍落度为10～30mm，试求：

（1）混凝土的初步设计配合比（以 1m³ 混凝土各材料的用量表示）。

（2）若经试配混凝土的和易性和强度均符合要求，无须调整，求混凝土施工配合比。

（3）最大水灰比为 0.60，最小水泥用量为 260kg/m³；对于最大粒径为 20mm 的碎石混凝土，当所需坍落度为 10～30mm 时，查表得：1m³ 混凝土的用水量可选用 185kg；砂率值可选取 β_s=35%，用体积法计算砂石质量。

2．已知某混凝土拌合物经试拌调整后，和易性满足要求，试拌材料用量为：水泥 4.5kg、水 2.7kg、砂 9.9kg、碎石 18.9kg。实测混凝土拌合物体积密度为 2400kg/m³。

（1）试计算基准配合比 1m³ 混凝土各项材料用量为多少。

（2）假定上述配合比可以作为实验室配合比，若施工现场砂含水率为 4%，石子含水率为 1%，求施工配合比。

（3）如果不进行配合比换算，直接把实验室配合比用于施工现场，则实际的配合比如何？对混凝土强度将产生什么影响？

学习情境 5

建筑砂浆及检测

情境描述

针对总学习任务中图 1 所示建筑工程，检测砂浆的沉入度、分层度、砂浆强度，熟悉普通砂浆的主要技术性能和特种砂浆的种类和用途，能进行砂浆配合比设计。

知识目标

1．了解普通砂浆的主要技术性能和特种砂浆的种类和用途。
2．掌握砂浆配合比计算。

能力目标

1．能进行砂浆的沉入度、分层度、砂浆强度检测。
2．能根据工程实际进行普通混凝土配合比设计。

素养目标

1．严守检测标准，苦练检测技能。
2．节约工程成本，重视绿色环保。

5.1 建筑砂浆检测

5.1.1 建筑砂浆沉入度检测

一、实训目的

1）检测砂浆沉入度，掌握砂浆沉入度检测技能。

砂浆稠度试验（虚）

学习情境 5　建筑砂浆及检测

2）确定砂浆的配合比，施工过程中控制砂浆的稠度，达到控制用水量的目的。

二、实训准备

1. 材料准备

建筑砂浆试验用料应从同一盘砂浆或同一车砂浆中取样。取样量不应该少于试验所需量的 4 倍。当施工中取样进行砂浆试验时，其取样方法及原则应按照相应的施工验收规范执行。一般在使用地点的砂浆槽、砂浆运送车或搅拌机出料口取样，至少从三个不同部位取样。现场取来的试样，试验前应人工搅拌均匀。从取样完毕到开始进行各项性能试验不宜超过 15min。

实验室制备砂浆，所用材料应提前 24h 运入室内。拌和时实验室温度应保持在（20±5）℃，当需要摸拟施工条件下所用的砂浆现场时，所用的原材料品种、粗细和温度宜与施工现场保持一致。用 4.75mm 筛将砂过筛，称量质量误差为 ±1%。水泥、外加剂、掺合料等称量质量误差为 ±0.5%。

1）先拌适量砂浆，与正式拌制时砂浆比相同，内附一层在搅拌机内。
2）称量各项材料用量，将砂、水泥装入。
3）开机搅拌，加水，3min。
4）倒入拌和铁板，翻拌 2 次，砂浆至均匀状态。

2. 主要仪器

1）砂浆稠度测定仪，如图 5-1 所示：由试锥、容器和支座三部分组成。
2）捣棒、拌铲、抹刀等。
3）秒表。

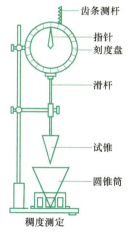

图 5-1　砂浆稠度测定仪

三、试验步骤

1）将试锥、容器表面用湿布擦净，用少量润滑油轻擦滑杆，保证滑杆自由滑动。
2）将砂浆拌合物一次装入容器，使砂浆低于容器口约 10mm，用捣棒自容器中心向边缘插捣 25 次，轻击容器 5～6 下，使砂浆表面平整，立即将容器置于稠度测定仪的底座上。
3）把试锥调至尖端与砂浆表面接触，拧紧制动螺钉，使齿条测杆下端刚接触滑杆上端，并将指针对准零点。

4）拧开制动螺钉，同时以秒表计时，待 10s 立即固定螺钉，将齿条测杆下端接触滑杆上端，从刻度盘读出下沉深度（精确至 1mm），即为砂浆稠度值；圆锥容器内的砂浆，只允许测定一次稠度，重复测定时，应重新取样。

四、砂浆稠度试验原始记录表

砂浆稠度试验原始记录表见表 5-1。

表 5-1 砂浆稠度试验原始记录表

试验日期：　　　　　　　　　　记录编号：

检测项目	砂浆稠度	
检测依据		
仪器设备	稠度测定仪、捣棒、秒表	
样品编号 品种/等级	读数	平均值

五、数据处理

1）取两次检测结果的算术平均值，精确到 1mm。
2）如果两次差值大于 10mm，则重做。

5.1.2 建筑砂浆分层度检测

砂浆分层度试验（虚）

一、实训目的

1）检测砂浆分层度，掌握砂浆分层度检测技能。
2）确定砂浆的保水性能，以判断砂浆拌合物在运输及停放时内部组成的稳定性。

二、实训准备

1. 材料准备

与砂浆稠度检测相同。

2. 主要仪器

1）砂浆稠度测定仪。
2）砂浆分层度测定仪，如图 5-2 所示。
3）捣棒、拌铲、抹刀、木槌等。
4）秒表。

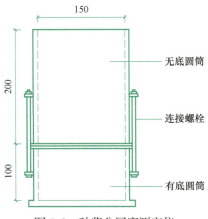

图 5-2 砂浆分层度测定仪

三、试验步骤

在做完稠度试验后,紧接着进行本试验。

1)将砂浆从圆锥筒中倒出,重新拌和均匀,一次注满分层度筒。用木棰在筒周围大致相等的四个不同地方轻敲 1~2 次,装满,并用抹刀抹平。

2)静置 30min,去掉上层 200mm 的砂浆。取出底层 100mm 的砂浆重新拌和均匀,再测定一次砂浆稠度。

3)取两次砂浆稠度的差值作为砂浆的分层度(以 mm 为单位)。

四、砂浆分层度试验原始记录表

砂浆分层度试验原始记录表见表 5-2。

表 5-2 砂浆分层度试验原始记录表

试验日期:　　　　　　　　　　　记录编号:

检测项目	砂浆分层度	
检测依据		
仪器设备	稠度测定仪、捣棒、秒表、分层度测定仪	
样品编号 品种/等级	读数	分层度差值
分层度差值算术平均值		

五、数据处理

1)取两次检测结果的算术平均值,精确到 1mm。

2)如果两次分层度差值大于 10mm,则重做。

5.1.3 砂浆立方体抗压强度检测

砂浆立方体强度试验(虚)

一、实训目的

砂浆立方体抗压强度检测是评定砂浆强度等级的依据,是砂浆质量评定的主要指标。

二、实训准备

1. 试样准备

1)采用立方体试件 3 个。用黄油等密封材料涂抹试模的外接缝,试模内涂薄层机油或脱模剂,将拌制好的砂浆一次性装满砂浆试模,成型方法根据稠度而定。当稠度≥50mm 时采用人工振捣成型,当稠度<50mm 时采用振动台振实成型。

① 人工振捣。用捣棒均匀地由边缘向中心按螺旋方式插捣 25 次,插捣过程中如砂浆沉落低

于试模口,应随时添加砂浆,可用油灰刀插捣数次,并用手将试模一边抬高 5～10mm 各振动 5 次,使砂浆高出试模顶面 6～8mm。

② 机械振动。将砂浆一次装满试模,放置到振动台上,振动时试模不得跳动,振 15～10s 或持续到表面出浆为止;不得过振。

2)水分干后,将高出试模部分的砂浆沿试模顶面刮去并抹平。

3)试件制作后应在室温为(20±5)℃的环境下静置(24±2)h,当气温较低时,可适当延长时间,但不应超过两昼夜,然后对试件进行编号、拆模。试件拆模后应立即放入温度为(20±2)℃、相对湿度为 90% 以上的标准养护室中养护。养护期间,试件彼此间隔不小于 10mm,混合砂浆试件上面应覆盖,以防有水滴在试件上。

2. 检测仪器准备

1)试模。尺寸为 70.7mm×70.7mm×70.7mm 的带底试模,如图 5-3 所示,应具有足够的刚度且拆装方便。试模的内表面应机械加工,其不平整度应为每 100mm 不超过 0.05mm,组装后各相邻面的不垂直度应不超过 ±0.5°。

图 5-3　70.7mm×70.7mm×70.7mm 的带底试模

2)钢制捣棒。直径为 10mm,长为 350mm,端部应磨圆。

3)压力试验机,精度为 1%,试件破坏荷载应不小于压力机量程的 20%,且不大于全量程的 80%。

4)垫板。试验机上、下压板及试件之间可垫以钢垫板,垫板的尺寸应大于试件的承压面,其不平整度应为每 100mm 不超过 0.02mm。

5)振动台。空载台面的垂直振幅应为(0.5±0.05)mm,空载频率应为(50±3)Hz,空载台面振幅均匀度不大于 10%,一次试验至少能固定(或用磁力吸盘)3 个试模。

三、试验步骤

1)试件从养护地点取出后应及时进行检测。检测前将试件表面擦拭干净,测量尺寸,检查其外观。并据此计算试件的承压面积,如实测尺寸与公称尺寸之差不超过 1mm,可按公称尺寸进行计算。

2)将试件安放在试验机的下压板(或下垫板)上,试件的承压面应与成型时的顶面垂直,试件中心应与试验机下压板(或下垫板)中心对准。开动试验机,当上压板与试件(或上垫板)接近时,调整球座,使接触面均衡受压。承压试验应连续而均匀地加荷,加荷速度应为每秒钟 0.25～1.5kN(砂浆强度不大于 5MPa 时,宜取下限;砂浆强度大于 5MPa 时,宜取上限),当试件接近破坏而开始迅速变形时,停止调整试验机油门,直至试件破坏,然后记录破坏荷载。

四、砂浆抗压强度试验原始记录表

砂浆抗压强度试验原始记录见表 5-3。

表 5-3 抗压强度试验原始记录表

仪器设备：电子天平、电动抗折试验机（　　　）、微机控制电子压力试验机（　　　）、水泥抗压夹具（　　　）
检测依据：　　　　　　　　　　　　　　　　记录编号：_____

样品编号	试样成型时间	龄期 /d	试验时间	抗压强度测定荷载值 /kN			试验员	备注
	___月___日 ___时___分	3	___月___日___时___分					
		28	___月___日___时___分					
	___月___日 ___时___分	3	___月___日___时___分					
		28	___月___日___时___分					
	___月___日 ___时___分	3	___月___日___时___分					
		28	___月___日___时___分					

五、数据处理

砂浆立方体抗压强度应按下式计算：

$$f_{m,cu} = k\frac{P}{A}$$

式中　$f_{m,cu}$——砂浆立方体试件抗压强度（MPa）；
　　　k——换算系数，取 1.35；
　　　P——试件破坏荷载（N）；
　　　A——试件承压面积（mm²）。

1）砂浆立方体试件抗压强度应精确至 0.1MPa。
2）以 3 个试件测值的算术平均值作为该组试件的立方体抗压强度平均值（精确至 0.1MPa）。
3）当 3 个测值的最大值或最小值中如有一个与中间值的差值超过中间值的 15% 时，则把最大值及最小值一并舍去，取中间值作为该组试件的抗压强度值；如有两个测值与中间值的差值均超过中间值的 15% 时，则该组试件的检测结果无效。

5.2　建筑砂浆相关知识学习

一、引导问题（判断题）

1）砂浆主要要求的性能是砂浆拌合物的表观密度、和易性（流动性、保水性）、硬化砂浆的强度。　　　　　　　　　　　　　　　　　　　　　　　　　　　　　　（　　）

2）控制砂浆的分层度可以改善保水性性能，越低越好。（   ）
3）砌筑吸水底材，砂浆水量基本稳定不变，其强度不需要考虑水灰比。（   ）
4）铺砌在不吸水密实底面上的砂浆，影响其强度的因素与混凝土相同。（   ）
5）配制混合砂浆时，掺入石灰膏或粉煤灰可以改善砂浆的和易性。（   ）
6）湿拌砂浆包括湿拌砌筑砂浆（WM）、湿拌抹灰砂浆（WP）、湿拌地面砂浆（WS）和湿拌防水砂浆（WW）四种，其中湿拌抹灰砂浆包括普通抹灰砂浆和机喷抹灰砂浆。（   ）
7）推广使用预拌砂浆，其优势有健康环保、质量稳定、节能环保等。（   ）

二、建筑砂浆相关知识

砌筑砂浆与检测学习任务（教）

建筑砂浆由胶凝材料（水泥、石灰、石膏等）、细骨料（砂、炉渣等）和水，有时还掺入某些外掺材料和外加剂，按一定比例配制而成混合物。为了保证砂浆的质量，配制砂浆的各种组成材料应均满足一定的技术要求。

建筑砂浆按所用的胶凝材料种类分为水泥砂浆、石灰砂浆、混合砂浆。水泥砂浆适用于潮湿环境、水中以及要求砂浆强度较高的工程（>M5.0）。石灰是气硬性胶凝材料，因此石灰砂浆强度低，耐水性差，只适宜用于地上、强度要求不高的工程及低层或临时性工程中，有时为了改善强度等级较低的水泥砂浆的和易性，常掺入一些石灰膏配制成水泥石灰混合砂浆，其耐水性在水泥砂浆和石灰砂浆之间。

建筑砂浆按其使用功能可分为砌筑砂浆、普通抹面砂浆、特种砂浆、装饰砂浆。建筑砂浆是建筑工程尤其是民用建筑工程中使用最广、用量最大的一种建筑材料，主要用途如下：

1）在结构工程中，砌筑砂浆可用来砌筑各种砖、石块、砌块等。

2）在装饰工程中，普通抹面砂浆用于墙面、地面、梁柱面、顶棚等的表面抹灰，可用来粘贴大理石、水磨石、瓷砖等装饰材料；也可以制成具有特殊性能的砂浆对结构进行特殊处理（保温、吸声、防水、防腐、装修等）；以及专门用于装饰方面的装饰砂浆。

3）在装配式建筑中，用于填充管道及大型墙板的接缝。

（一）砌筑砂浆

将砖、石、砌块等块材砌筑成为砌体的砂浆，称为砌筑砂浆。

砌筑砂浆（教）

1. 砌筑砂浆的组成材料

（1）水泥　水泥是砂浆的主要胶凝材料，常用的水泥有通用硅酸盐水泥或砌筑水泥。在选用时应根据工程所在的环境条件选择适合的水泥品种。水泥强度等级的选择应根据砂浆强度等级来选择。由于砂浆强度要求不高，所以采用中、低强度等级水泥配制砂浆较好。若水泥强度等级过高，会使砂浆中水泥用量不足而导致保水性不良。M15 及以下强度等级的砌筑砂浆宜选用 32.5 级通用硅酸盐水泥或砌筑水泥；M15 以上强度等级的砌筑砂浆宜选用 42.5 级通用硅酸盐水泥。

（2）细骨料　砂是砂浆的骨料，其最大粒径不应超过灰缝厚度的 1/4～1/5。毛石砌体宜采用粗砂，可采用最大粒径为 4.75mm 的砂。通常砌筑砖砌体时，优先选用中砂，可采用最大粒径为 2.5mm，并应符合《普通混凝土用砂、石质量及检验方法标准》（JGJ 52—2006），既可以满足和易性要求，又可以节约水泥。为保证砂浆质量，对砂中的黏土及淤泥量常做以下限制：强度等级在 M5 以上的砂浆含泥量不应超过 5%；强度等级为 M2.5 的水泥混合砂浆，砂的含泥量不应超过 10%。

（3）掺合料及外加剂　为了改善砂浆的和易性，可在砂浆拌制过程中加入一些无机的细颗粒掺合料，如石灰膏、黏土膏、电石膏、细磨生石灰、粉煤灰等。石灰膏、黏土膏、电石膏试配时稠度应为（120±5）mm。粉煤灰若经过磨细后使用效果会更好。

为改善或提高砂浆的一些技术性能，更好地满足施工条件和使用功能要求，在砂浆中掺入一定种类的外加剂，如减水剂、引气剂、早强剂、缓凝剂、防冻剂、膨胀剂、微沫剂。外加剂的种类和掺量必须通过试验来确定，如常用的微沫剂为松香热聚物，掺量为水泥质量的 0.005%～0.01%。

（4）水　拌制砂浆应采用不含有害物质的洁净水，一般与混凝土用水要求相同，符合《混凝土用水标准》（JGJ 63—2006）的要求。

2. 建筑砂浆的技术性质与要求

（1）砂浆拌合物的表观密度　水泥砂浆的表观密度不宜小于 1900kg/m³；水泥混合砂浆及预拌砌筑砂浆的表观密度不宜小于 1800kg/m³。

（2）和易性　和易性是指新拌砂浆在施工过程中既便于操作，提高劳动生产率，又能保证质量的性质。和易性好的新拌砂浆便于施工操作，能比较容易地在砖、石等表面上铺砌成均匀、连续的薄层，且与底面紧密地黏结。新拌砂浆的和易性可以根据其流动性和保水性来综合评定。

1）流动性。砂浆流动性是指在自重或外力作用下能产生流动的性能，用稠度或沉入度表示。沉入度是指重 300g 顶角为 30°的圆锥体，在 10s 沉入砂浆的深度（mm）。沉入度越大，说明流动性越高。影响流动性的因素有用水量，胶凝材料的种类和用量，细骨料种类、颗粒形状、粗细程度和级配等。当原材料条件和胶凝材料与砂的比例一定时，主要取决于单位用水量。砂浆流动性的选择应根据施工方法及砌体材料吸水程度和施工环境的温度、湿度等条件来决定。通常情况下，基底为多孔吸水材料，或在干热条件下施工时，应使砂浆的流动性大些。相反，对于密实的吸水很少的基底材料，或者在湿冷气候条件下施工时，可使流动性小些。流动性选择可参考表 5-4。

表 5-4　砌筑砂浆流动性选择（稠度或沉入度）

砌体种类	砂浆稠度或沉入度 /mm
烧结普通砖、粉煤灰砖砌体	70～90
烧结多孔砖砌体、烧结空心砖砌体、轻骨料混凝土小型空心砌块砌体、蒸压加气混凝土砌块砌体	60～80
混凝土砖砌体、普通混凝土小型空心砌块砌体、灰砂砖砌体	50～70
石砌体	30～50

2）保水性。新拌砂浆能够保持水分不泌水流失的能力称为保水性。与混凝土拌合物保水性测量方法不相同，保水性可用分层度（mm）表示。测定方法见"5.1.2 建筑砂浆分层度检测"。保水性好的砂浆，其分层度应为 10～30mm。分层度大，表明砂浆的分层离析现象严重，保水性不好，在砌筑过程中由于多孔的砖石吸水，使砂浆在短时间内变得干稠，难于铺摊成均匀而薄的砂浆层，使砖石之间砂浆不饱满形成穴洞，降低了砌体强度。为了改善保水性，常掺入石灰膏、粉煤灰、黏土或微沫剂等。分层度过低，砂浆干缩较大，影响黏结力，易产生干缩裂缝，不宜做抹面砂浆。

（3）硬化砂浆的强度　硬化后的砂浆要与砖石黏结成整体性的砌体，它在砌体中起胶结、承受和传递荷载作用,并与砌体一起经受周围介质的物理化学作用。因而砂浆应具有一定的黏结强度、抗压强度和耐久性,且它们之间具有一定相关性,砂浆的黏结强度、耐久性随抗压强度的变化而变化。由于抗压强度的试验方法较为成熟,测试较为简单准确,所以工程实际上常以抗压强度作为砂浆的主要技术指标。根据《砌筑砂浆配合比设计规程》(JGJ/T 98—2010)的规定,砂浆的强度等级是以边长为 70.7mm 的立方体试件,在标准养护条件下,用标准试验方法测得 28d 龄期的抗压强度值(MPa)来确定的。砌筑砂浆划分为 M5.0、M7.5、M10、M15、M20、M25、M30 共 7 个强度等级,其中常用的有 M7.5、M10 和 M15 强度等级。水泥混合砂浆的强度可以分为 M5.0、M7.5、M10、M15 四个等级。

1)铺砌在不吸水密实底面上(如密实的石材)的建筑砂浆,影响其强度的因素与混凝土相同,可用下式表示:

$$f_{28} = A f_{ce} \left(\frac{C}{W} - B \right) \tag{5-1}$$

式中 f_{28}——建筑砂浆 28d 的抗压强度(MPa);
f_{ce}——水泥的实测抗压强度(MPa);
C/W——灰水比;
A、B——试验系数,通常可采用 A=0.29,B=0.40。

2)铺砌在吸水的多孔底面上(如砌筑烧结普通砖)的建筑砂浆,其中的水分要被底面吸去一些,由于新拌砂浆都具有良好的保水性,因而不论拌和时用多少水,经底层吸水后,保留在砂浆中的水量大致相同,因此砂浆中的水量可基本上视为一个常量。在这种情况下,砂浆的强度主要取决于水泥强度等级和水泥用量,而不需考虑水灰比。下式为国内普遍采用的砂浆强度计算公式:

$$f_{28} = \alpha f_{ce} \frac{Q_c}{1000} + \beta \tag{5-2}$$

式中 f_{28}——砂浆 28d 的抗压强度(MPa);
f_{ce}——水泥的实测抗压强度(MPa);
Q_c——每立方米砂浆所需水泥用量(kg);
α、β——砂浆的特征系数,一般取 α=3.03,β=-15.09。

砂浆配合比设计(教)

(二)砌筑砂浆的配合比设计

按照《砌筑砂浆配合比设计规程》规定,砌筑砂浆要根据工程类别及砌体部位的设计要求选择砂浆的强度等级,再按照砂浆的强度等级确定其配合比。

1. 砂浆配合比设计原则

1)新拌砂浆和易性要满足施工要求,水泥砂浆体积密度不应小于 1900kg/m³,水泥混合砂浆不应小于 1800kg/m³。
2)砌筑砂浆的强度、耐久性应满足设计要求。
3)经济上合理,水泥和掺合料用量较少。

2. 砂浆配合比设计步骤

1)计算砂浆配制强度 $f_{m,0}$(MPa)。
2)计算每立方米砂浆中的水泥用量 Q_c(kg)。

3）若为水泥混合砂浆，按照水泥用量计算每立方米砂浆中的掺合料的用量Q_D（kg）。

4）计算每立方米砂浆中的砂子用量Q_s（kg）。

5）计算砂浆稠度选用每立方米砂浆中的用水量Q_w（kg）。

6）进行砂浆试配及抗压强度试验。

7）确定砂浆配合比。

3. 水泥混合砂浆配合比设计

1）计算试配强度。试配强度$f_{m,0}$可以按照下述2种方法计算。

① 施工单位没有统计数据，已知砂浆设计要求强度等级f_2（抗压强度的平均值，精确至0.1MPa），按下式计算砂浆配制强度$f_{m,0}$：

$$f_{m,0}=kf_2 \tag{5-3}$$

施工水平优良k取1.15，一般取1.2，较差取1.25。

② 已知砂浆设计要求强度等级f_2，为了保证砂浆具有85%的强度保证率，也可按下式计算配制强度$f_{m,0}$：

$$f_{m,0}=f_2+0.645\sigma \tag{5-4}$$

砂浆强度标准差σ与施工水平有密切关系，当现场有统计资料时，通过汇总分析可以得出σ值，但当不具备近期统计资料时，砂浆现场强度标准值可以按照表5-5取值。

表5-5　砂浆强度标准差选用值　　　　　　　　（单位：MPa）

施工水平	砂浆强度等级						
	M5	M7.5	M10	M15	M20	M25	M30
优良	1.00	1.50	2.00	3.00	4.00	5.00	6.00
一般	1.25	1.88	2.50	3.75	5.00	6.25	7.50
较差	1.50	2.25	3.00	4.50	6.00	7.50	9.00

2）每立方米砂浆中的水泥用量可由下式计算：

$$Q_c = \frac{1000(f_{m,0}-\beta)}{\alpha f_{ce}} \tag{5-5}$$

式中　$f_{m,0}$——砂浆试配抗压强度（MPa）；

　　　Q_c——每立方米砂浆所需水泥用量（kg）；

　　　α、β——砂浆的特征系数，一般取$\alpha=3.03$，$\beta=-15.09$。

　　　f_{ce}——水泥的实测强度（MPa）；在无法取得水泥实测强度时，可按下式计算：

$$f_{ce}=\gamma_c f_{ce,k} \tag{5-6}$$

式中　$f_{ce,k}$——水泥强度等级对应的强度值；

　　　γ_c——水泥强度等级值的富余系数，该值应按实际统计资料确定，无统计资料时可取1.0。

当水泥砂浆的水泥单位用量不足200kg/m³时，按照200kg/m³选用。

3）按每立方米砂浆水泥的用量Q_c确定所需掺合料用量Q_D，可按下式计算：

$$Q_D=Q_A-Q_c \tag{5-7}$$

式中　Q_A——每立方米砂浆中水泥和掺合料总量。

为了保证砂浆的和易性，胶凝材料 Q_A（包括水泥和其他混合材料）在每立方米砂浆中一般按照 350kg 计算，当然这仅是经验数值，实际应用时在保证砂浆和易性的前提下，可在 300～350kg 范围内加以调整。

4）每立方米砂浆中的砂子用量，应按干燥状态（含水率小于 0.5%）的堆积密度值作为计算值（kg）。1m³ 砂子就构成 1m³ 砂浆，水、水泥、掺合料是用来填充砂子空隙的。

5）根据砂浆稠度选用 1m³ 砂浆中水的用量 Q_w。

由于砌筑砂浆中的水分，对取值没有直接影响，只是用量满足工作性要求，因此用水量可根据砂浆稠度等要求，依据经验在 210～310kg/m³ 间选用。

注意：

1）混合砂浆的用水量，不包括石灰膏或黏土膏中的水。

2）当采用细砂或粗砂时，用水量分别取上限或下限。

3）稠度小于 70mm 时，用水量可以小于下限。

4）施工现场气候炎热或干燥季节，可酌情增加用水量。

4. 水泥砂浆配合比选用

水泥砂浆材料用量可按照表 5-6 选用。

表 5-6 每立方米水泥砂浆材料用量 （单位：kg）

强度等级	每立方米砂浆水泥用量	每立方米砂浆砂子用量	每立方米砂浆用水量
M5	200～230	1m³ 砂子的堆积密度值	270～330
M7.5	230～260		
M10	260～290		
M15	290～330		
M20	340～400		
M25	360～410		
M30	430～480		

注：M15 及 M15 以下强度等级的水泥砂浆，水泥强度等级为 32.5 级，M15 以上强度等级的水泥砂浆，水泥强度等级为 42.5 级。

5. 配合比试配、调整与确定

1）试配时应采用工程中实际使用的材料，按计算或查表所得配合比进行试拌，测定其拌合物的稠度和分层度，当不能满足要求时，应调整材料用量，直到符合要求为止。然后确定试配时的砂浆的基准配合比。

2）为了使砂浆强度能在计算范围内，试配时至少采用 3 个不同的配合比，其中一个为基准配合比，另外两个配合比的水泥用量按照基准配合比分别增加或减少 10%，在保证稠度和保水率合格的条件下，可将用水量、石灰膏、保水增稠材料或粉煤灰等活性掺合料用量做相应调整。

3）对三个不同配合比进行调整后，按照《建筑砂浆基本性能试验方法标准》（JGJ/T 70—2009）的规定准备试件，分别测定砂浆的表观密度和强度，并选定符合强度及和易性要求，且水泥用量最少的配合比作为砂浆配合比。

4）配合比的校正。根据上述确定的配合比材料用量，按照下式计算砂浆理论表观密度：

$$\rho_t = Q_c + Q_D + Q_s + Q_w \qquad (5-8)$$

式中 ρ_t——砂浆的理论表观密度值（kg/m³），精确至 10kg/m³；

Q_c——每立方米砂浆中水泥的用量（kg）；

Q_D——每立方米砂浆中掺合料的用量（kg）；
Q_s——每立方米砂浆中砂的用量（kg）；
Q_w——每立方米砂浆中水的用量（kg）。

按照下式计算砂浆的配合比校正系数 δ：

$$\delta = \frac{\rho_c}{\rho_t} \tag{5-9}$$

式中　δ——砂浆配合比校正系数；
　　　ρ_c——砂浆表观密度实测值（kg/m³），精度 10kg/m³。

6. 砌筑砂浆配合比设计举例

根据基准配合比，以及在基准配合比基础上，水泥用量分别增加和减少 10%（在保证稠度和分层度合格的条件下，可将用水量或掺加料用量做相应调整），试配三种不同的配合比，根据标准方法成型试件，测定砂浆强度，并选定符合试配强度要求且水泥用量最低的配合比作为砂浆配合比。

例 5-1　要求设计用于砌筑砖墙的水泥混合砂浆配合比。设计强度等级为 M7.5，稠度为 70～90mm。原材料的主要参数：水泥为 32.5 级矿渣硅酸盐水泥；掺合料与水泥的总量为 350kg；干砂为中砂，堆积密度为 1450kg/m³；石灰膏稠度为 120mm；施工水平一般。

解：1）计算试配强度 $f_{m,0}$。

$$f_{m,0} = k f_2 = 7.5\text{MPa} \times 1.2 = 9\text{MPa}$$

2）计算水泥用量 Q_c。

$$Q_c = 1000(f_{m,0}-\beta)/(\alpha f_{ce}) = [1000\times(9+15.09)/(3.03\times32.5)]\text{kg/m}^3 = 245\text{kg/m}^3$$

3）计算石灰膏用量 Q_D。

Q_A 可在 300～350kg 范围内加以调整，取 Q_A=350kg/m³，则

$$Q_D = Q_A - Q_c = 350\text{kg/m}^3 - 245\text{kg/m}^3 = 105\text{kg/m}^3$$

4）砂子用量 Q_s：1m³ 砂子就构成 1m³ 砂浆。

$$Q_s = 1450\text{kg/m}^3$$

5）根据混合砂浆稠度要求，选择用水量为 260kg/m³。

6）砂浆试配时各材料的用量比例：

水泥：石灰膏：砂：水 =245:105:1450:260=1:0.43:5.92:1.06

7）试验调整。以上的计算配合比经过试拌，测定和易性和调整配合比，再按规定方法制备试件和强度检验，最后确定出砂浆配合比。

为了改善砂浆的和易性，也可以用微沫剂代替部分或全部石灰膏。微沫剂的掺量，以常用的松香热聚物为例，占水泥用量的 0.005%～0.02%，使用时用 70℃的热水搅拌使用。

例 5-2　要求设计用于砌筑砖墙的水泥砂浆，设计强度等级为 M10，稠度为 70～90mm。原材料的主要参数：水泥为 32.5 级矿渣硅酸盐水泥；干砂为细砂，堆积密度为 1400kg/m³；施工水平一般。

解：1）强度等级为 M10，查表 5-6，每立方米水泥的用量为 260～290kg，选取为 275kg。

2）砂子用量 Q_s=1400kg/m³。

3）细砂，查表 5-6，用水量为 270～330kg/m³，取上限为 330kg/m³。

砂浆试配时各材料的用量比例：

$$水泥：砂：水 = 275:1400:330 = 1:5.09:1.2$$

（三）其他砂浆

1. 抹面砂浆

其他砂浆（教）

抹面砂浆也称为抹灰砂浆，是指涂抹在建筑物内、外表面，既可保护建筑物，又可使表面具有一定的使用功能（装饰、防水、防潮、防辐射、保温、吸声、耐酸等）的砂浆。抹面砂浆的组成材料与砌筑砂浆基本相同，但为了防止砂浆层开裂，有时需要加入一些纤维材料（如纸筋、麻刀）或特殊骨料和掺加料。处于潮湿环境或易受外力作用的部位（如地面、墙裙），则应具有较高的强度和耐水性。常按使用功能将砂浆分为普通抹面砂浆、装饰砂浆和特种砂浆（防水、绝热、耐酸、吸声等）。

（1）普通抹面砂浆　普通抹面砂浆主要是为了保护建筑物，并使表面平整美观。抹面砂浆与砌筑砂浆不同，主要要求的不是强度，而是与底面的黏结力，所以配制时需要胶凝材料数量较多，并应具有良好的和易性，以便操作。

为了保证抹灰表面平整，避免裂缝、脱落等现象，通常抹面应分两层或三层进行施工。各层抹灰要求不同，所以每层所用的砂浆也不一样。

底层砂浆主要起与基层黏结的作用，要求具有良好的和易性和黏结力，沉入度要求较大（100～120mm）。砖墙底层多用石灰砂浆；有防水、防潮要求时用水泥砂浆；板条墙及顶棚的底层抹灰多用混合砂浆或石灰砂浆；混凝土面底层抹灰多用水泥砂浆或混合砂浆。

中层抹灰主要起找平作用，多用混合砂浆或石灰砂浆，比底层稍稠（沉入度70～90mm）。

面层主要起装饰作用，砂浆中适宜用细砂。面层抹灰多用混合砂浆、麻刀石灰浆、纸筋石灰浆（沉入度70～80mm）。容易碰撞或潮湿部位的面层，如墙裙、踢脚板、雨篷、水池、窗台等，均应采用水泥砂浆。

（2）装饰砂浆　装饰砂浆是指涂抹在建筑物内、外表面，具有美观装饰效果的抹面砂浆。装饰砂浆的底层和中层与普通抹面砂浆基本相同，主要是装饰的面层不同。根据砂浆的组成材料不同，常分为灰砂类和石渣类砂浆饰面。

灰砂类砂浆饰面是以水泥砂浆、石灰砂浆及混合砂浆做装饰用材料，采用各种工艺手段使水泥砂浆着色或表面得到处理，直接形成装饰面层。主要靠掺入颜料及砂浆本身所能形成的质感来达到装饰目的。常见的工艺有拉毛、甩毛、搓毛、扫毛、喷涂、拉条、弹涂、外墙滚涂、假面砖、假大理石等。

石渣类砂浆饰面是在水泥砂浆中掺入各种颜色石渣作为骨料，制成石渣浆。然后用不同的做法，除去表面水泥浆皮，造成石渣不同外露形式及水泥石与石渣的色彩对比，构成不同的装饰效果。常见的工艺做法有水刷石、水磨石、拉毛石、斩假石、干粘石等。

（3）特种砂浆　建筑工程中，用于满足某种特殊功能要求的砂浆称为特殊砂浆，常用的有以下几种：

1）防水砂浆。防水砂浆是一种制作防水层用的抗渗性高的砂浆，主要用于建筑物地下工程、水池、地下管道、沟渠等要求不透水性的防水层。防水砂浆的配制有如下两种方法：

① 普通防水砂浆。普通防水砂浆可以采用水泥砂浆。一般采用32.5级以上的普通水泥，级

配良好的中砂，水泥与砂的质量比不宜大于 1:2.5，并控制水灰比在 0.5～0.6 范围内，稠度不应大于 80mm，即可适用于一般防水工程。

②掺防水剂的防水砂浆。对于防水要求比较高的场所，通常在水泥砂浆中掺入防水剂，提高防水砂浆的抗渗性能。常用的防水剂有氯化物金属盐类防水剂（主要由氯化钙和氯化铝组成）、水玻璃类防水剂和金属皂类防水剂等。掺入砂浆中，能促使砂浆结构密实或者能堵塞砂浆中的毛细孔。

防水砂浆的防水效果在很大程度上取决于施工质量。涂抹时一般分五层，每层在初凝前要用木抹子压实，最后一层要压光，才能取得良好的防水效果。这种防水层也叫刚性防水层。其施工方法有两种：一种是喷浆法，即利用高压枪将砂浆以每秒约 100m 的速度喷至建筑物表面，砂浆被高压空气强烈压实，密实度增大，抗渗性好；另一种是人工多层抹压法，即将砂浆分几层抹压，以减少内部毛细连通孔，增大密实性，达到防水效果。这种防水层做法，对施工操作的技术要求很高。随着防水剂产品日益增多、性能提高，在普通水泥砂浆中掺入一定量的防水剂而制得的防水砂浆，是目前应用最广的防水砂浆品种。

防水砂浆的配合比：其水泥与砂一般不宜大于 1:2.5，水灰比应为 0.50～0.60，稠度不应大于 80mm。水泥宜选用 32.5 级以上的普通水泥，砂子应选用洁净的中砂。防水剂掺量按生产厂推荐的最佳掺量，最后需经试配确定。

人工涂抹时，一般分四至五层抹压，每层厚度约为 5mm。一、三层可用防水水泥净浆，二、四、五层用防水水泥砂浆，每层初凝前用木抹子压实一遍，最后一层要压光。抹完后应加强养护。

由防水砂浆构成的刚性防水层仅适用于不受振动和具有一定刚度的混凝土或砖、石砌体工程。对于变形较大或可能发生不均匀沉陷的建筑物，都不宜采用刚性防水层。

2）保温砂浆。保温砂浆又称为绝热砂浆，是以水泥、石灰、石膏等胶凝材料与膨胀珍珠岩、膨胀蛭石、火山渣或浮石砂、陶粒砂等按一定比例配制成的砂浆。它具有轻质、保温的特性。

常用的保温砂浆有水泥膨胀珍珠岩砂浆、水泥膨胀蛭石砂浆、水泥石灰膨胀蛭石砂浆等。

水泥膨胀珍珠岩砂浆用 32.5 级普通水泥配制时，其体积比为水泥:膨胀珍珠岩砂 = 1:（12～15），水灰比为 1.5～2.0，导热系数为 0.067～0.074W/（m·K），可用于砖及混凝土内墙表面抹灰或喷涂。

水泥石灰膨胀蛭石砂浆，其体积比为水泥:石灰膏:膨胀蛭石 =1:1:（5～8），其导热系数为 0.076～0.105W/（m·K），可用于平屋顶保温层及顶棚、内墙抹灰。

3）吸声砂浆。由轻骨料配制成的保温砂浆，一般具有良好的吸声性能，故也可作吸声砂浆用。另外，还可用水泥、石膏、砂、锯末配制成吸声砂浆。若在石灰、石膏砂浆中掺入玻璃纤维、矿棉等松软纤维材料也能获得吸声效果。吸声砂浆用于有吸声要求的室内墙壁和顶棚的抹灰。

4）耐酸砂浆。用水玻璃和氟硅酸钠配制耐酸涂料，掺入石英岩、花岗岩、铸石等粉末状细骨料，可拌制成耐酸砂浆。耐酸砂浆用于耐酸地面和耐酸容器的内壁防护层。

5）防辐射砂浆。在水泥砂浆中掺入重晶石粉、重晶石砂可配制成具有防 X 射线能力的砂浆。其配合比为水泥:重晶石粉:重晶石砂 =1:0.25:（4～5）。在水泥浆中掺入硼砂、硼酸等可配制成具有防中子辐射能力的砂浆。

2. 预拌砂浆

（1）预拌砂浆基本概念　20 世纪 50 年代初，欧洲国家就开始大量生产、使用预拌砂浆，至今约有 70 年的发展历史。2007 年 6 月 6 日，我国商务部等六部、局联合下达的《关于在部分城市限期禁止现场搅拌砂浆工作的通知》，规定了在全国127个大中型城市分三批限期禁止现场搅拌砂浆。许多城市也在逐步禁止现场搅拌砂浆，推广使用预拌砂浆。其优势有健康环保、质量稳定、节能舒适等。

预拌砂浆是指由专业厂家生产的湿拌砂浆或干拌砂浆。按性能可分为普通预拌砂浆和特种砂浆。根据砂浆的生产方式，将预拌砂浆分为湿拌砂浆和干混砂浆两大类。将加水拌和而成的湿拌拌合物称为湿拌砂浆，将干态材料混合而成的固态混合物称为干混砂浆。

《预拌砂浆》（GB/T 25181—2019）规定，湿拌砂浆包括湿拌砌筑砂浆（WM）、湿拌抹灰砂浆（WP）、湿拌地面砂浆（WS）和湿拌防水砂浆（WW）四种。湿拌抹灰砂浆（WP）包括普通抹灰砂浆和机喷抹灰砂浆。因特种用途的砂浆黏度较大，无法采用湿拌的形式生产。

湿拌砂浆按下列顺序标记：代号、型号、强度等级、抗渗等级、稠度、保塑时间、标准号，示例：湿拌普通砂浆的强度等级为M10，稠度为70mm，保塑时间为8h，标记为WP-G M10-70-8 GB/T 25181—2019。

干混砂浆又分为普通干混砂浆和特种干混砂浆。普通干混砂浆主要用于砌筑、抹灰、地面及普通防水工程，而特种干混砂浆是指具有特种性能要求的砂浆。

目前技术比较成熟、有相应产品标准的十二种干混砂浆分别是：干混砌筑砂浆（DM）、干混抹灰砂浆（DP）、干混地面砂浆（DS）、干混普通防水砂浆（DW）、干混陶瓷砖黏结砂浆（DTA）、干混界面砂浆（DIT）、干混聚合物水泥防水砂浆（DWS）、干混自流平砂浆（DSL）、干混耐磨地坪砂浆（DFH）、干混填缝砂浆（DTG）、干混饰面砂浆（DDR）、干混修补砂浆（DRM）。

干混砂浆按下列顺序标记：干混砂浆代号、型号、主要性能、标准号。示例：干拌机喷抹灰砂浆的强度等级为M10，标记为DP-S M10 GB/T 25181—2019。

干混砂浆是一种新型节能绿色建材，性能优越，是现代科技的结晶。干混砂浆与传统配制的砂浆比较具有以下优越性：产品种类多，可按不同需求提供不同品种、不同强度等级的干混砂浆，以满足建筑工地的不同要求；性能好，具有抗收缩、抗龟裂、防潮等特性；产品质量稳定，干混砂浆是按科学配方计算机计量严格配制而成的，均匀性好，使工程质量得到有效的保证；容易保管，专用设备储存，不怕风吹雨淋，不易失效变质；使用方便，按下按钮后，自动加水、自动搅拌，即拌即用；无环境污染，健康环保，预拌砂浆使用环保生态材料生产；经济性佳，使用预拌砂浆，更经济、无原材料浪费。

（2）预拌砂浆的技术要求　预拌砂浆除要有一定的强度外，更重要的是要有良好的保水性、黏结性、可施工性。预拌砂浆强度等级按照抗压强度等级划分为M5、M7.5、M10、M15、M20、M25、M30共7个等级。保水性良好的砂浆，水泥水化比较充分，强度能得到正常的发展，与基层能较好地黏结在一起，黏结力强，长期使用不会开裂。湿预拌砂浆设计凝结时间一般在4～24h范围内。

三、小组讨论

根据小组检测实训内容和上课内容，在教学平台上传检测试验原始记录表并填写对应检测报告，讨论相关问题。

1）检测的砂浆稠度是_____mm，分层度是_____mm，检测的砂浆的抗压强度是_____MPa。

2）总学习任务图1所示建筑工程中，图5-4结构可以使用哪些品种的砂浆材料？

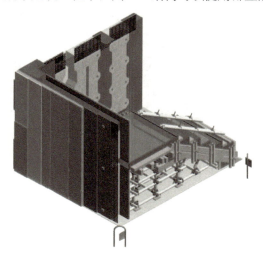

图5-4　建筑围护结构、二次结构样板模型

3）结合绿色环保要求，谈谈砂浆的发展趋势。

四、总结汇报

分小组汇报，辩论和评分，教师进行总结和拓展，并讲解相关理论知识和应用。

五、评估

教师对每一个学生的课前、研讨汇报、作业等情况进行评价，填写表1-4、表1-5。

考 / 证 / 训 / 练

（一）问答题

1．砌筑砂浆的组成材料有哪些？
2．工程上对砌筑砂浆有哪些性质要求？
3．什么是新拌砂浆的和易性？它包括哪两方面的含义？如何表示？
4．砂浆的和易性对工程质量有何影响？如何改善砂浆的和易性？
5．配制混合砂浆时，掺入石灰膏或粉煤灰对砂浆性能有何影响？

（二）填空题

1．将砖、石、砌块等块材砌筑成为砌体的砂浆，称为_____。
2．建筑砂浆按所用的胶凝材料种类分为_____砂浆、_____砂浆、_____砂浆。
3．测定建筑砂浆的强度等级的标准试件尺寸为_____mm，检测强度的龄期为_____。
4．抹面砂浆也称为_____砂浆，是指涂抹在建筑物内、外表面，既可_____建筑物，又可使表面具有一定的_____功能的砂浆。
5．砂浆流动性是指在自重或外力作用下能产生流动的性能，用_____或_____表示。
6．在低强度的混合砂浆中，使用石灰的目的和作用是_____。

7．要提高混合砂浆的保水性，掺入_____最经济合理。

8．用于外墙的抹面砂浆，在选择胶凝材料时，应该以_____为主。

（三）计算题

1．某工地夏秋季需要配置强度等级为 M5.0 的水泥石灰混合砂浆，采用 42.5 级普通水泥，砂子为中砂，堆积密度为 1480kg/m³，施工水平中等。试求砂浆配合比。

2．下列两组砂浆试件，养护 28d 后进行抗压强度试验，测得的破坏载荷如下，试计算各组的抗压强度，并评定其强度等级：

（1）32kN、35kN、30kN。

（2）52kN、58kN、60kN。

学习情境 6

墙体材料及检测

情境描述

针对总学习任务中图 1 所示建筑工程，检测其使用的烧结砖抗压强度、蒸压粉煤灰砖抗折强度，学习墙体材料的基本性能与应用，认识环保节能墙材发展方向。

知识目标

认识各种墙用砖、砌块、墙体材料，了解常用的墙体材料的质量等级、技术要求。

能力目标

能正确检测墙用砖的强度和外观质量，并对检测结果进行分析；能够根据工程条件合理选用墙体材料。

素养目标

树立秦砖汉瓦的文化自信；建立生态节能环保、绿色建材的理念，实现建筑材料的可持续发展。

6.1 烧结砖与非烧结砖及检测

烧结砖抗压强度试验（虚）

6.1.1 烧结普通砖抗压强度检测

《烧结普通砖》（GB/T 5101—2017）规定，烧结普通砖检测包括强度等级、外观质量、尺寸偏差、抗风化性能、泛霜和石灰爆裂、欠火砖、酥砖和螺旋纹砖等技术指标和性能。以烧结普通砖的抗压强度检测为例,介绍烧结砖相关知识。

一、实训目的

检测烧结普通砖抗压强度,掌握烧结普通砖抗压强度的检测方法,正确使用仪器设备。认识检测工作的严谨性和公正性,树立质量意识和责任意识。

二、实训准备

1. 检测仪器及材料

1)材料试验机:试验机的示值相对误差不超过 ±1%,其下加压板应为球铰支座,预期最大破坏荷载应在量程的 20%～80% 之间。

2)钢直尺:分度值不应大于 1mm。

3)振动台、制样模具、搅拌机:应符合《砌墙砖抗压强度试样制备设备通用要求》(GB/T 25044—2010)。

4)切割设备。

5)抗压强度试验用净浆材料。

2. 试样数量

试样数量为 10 块。

3. 试样制备

(1)非成型制样

1)非成型制样适用于试样无须进行表面找平处理制样的方式。

2)将试样锯成两个半截砖,两个半截砖用于叠合部分的长度不得小于 100mm。如果不足 100mm,应另取备用试样补足。

3)两半截砖切断口相反叠放,叠合部分不得小于 100mm,如图 6-1 所示,即为抗压强度试样。

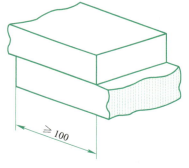

图 6-1 半截砖叠合示意图

(2)一次成型制样 一次成型制样适用于采用样品中间部位切割,交错叠加灌浆制成强度试验试样的方式,如烧结普通砖。

(3)二次成型制样 二次成型制样适用于采用整块样品上下表面灌浆制成强度试验试样的方式,如烧结多孔砖。

4. 试样养护

1)一次成型制样、二次成型制样在不低于 10℃ 的不通风室内养护 4h。

2)非成型制样不需要养护,试样气干状态直接进行试验。

三、试验步骤及结果

1. 试验步骤

1)测量每个试样连接面或受压面的长、宽尺寸各两个,分别取其平均值,精确至 1mm。

2)将试样平放在加压板的中央,垂直于受压面加荷,应均匀平稳,不得发生冲击或振动。加荷速度以 2～6kN/s 为宜,直至试样破坏为止,记录最大破坏荷载 P。

学习情境 6　墙体材料及检测

2. 结果计算与评定

1）根据《砌墙砖试验方法》（GB/T 2542—2012），每块试样的抗压强度（R_p）按下式计算：

$$R_p = \frac{P}{LB} \tag{6-1}$$

式中　R_p——抗压强度（MPa）；
　　　P——最大破坏荷载（N）；
　　　L——受压面（连接面）的长度（mm）；
　　　B——受压面（连接面）的宽度（mm）。

2）试验结果以试样抗压强度的算术平均值和标准值或单块最小值表示。

3）根据《烧结普通砖》（GB/T 5101—2017），试验后按下式计算强度标准差（s）：

$$s = \sqrt{\frac{1}{9} \sum_{i=1}^{10} (f_i - \bar{f})^2} \tag{6-2}$$

式中　s——10 块试样的抗压强度标准差（MPa），精确至 0.01MPa；
　　　$\bar{f}$——10 块试样的抗压强度平均值（MPa），精确至 0.1MPa；
　　　f_i——单块试样抗压强度值 [即式（6-1）中的 R_p]（MPa），精确至 0.01MPa。

4）强度标准值（f_k）按下式计算：

$$f_k = \bar{f} - 1.83s \tag{6-3}$$

式中　f_k——强度标准值（MPa），精确至 0.1MPa。

3. 砖的抗压强度记录表

砖的抗压强度记录表见表 6-1。

表 6-1　砖的抗压强度记录表

试验规程			GB/T 2542—2012				
试验时间			环境条件		温度____℃，湿度____%		
砖的类型			强度等级				
试样编号	试样尺寸 /mm		受压面积 /mm²	最大破坏荷载 /N	抗压强度 f_i/MPa	抗压强度平均值 $\bar{f}$/MPa	强度标准值 f_k/MPa	备注
	长	宽						
1								
2								
3								
4								
5								
6								
7								
8								
9								
10								

6.1.2 蒸压粉煤灰砖抗折强度检测

蒸压粉煤灰砖抗折强度试验（虚）

《烧结普通砖》（GB/T 5101—2017）、《蒸压灰砂实心砖和实心砌块》（GB/T 11945—2019）等国家标准取消了抗折强度检测要求，但《蒸压粉煤灰砖》（JC/T 239—2014）行业标准中，有抗折强度检测要求，包括外观质量及尺寸偏差、抗折强度、抗压强度、抗冻性、线性干燥收缩值、碳化系数、吸水率、放射性核素限量等技术指标。以蒸压粉煤灰砖的抗折强度检测为例，介绍非烧结砖相关知识。

一、实训目的

掌握蒸压粉煤灰砖的抗折强度检测方法，正确使用仪器设备。认识检测工作的严谨性和公正性，树立质量意识和责任意识。

二、实训准备

1. 检测仪器及材料

1）材料试验机：试验机的示值相对误差不超过 ±1%，其下加压板应为球铰支座，预期最大破坏荷载应在量程的 20% ~ 80% 之间。

2）抗折夹具：抗折试验的加荷形式为三点加荷，其上压辊和下支辊的曲率半径为 15mm，下支辊应有一个为铰接固定。

3）钢直尺：分度值不应大于 1mm。

2. 试样数量

试样数量为 10 块。

3. 试样处理

试样应放在温度为（20±5）℃的水中浸泡 24h 后取出，用湿布拭去其表面水分进行抗折强度试验。

三、试验步骤及结果

1. 试验步骤

1）测量试样的宽度和高度尺寸各 2 个，分别取算术平均值，精确至 1mm。

2）调整抗折夹具下支辊的跨距为砖规格长度减去 40mm。但规格长度为 190mm 的砖，其跨距为 160mm。

3）将试样大面平放在下支辊上，试样两端面与下支辊的距离应相同，当试样有裂缝或凹陷时，应使有裂缝或凹陷的大面朝下，以 50 ~ 150N/s 的速度均匀加荷，直至试样断裂，记录最大破坏荷载 P。

2. 结果计算与评定

1）根据《蒸压粉煤灰砖》，每块试样的抗折强度（R_c）按下式计算：

$$R_c = \frac{3PL}{2BH^2} \qquad (6\text{-}4)$$

式中 R_c——抗折强度（MPa）；
　　P——最大破坏荷载（N）；
　　L——跨距（mm）；
　　B——试样宽度（mm）；
　　H——试样高度（mm）。

2）试验结果以试样抗折强度的算术平均值和单块最小值表示，精确至0.1MPa。数据记录表见表6-2。

表6-2 蒸压粉煤灰砖抗折强度数据记录表

序号	名称	尺寸规格/mm			最大破坏荷载/kN	抗折强度/MPa	抗折强度平均值/MPa	单块抗折强度最小值/MPa
	跨距 L/mm	试件宽度/mm	试件高度/mm					
1								
2								
3								
4								
5								
6								
7								
8								
9								
10								
仪器设备	□ ZK-1 砖用卡尺　□ 钢直尺 0-450　□ 钢直尺 0-300　□ YAW4106 微机控制电液伺服压力试验机　□ YAW-300B 微机控制电液式水泥压力机　□ CBT1504 微机控制电子抗折试验机　□ YB25 手持式应变仪　□ 电子天平 6kg							
备注								

6.2　墙体材料相关知识学习

一、引导问题（判断题）

1）烧结普通砖的标准尺寸为240mm×115mm×53mm，其强度等级有MU30、MU25、MU20、MU15、MU10五个强度等级。　　　　　　　　　　　　　　　　　　　　（　　）
2）烧结普通砖吸水率较大，砌筑前应该先浇水润湿。　　　　　　　　　　　　（　　）
3）烧结空心砖的强度低，主要用于六层以下的建筑物的承重墙。　　　　　　（　　）
4）非烧结类墙体材料是国家倡导和鼓励发展的方向。　　　　　　　　　　　（　　）
5）粉煤灰砖适用于潮湿环境，可用于工业与民用建筑的墙体和基础。　　　　（　　）
6）蒸压加气混凝土砌块质量较轻，保温、隔声、抗渗等性能较好，常用于建筑物的填充墙。
　　　　　　　　　　　　　　　　　　　　　　　　　　　　　　　　　　　（　　）

二、墙体材料相关知识

墙体是建筑物的重要组成部分，在建筑结构中主要起承重、围护、分隔空间等作用。在混合结构建筑中，砌体材料的质量约占房屋建筑总质量的50%。墙体要有足够的强度和稳定性，并具有一定的隔热保温、隔声吸声、防火防潮等性能。

墙体材料（教）

常用的墙体块状材料，按照生产工艺分为烧结砖（砌块）和非烧结砖（砌块），按照孔洞率分为普通砖（砌块）、多孔砖（砌块）和空心砖（砌块），按照材质分为黏土砖（砌块）、页岩砖（砌块）、煤矸石砖（砌块）、粉煤灰砖（砌块）等。

随着经济的发展和科技的进步，越来越多不同类型的墙体材料被广泛应用。不同的墙体材料具备不同的性能，被应用于各类建筑中，但是它们的发展趋势是一致的，都朝着节能环保、轻质高强、便捷施工的方向发展。

1）原材料的发展。墙体材料的原材料，以前多为天然材料，例如黏土，是"红砖"的主要原料。天然材料的过度开采，对环境造成不可逆的伤害。因此，近年来，逐步采用工业废料、合成材料等可再生材料作为墙体材料的原材料。随着工业的发展，产生大量的固体废料，利用煤矸石、粉煤灰、建筑渣土、淤泥、污泥等固体废料作为墙体材料，不仅减少了对环境的污染，还可以根据原材料不同的性能特点，得到性能不同的材料。

2）工艺的发展。传统的烧结砖在制作过程中，需要将原材料经过高温焙烧，在烧制的过程中对环境造成污染，且消耗大量能源，非烧结类墙体材料是国家倡导和鼓励发展的方向。

3）材料规格的发展。墙体材料逐步由实心向空心，由块材向板材发展。实心砖存在质量重、能耗高等问题，已逐步被空心砖替代。相对于砖和砌块，板材采用装配式干作业，施工环境得到改善，施工效率大大提升，符合国家发展装配式建筑的政策。

4）功能的发展。一些新型的复合材料，为墙体材料提供了更多功能上的可能。越来越多的新型墙体材料，具有轻质、高强、保温、隔热、吸声、隔声、防火、隔热等优点，适用于不同类型的建筑物。

在建筑工程中，合理选用不同的墙体材料、墙体布置方案，可以提高建筑物总体的质量、减少材料耗用量、节省工期和造价。

（一）烧结砖及非烧结砖

1. 烧结砖

烧结普通砖是指以黏土、页岩、煤矸石、粉煤灰、建筑渣土、淤泥、污泥等为主要原料，经过焙烧而成的主要用于建筑物承重部位的普通砖。

凡是通过焙烧而制得的砖，称为烧结砖，目前在墙体材料中使用最多的是烧结普通砖、烧结多孔砖和烧结空心砖。烧结砖的生产工艺过程包括：采土、配料调制、制坯、干燥、焙烧、成品。其中，焙烧是最重要的环节，焙烧的火候不同，得到欠火砖、正火砖、过火砖三种成品。当砖坯在氧化气氛中烧成出窑，砖中的铁质形成了红色的 Fe_2O_3，则制得红砖，若砖坯在氧化气氛中烧成后，再经浇水闷窑，使窑内形成还原气氛，使砖内的红色高阶氧化铁（Fe_2O_3）还原成青灰色的低价氧化铁（FeO），则制得青砖。

青砖和红砖烧制后的冷却方法不同，红砖自然冷却，青砖需要加水冷却。红砖的生产工艺相对简单一些，因此产量相对青砖更高一些。但是青砖在抗氧化、抗大气侵蚀、防潮等方面性能明显优于红砖。

根据国家标准《烧结普通砖》（GB/T 5101—2017）的规定，烧结普通砖按主要原料分为黏土砖（N）、页岩砖（Y）、煤矸石砖（M）、粉煤灰砖（F）、建筑渣土砖（Z）、淤泥砖（U）、污泥砖（W）、固体废弃物砖（G）。烧结普通砖的强度等级分为五级：MU30、MU25、MU20、MU15、MU10。外形为直角六面体，公称尺寸为：长240mm、宽115mm、高53mm。

（1）烧结普通砖的技术要求

1）尺寸偏差。烧结普通砖的尺寸偏差应符合表6-3的规定。

表6-3 尺寸偏差　　　　　　　　　　　　　　（单位：mm）

公称尺寸	指标	
	样本平均偏差	样本极差≤
240	±2.0	6.0
115	±1.5	5.0
53	±1.5	4.0

2）外观质量。烧结普通砖的外观质量应符合表6-4的规定。

表6-4 外观质量　　　　　　　　　　　　　　（单位：mm）

项目		指标
两条面高度差		≤2
弯曲		≤2
杂质凸出高度		≤2
缺棱掉角的三个破坏尺寸		不得同时大于5
裂纹长度	大面上宽度方向及其延伸至条面的长度	≤30
	大面上长度方向及其延伸至顶面的长度或条顶面上水平裂纹的长度	≤50
完整面①		不得少于一条面和一顶面

注：为砌筑挂浆面施加的凹凸纹、槽、压花等不算作缺陷。

① 凡有下列缺陷之一者，不得称为完整面：缺损在条面或顶面上造成破坏面尺寸同时大于10mm×10mm；条面或顶面上裂纹宽度大于1mm，其长度超过30mm；压陷、粘底、焦花在条面或顶面上的凹陷或凸出超过2mm，区域尺寸同时大于10mm×10mm。

3）强度等级。烧结普通砖的强度等级应符合表6-5的规定。

表6-5 强度等级　　　　　　　　　　　　　　（单位：MPa）

强度等级	抗压强度平均值$\bar{f}$，≥	强度标准值f_k，≥
MU30	30.0	22.0
MU25	25.0	18.0
MU20	20.0	14.0
MU15	15.0	10.0
MU10	10.0	6.5

4）抗风化能力。抗风化能力是指砖在长期受到风、雨、冻融等综合条件下，抵抗破坏的能力，是一项综合性的技术指标。根据不同的地理位置及气候条件，我国的风化区划分为严重风化区和非严重风化区，参见表 6-6。

表 6-6　风化区划分

严重风化区		非严重风化区	
1. 黑龙江省	11. 河北省	1. 山东省	11. 福建省
2. 吉林省	12. 北京市	2. 河南省	12. 台湾省
3. 辽宁省	13. 天津市	3. 安徽省	13. 广东省
4. 内蒙古自治区	14. 西藏自治区	4. 江苏省	14. 广西壮族自治区
5. 新疆维吾尔自治区		5. 湖北省	15. 海南省
6. 宁夏回族自治区		6. 江西省	16. 云南省
7. 甘肃省		7. 浙江省	17. 上海市
8. 青海省		8. 四川省	18. 重庆市
9. 陕西省		9. 贵州省	
10. 山西省		10. 湖南省	

注：摘自《烧结普通砖》（GB/T 5101—2017）。

普通烧结砖的抗风化性能通过吸水率试验和冻融试验评定。表 6-6 中严重风化区中的 1、2、3、4、5 地区的砖应进行冻融试验，其他地区砖的抗风化性能符合表 6-7 规定时可不做冻融试验，否则，应进行冻融试验。淤泥砖、污泥砖、固体废弃物砖应进行冻融试验。15 次冻融试验后每块砖样不允许出现分层、掉皮、缺棱、掉角等现象，冻后裂纹长度不得大于表 6-4 中裂纹长度的规定。

表 6-7　抗风化性能

砖种类	严重风化区				非严重风化区			
	5h 沸煮吸水率（%）≤		饱和系数≤		5h 沸煮吸水率（%）≤		饱和系数≤	
	平均值	单块最大值	平均值	单块最大值	平均值	单块最大值	平均值	单块最大值
黏土砖、建筑渣土砖	18	20	0.85	0.87	19	20	0.88	0.90
粉煤灰砖	21	23			23	25		
页岩砖	16	18	0.74	0.77	18	20	0.78	0.80
煤矸石砖								

5）泛霜。泛霜是指原料中的可溶性盐类，随着砖内水分蒸发而在砖表面产生的盐析现象。一般为白色粉末或白色絮状物。按照国家标准规定，每块砖不准许出现严重泛霜。

6）石灰爆裂。石灰爆裂是由于砖中夹杂生石灰，在砖吸水后，生石灰逐渐熟化并膨胀而产生破坏。石灰爆裂严重影响砖的质量，治理起来也比较困难。按照国家标准规定，砖的石灰爆裂应符合下列规定：

① 破坏尺寸大于 2mm 且小于或等于 15mm 的爆裂区域，每组砖不得多于 15 处。其中大于 10mm 的不得多于 7 处。

② 不准许出现最大破坏尺寸大于 15mm 的爆裂区域。

③ 试验后抗压强度损失不得大于 5MPa。

7)欠火砖、酥砖和螺旋纹砖。欠火砖是指未达到烧结温度或保持烧结温度时间不够的砖,其特征是声音哑、土心、抗风化性能和耐久性能差。酥砖是指干砖坯受湿(潮)气或雨淋后成反潮坯、雨淋坯,或湿坯受冻后的冻坯,这类砖坯焙烧后为酥砖;或砖坯入窑焙烧时预热过急,导致烧成的砖易成为酥砖。酥砖极易从外观就能辨别出来,这类砖的特征是声音哑、强度低、抗风化性能和耐久性能差。螺旋纹砖是指以螺旋挤出成型砖坯时,坯体内部形成螺旋状分层的砖,其特征是强度低、声音哑、抗风化性能差、受冻后会层层脱皮、耐久性能差。按照国家标准规定,产品中不准许有欠火砖、酥砖和螺旋纹砖。

(2)烧结普通砖的应用 烧结普通砖是传统的墙体材料,有一定的强度和耐久性,同时有较好的绝热性、透气性、隔声吸声性等,适宜做建筑物的围护结构,主要用于建筑工程的承重墙体、柱、拱、烟囱、沟道、基础等。

黏土主要存在于土地中,烧结黏土砖的大量使用,导致土地稀缺、农田减少。烧制的过程中也造成大量废气排放,污染环境。因此我国大力推广新型墙体材料,以煤矸石、粉煤灰等工业废料代替黏土,减少对农田生态环境的影响。

2. 烧结多孔砖和多孔砌块

烧结多孔砖和多孔砌块是指以黏土、页岩、煤矸石、粉煤灰、淤泥及其他固体废弃物等为主要原料,经焙烧制成的主要用于建筑物承重部位的普通多孔砖和多孔砌块。烧结多孔砖的孔洞率大于或等于25%,烧结多孔砌块的孔洞率大于或等于33%,孔的尺寸小而数量多,如图6-2、图6-3所示。

烧结砖、非烧结砖(教)

图6-2 烧结多孔砖

图6-3 烧结多孔砌块

烧结多孔砖的规格尺寸为:290mm、240mm、190mm、180mm、140mm、115mm、90mm。烧结多孔砌块的规格尺寸为:490mm、440mm、390mm、340mm、290mm、240mm、190mm、180mm、140mm、115mm、90mm。根据抗压强度等级分为MU30、MU25、MU20、MU15、MU10五个强度等级。砖的密度等级分为1000、1100、1200、1300四个等级。砌块的密度等级分为900、1000、1100、1200四个等级。

烧结多孔砖和多孔砌块的孔洞率大,质量较轻。与烧结普通砖相比,烧结多孔砖和多孔砌块可使建筑物质量减轻30%左右,节约黏土20%~30%,节省燃料10%~20%,墙体施工效率提高40%,并改善砖的隔热、隔声性能,通常,在相同热工性能要求下,墙体厚度可以减薄半个砖左右。

3. 烧结空心砖和空心砌块

烧结空心砖和空心砌块的原料、工艺、品种与烧结多孔砖和多孔砌块相同。外形为直角六面体，混水墙用空心砖和空心砌块应在大面和条面上设有均匀分布的粉刷槽或类似结构，深度不小于2mm。烧结空心砖和空心砌块的长度规格尺寸为390mm、290mm、240mm、190mm、180mm（175mm）、140mm；宽度规格尺寸为190mm、180mm（175mm）、140mm、115mm；高度规格尺寸为180mm（175mm）、140mm、115mm、90mm，如图6-4所示。按抗压强度分为MU10.0、MU7.5、MU5.0、MU3.5四个强度等级。按体积密度分为800、900、1000、1100四个等级。

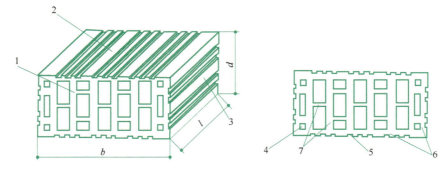

图6-4 烧结空心砖和空心砌块各部位名称
1—顶面 2—大面 3—条面 4—壁孔 5—粉刷槽 6—外壁 7—肋
l—长度 b—宽度 d—高度

烧结空心砖和空心砌块具有竖向孔洞，孔的尺寸大而数量少，孔洞率≥40%。烧结空心砖和空心砌块质量较轻，可减轻墙体自重，墙体的热工性能较好，经济性较好。但由于孔洞率高，烧结空心砖和空心砌块的强度不高，主要用于建筑物非承重墙。

4. 蒸压粉煤灰砖（非烧结砖）

蒸压粉煤灰砖是指以粉煤灰、生石灰为主要原料，可掺加适量石膏等外加剂和其他骨料，经坯料制备、压制成型、高压蒸汽养护而制成的砖，产品代号为AFB。

不经焙烧而制成的砖均为非烧结砖，一般采用含钙材料（石灰、电石渣等）和含硅材料（砂子、粉煤灰、煤矸石等）与水拌和，经压制成型、常压或高压蒸汽养护而成，生产工艺如图6-5所示。

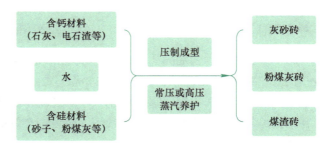

图6-5 蒸压粉煤灰砖生产工艺

蒸压粉煤灰砖的外形为直角六面体，根据《蒸压粉煤灰砖》（JC/T 239—2014）的规定，砖的公称尺寸为：长度240mm、宽度115mm、高度53mm。按强度分为MU30、MU25、MU20、MU15、MU10五个等级。

（1）蒸压粉煤灰砖的技术要求

1）外观质量和尺寸偏差。蒸压粉煤灰砖的外观质量和尺寸偏差应符合《蒸压粉煤灰砖》（JC/T 239—2014）的规定。

2）强度等级。蒸压粉煤灰砖的抗压强度和抗折强度应符合表6-8的规定。

表6-8　蒸压粉煤灰砖强度等级　　　　　　　　　　　　　　　（单位：MPa）

强度级别	抗压强度		抗折强度	
	平均值	单块最小值	平均值	单块最小值
MU10	≥10.0	≥8.0	≥2.5	≥2.0
MU15	≥15.0	≥12.0	≥3.7	≥3.0
MU20	≥20.0	≥16.0	≥4.0	≥3.2
MU25	≥25.0	≥20.0	≥4.5	≥3.6
MU30	≥30.0	≥24.0	≥4.8	≥3.8

3）抗冻性。蒸压粉煤灰砖的抗冻性应符合表6-9的规定。

表6-9　蒸压粉煤灰砖抗冻性

使用地区	抗冻指标	质量损失率	抗压强度损失率
夏热冬暖地区	D15	≤5%	≤25%
夏热冬冷地区	D25		
寒冷地区	D35		
严寒地区	D50		

4）其他技术要求。按照《蒸压粉煤灰砖》的规定，蒸压粉煤灰砖的碳化系数应不小于0.85，吸水率应不大于20%。

（2）蒸压粉煤灰砖的应用　粉煤灰具有火山灰性，与石灰混合后能生成水硬性物质，因此蒸压粉煤灰砖适用于潮湿环境，可用于工业与民用建筑的墙体和基础，但不能用于长期受热（200℃以上）及受急冷急热交替作用，或有酸性介质侵蚀的建筑部位。用蒸压粉煤灰砖砌筑的建筑物，应适当增设圈梁及伸缩缝，避免或减少收缩裂缝的产生。

5. 蒸压灰砂实心砖和实心砌块（非烧结砖）

蒸压灰砂实心砖是指以石灰和砂为主要原料，允许掺入颜料和外加剂，经坯料制备、压制成型、蒸压养护而制成的实心砖，产品代号为LSSB。根据蒸压灰砂实心砖的颜色分为：彩色（C）、本色（N）。砖的外形为直角六面体，公称尺寸为：长度240mm、宽度115mm、高度53mm。根据抗压强度分为MU30、MU25、MU20、MU15、MU10五个等级。蒸压灰砂砖的尺寸偏差和外观、颜色、抗压强度、线性干燥收缩率等，应符合《蒸压灰砂实心砖和实心砌块》（GB/T 11945—2019）的规定。

蒸压灰砂实心砖不得用于长期受200℃以上、受急冷急热和有酸性介质侵蚀的建筑部位。MU15、MU20、MU25、MU30的蒸压灰砂实心砖可用于基础及其他建筑物，MU10的砖仅可用于防潮层以上的建筑。

产品按代号、颜色、等级、规格尺寸和标准编号的顺序进行标记。

示例1：规格尺寸240mm×115mm×53mm，强度等级MU15的本色实心砖（标准砖），其标记为LSSB-N MU15 240×115×53 GB/T 11945—2019。

示例2：规格尺寸295mm×240mm×195mm，强度等级MU20的彩色实心砌块，其标记为LSSU-C MU20 295×240×195 GB/T 11945—2019。

示例3：规格尺寸997mm×200mm×497mm，强度等级MU25的本色大型实心砌块，其标记为LLSS-N MU25 997×200×497 GB/T 11945—2019。

（二）墙用砌块

1. 蒸压加气混凝土砌块

蒸压加气混凝土砌块是以粉煤灰、石灰、水泥、石膏、矿渣等为主要材料，加入适量加气剂、调节剂，经配料、搅拌、浇筑、切割和蒸压养护等工艺而制成的多孔轻质块体材料。

《蒸压加气混凝土砌块》（GB/T 11968—2020）规定，砌块的规格尺寸见表6-10。

表6-10 蒸压加气混凝土砌块的规格尺寸 （单位：mm）

长度 L	宽度 B	高度 H
600	100　120　125 150　180　200 240　250　300	200　240　250　300

注：如需要其他规格，可由供需双方协商解决。

蒸压加气混凝土砌块按抗压强度分为A1.5、A2.0、A2.5、A3.5、A5.0五个级别，按干密度分为B03、B04、B05、B06、B07五个级别，按尺寸偏差分为Ⅰ型、Ⅱ型。

（1）蒸压加气混凝土砌块的技术要求

1）尺寸偏差和外观质量。蒸压加气混凝土砌块的尺寸偏差和外观质量应符合表6-11的规定。

表6-11 尺寸偏差和外观质量

项目		指标	
		Ⅰ型	Ⅱ型
尺寸允许偏差/mm	长度 L/mm	±3	±4
	宽度 B/mm	±1	±2
	高度 H/mm	±1	±2
缺棱掉角	最小尺寸/mm，≤	10	30
	最大尺寸/mm，≤	20	70
	三个方向尺寸之和不大于120mm的掉角个数（个），≤	0	2
裂纹	裂纹长度/mm，≤	0	70
	任何面不大于70mm的裂纹条数（个），≤	0	1
	每一块裂纹条数（条），≤	0	2
损坏深度/mm，≤		0	10
表面疏松、分层、油污		不允许	
平面弯曲/mm，≤		1	2
直角度/mm，≤		1	2

2）抗压强度和干密度。蒸压加气混凝土砌块的抗压强度和干密度要求应符合表6-12的规定。

学习情境 6 墙体材料及检测

表 6-12 砌块的抗压强度和干密度要求

强度级别	抗压强度 /MPa		干密度级别	平均干密度 /（kg/m³）
	平均值	单组最小值		
A1.5	≥1.5	≥1.2	B03	≤350
A2.0	≥2.0	≥1.7	B04	≤450
A2.5	≥2.5	≥2.1	B04	≤450
			B05	≤550
A3.5	≥3.5	≥3.0	B04	≤450
			B05	≤550
			B06	≤650
A5.0	≥5.0	≥4.2	B05	≤550
			B06	≤650
			B07	≤750

3）干燥收缩、抗冻性和导热系数。蒸压加气混凝土砌块的干燥收缩、抗冻性和导热系数（干态）应符合表 6-13 的规定。

表 6-13 干燥收缩、抗冻性和导热系数

干密度级别（强度级别）		B03（A2.5）	B04（A3.5）	B05（A5.0）	B06	B07
干燥收缩值不大于		0.50mm/m				
抗冻性	冻后质量平均损失（%）	≤5.0			—	—
	冻后强度平均损失（%）	≤20			—	—
导热系数（干态）/[W/（m·K）]，≤		0.10	0.12	0.14	0.16	0.18

注：括号中内容与抗冻性对应。

（2）蒸压加气混凝土砌块的应用　蒸压加气混凝土砌块的单位体积质量较轻，保温、隔声、抗渗等性能较好，常用于建筑物的填充墙。蒸压加气混凝土属于化学发泡，气孔大部分呈贯通状或半封闭状，因此该材料的耐水性较差、干燥收缩值较大，不宜用于有水或有腐蚀性介质存在的工程中。

2. 普通混凝土小型砌块

普通混凝土小型砌块是以水泥、矿物掺合料、砂、石、水等为主要材料，经搅拌、振动成型、养护等工艺制成的小型砌块，包括空心砌块和实心砌块。

普通混凝土小型砌块的外形宜为直角六面体，常用的规格尺寸见表 6-14。

表 6-14 砌块的规格尺寸　　　　　　　　　　　　　　　　（单位：mm）

长度	宽度	高度
390	90、120、140、190、240、290	90、140、190

注：其他规格尺寸可由供需双方协商确定。采用薄灰缝砌筑的块型，相关尺寸可做相应调整。

普通混凝土小型砌块按空心率分为空心砌块（空心率不小于 25%，代号为 H）和实心砌块（空心率小于 25%，代号为 S）。普通混凝土小型砌块按使用时砌筑墙体的结构和受力情况，分为承重结构用砌块（代号为 L，简称承重砌块）、非承重结构用砌块（代号为 N，简称非承重砌块）。普通混凝土小型砌块的抗压强度等级见表 6-15。

表 6-15　抗压强度等级　　　　　　　　　　　　　　（单位：MPa）

砌块种类	承重砌块（L）	非承重砌块（N）
空心砌块（H）	7.5、10.0、15.0、20.0、25.0	5.0、7.5、10.0
实心砌块（S）	15.0、20.0、25.0、30.0、35.0、40.0	10.0、15.0、20.0

普通混凝土小型砌块的尺寸偏差、外观质量、强度等级、抗冻性等，应符合《普通混凝土小型砌块》（GB/T 8239—2014）的规定。承重空心砌块的最小外壁厚应不小于30mm，最小肋厚应不小于25mm。非承重空心砌块的最小外壁厚和最小肋厚应不小于20mm。承重砌块的吸水率应不大于10%；非承重砌块的吸水率应不大于14%。承重砌块的线性干燥收缩值应不大于0.45mm/m；非承重砌块的线性干燥收缩值应不大于0.65mm/m。

普通混凝土小型空心砌块质量轻、热工性好、施工方便、造价经济，可用于建筑的非承重墙，强度等级较高的砌块也可用于多层建筑的承重墙。砌筑时，砌块一般不允许浇水预湿，但在气候特别干燥炎热时，可在砌筑前稍喷水湿润。

3. 轻集料混凝土小型空心砌块

轻集料混凝土是指用轻集料、轻砂（或普通砂）、水泥和水等原材料配制而成的干表观密度不大于1950kg/m³的混凝土。用轻集料混凝土制成的小型空心砌块称为轻集料混凝土小型空心砌块。

轻集料混凝土小型空心砌块规格尺寸为：长度390mm、宽度190mm、高度190mm。按砌块孔的排数分类为：单排孔、双排孔、三排孔、四排孔等。密度等级分为700、800、900、1000、1100、1200、1300、1400 八级。强度等级分为MU2.5、MU3.5、MU5.0、MU7.5、MU10.0 五级。

轻集料混凝土小型空心砌块的尺寸偏差和外观质量、密度等级、强度等级、相对含水率、抗冻性等，应符合《轻集料混凝土小型空心砌块》（GB/T 15229—2011）的规定。轻集料混凝土小型空心砌块的吸水率应不大于18%，干燥收缩率应不大于0.065%，碳化系数应不小于0.8，软化系数应不小于0.8。

轻集料混凝土小型空心砌块质量轻、保温性好、施工速度快、装饰贴面粘贴强度高、造价经济，适用于建筑物外墙围护结构，特别适合在寒冷地区使用。砌块砌筑前与砌筑中均不应浇水，当施工期间气候特别干燥炎热时，可在砌筑前稍喷水湿润，但表面明显潮湿的砌块不得上墙。

4. 蒸压泡沫混凝土砖和砌块

蒸压泡沫混凝土砖和砌块是指在水泥、骨料、掺合料、外加剂与水拌和的混合料中引入泡沫，形成轻质料浆，经浇注成型再蒸压养护而制成的砖和砌块。

蒸压泡沫混凝土砖和砌块按干密度划分为 B11、B12、B13 三个等级，按立方体抗压强度划分为 MU3.5、MU5.0、MU7.5 三个等级。

蒸压泡沫混凝土砖和砌块的规格尺寸、尺寸偏差和外观质量、干密度、抗压强度、拉拔力、黏结性、干燥收缩值、抗冻性等，应符合《蒸压泡沫混凝土砖和砌块》（GB/T 29062—2012）的规定。

蒸压泡沫混凝土砖和砌块具有质量轻、防水抗渗、保温隔热、隔声吸声、抗裂性能好等优点。蒸压泡沫混凝土砖和砌块采用物理发泡，形成大量独立封闭的气泡，吸水率低，抗渗性好，适用于砌筑水池等结构。

（三）墙板

1. 石膏板

（1）纸面石膏板　纸面石膏板是以建筑石膏为主要材料，以石膏芯材及与其牢固结合在一起的护面纸组成。纸面石膏板具有质量轻、隔声、隔热、防火性能好、加工性能强、施工方法简便的特点。纸面石膏板的种类很多，常见的有普通纸面石膏板、耐水纸面石膏板、耐火纸面石膏板、防潮纸面石膏板等。

（2）纤维石膏板　纤维石膏板是一种以建筑石膏为主要原料，以各种纤维为增强材料的一种新型建筑板材。纤维石膏板具有轻质、高强、耐火、施工效率高、隔声、可锯等特点。纤维石膏板可作干墙板、墙衬、隔墙板、瓦片及砖的背板、预制板外包覆层、天花板块、地板、防火门及立柱、护墙板等。

（3）石膏空心板　石膏空心板以熟石膏为胶凝材料，添加适当辅料（膨胀珍珠岩、膨胀蛭石、矿渣、粉煤灰、石灰等）经搅拌、成型、抽芯、干燥等工序制成。石膏空心板具有轻质、高强、隔声、隔热、防水性好、加工性好等特点。在建筑工程中可用于非承重内隔墙，若用于潮湿的环境中，板表面需做防水处理。

2. 蒸压加气混凝土板

蒸压加气混凝土板是以钙质原料（水泥、石灰等）、硅质原料（砂、粉煤灰、粒化高炉矿渣等）和水按一定的比例混合，加入少量的外加剂和发泡剂，经过搅拌、浇筑、成型、蒸压养护等制成的轻质板材。蒸压加气混凝土板具有轻质、耐火、防火、保温、隔热和隔声效果好等优点。适用于一般建筑物的内外墙或屋面，但不可用于长期处于高湿度环境的墙体。

3. 纤维水泥板

纤维水泥板又称为纤维增强水泥板，是指以水泥为基本材料和胶黏剂，以矿物纤维和其他纤维为增强材料，经过制浆、成型、养护等制成的板材。纤维水泥板具有防火、防潮、隔热、隔声和轻质、高强等优点。纤维水泥板的应用广泛，根据板材厚度不同，可用作墙面、地面、吊顶等。

4. 泰柏板

泰柏板是以钢丝焊接成三维钢丝网骨架与高热阻自熄性聚苯乙烯泡沫塑料组成芯材板，两面喷涂水泥砂浆制成的。泰柏板的标准尺寸为1220mm×2440mm，厚度为100mm。由于所用钢丝网骨架结构、夹芯层材料和厚度等不同，该类板材有多种名称，如岩棉夹芯板、三维板、3D板、钢丝网节能板等，但性能和基本结构相似。泰柏板轻质、高强、隔热隔声、防火防潮、防震、耐久性好、易加工、施工方便，适用于自承重外墙、内隔墙、屋面板（3m跨度内）等。

5. 轻骨料混凝土墙板

轻骨料混凝土墙板是用陶粒、浮石、火山渣或煤矸石等轻骨料制成的钢筋混凝土板，也可在中层复合绝热材料，用于外围护结构的墙板。轻骨料混凝土墙板具有轻质、高强、隔声、保温、耐火性能好、便于施工等特点。轻骨料混凝土墙板根据轻骨料的不同，种类多。陶粒混凝土墙板是近年来发展较快、性能较高的一种。还可以在混凝土板中使用增强材料，制成轻骨料混凝土空心条板，例如钢丝增强轻骨料混凝土空心条板、钢丝网架增强轻骨料混凝土空心条板、玻纤网增强轻骨料混凝土空心条板、钢丝网玻纤网复合增强轻骨料混凝土空心条板等。

6. 饰面混凝土幕墙板

饰面混凝土幕墙板是一种带面砖、花岗石或其他装饰材料的预制混凝土外墙板。饰面混凝土幕墙板是预制混凝土构件的一种，在工厂或现场预先生产成型，再通过连接件安装在建筑结构上。饰面混凝土幕墙板具有良好的装饰性、保温隔热性、耐久性，且便于施工。

三、小组讨论

根据小组检测实训内容和上课内容，在教学平台上传检测试验原始记录表和填写对应检测报告，讨论相关问题。

1）检测的烧结普通砖的抗压强度是_____MPa，检测的蒸压粉煤灰砖的抗折强度是_____MPa。

2）针对总学习任务中图 1 所示建筑工程，围护结构可以使用哪些种类和型号的墙体材料？

3）完善各种不同墙体材料的对比，见表 6-16。

表 6-16 墙体材料对比表

材料种类	材料名称举例	规格举例或规格大小判断	强度高低对比	密度高低	节能环保	应用举例
烧结砖和非烧结砖						
墙用砌块						

四、总结汇报

分小组汇报，辩论和评分，教师进行总结和拓展，并重点讲解相关理论知识和应用。

五、评估

教师对每一个学生的课前、研讨汇报、作业等情况进行评价，填写表 1-4、表 1-5。

考 / 证 / 训 / 练

（一）判断题

1. 烧结普通砖烧制得越密实越好。　　　　　　　　　　　　　　　　　　（　　）
2. 烧结多孔砖由于有大量的孔洞，因此不适用于承重墙。　　　　　　　　（　　）
3. 烧结普通砖的强度等级是按抗折强度等级划分的。　　　　　　　　　　（　　）

4. 烧结空心砖（孔洞率大于35%），主要用来砌筑承重墙。   （   ）
5. 蒸压灰砂砖不得用于长期受200℃以上、受急冷急热和有酸性介质侵蚀的建筑部位。
                                                                （   ）
6. 轻骨料混凝土墙板具有轻质、高强、隔声、保温耐火性能好、便于施工等特点。
                                                                （   ）
7. 砖在使用中产生的盐析现象称为泛霜。   （   ）

（二）选择题

1. 蒸压粉煤灰砖的标准尺寸为（   ），其强度等级有 MU30、MU25、MU20、MU15、MU10 五个强度等级。
   A．240mm×115mm×53mm   B．240mm×120mm×53mm
   C．240mm×120mm×55mm   D．600mm×300mm×200mm
2. 在房屋建筑中，墙体起着（   ）等作用。
   A．承重、传递荷载
   B．传递荷载
   C．围护、隔断、防水、保温、隔声
   D．承重、传递荷载和围护、隔断、防水、保温、隔声
3. 烧结普通砖按照使用原料的不同，可以分为（   ）等几种。
   A．烧结黏土砖   B．烧结页岩砖
   C．烧结煤矸石砖、烧结粉煤灰砖   D．包括 A、B、C
4. 砌块有实心和空心之分。按原料不同，可以分为（   ）等几种。
   A．普通混凝土砌块   B．轻骨料混凝土砌块
   C．硅酸盐混凝土砌块   D．包括 A、B、C
5. 空心砖和多孔砖因具有（   ）等优点，故宜用作框架结构填充墙体材料。
   A．质量轻   B．绝热性能好
   C．质量轻和绝热性能好   D．强度高
6. 蒸压粉煤灰砖强度与（   ）比较相近，基本上可以相互替代使用。
   A．烧结普通砖   B．灰砂砖
   C．烧结空心砖   D．灰砂砖、烧结空心砖
7. 蒸压粉煤灰砖的标准尺寸为240mm×115mm×53mm，加灰砂厚度10mm，1m³ 用砖（   ）块。
   A．400   B．512   C．480   D．540
8. 蒸压粉煤灰砖的强度等级是根据检测（   ）来确定的。
   A．抗折强度   B．抗压强度
   C．抗压强度、抗折强度   D．抗压强度平均值、抗折强度平均值
9. 砌筑有保温要求的非承重墙体时，宜选用（   ）。
   A．空心砖   B．烧结普通砖
   C．空心砖或砌块   D．蒸压加气混凝土砌块

学习情境 7

建筑钢材及检测

情境描述

针对总学习任务中图 1 所示建筑工程,请检测钢材的性能,提供钢筋物理力学工艺检测报告一份,掌握重量偏差、拉伸性能与冷弯性能检测技能,了解常用钢材的种类,熟悉钢筋的主要物理力学工艺性能和用途。

知识目标

1. 掌握常用建筑钢材的分类、标准和应用,了解钢材的化学成分、脱氧和加工方法对钢材性能的影响。
2. 了解建筑钢材锈蚀机理和防护方法,了解钢结构耐火性能与防火措施。

能力目标

1. 能根据相关标准对建筑钢材进行质量检测(重量偏差、拉伸、弯曲、反向弯曲试验),并能根据相关指标判定钢材的质量等级。
2. 能根据建筑钢材不同的性能特点合理选用结构钢或钢筋混凝土用钢筋的品种。
3. 能够进行钢材的进场验收和取样送检工作。

素养目标

1. 从鸟巢和港珠澳大桥建设成果,引发中国民族自豪感和坚持四个自信。
2. 从打击"瘦身钢筋"行动,增强质量意识,维护社会稳定。
3. 从检测强度等数据与政府管理部门质检站联网管理措施来看,认识严守检测标准,体现客观公正、承担社会责任的重要性。

学习情境 7 建筑钢材及检测

7.1 钢材主要物理力学性能及检测

根据送检热轧带肋钢筋，进行单位长度重量偏差检测、拉伸性能试验，掌握重量偏差检测、拉伸性能试验技能。学习钢材的分类与物理化学和力学性能知识。

7.1.1 钢筋重量偏差检测

钢筋称重试验（虚）

一、实训目的

掌握钢筋单位长度重量偏差检测技能。树立钢材的重量偏差项目不允许重新取样进行复验的质量意识。

二、实训准备

钢筋的组批规则、批量，根据《钢筋混凝土用钢 第2部分：热轧带肋钢筋》（GB/T 1499.2—2024）、《钢筋混凝土用钢 第1部分：热轧光圆钢筋》（GB/T 1499.1—2024）执行。

1. 取样数量

原材重量偏差取样要求：从不同钢筋上取，数量不少于5支，每支试样长度不小于500mm，长度应逐支测量，精确到1mm。测量试样总质量时，应精确到1g。

2. 取样方法

每批任选两根钢筋，于每根距端部500mm处，共取5支试样。

3. 本次检测试样准备

本次检测选择5根直径为18mm的热轧带肋钢筋HRB400E，钢筋重量偏差的检测应在有垂直切割端面的试样上进行，送样数量不少于5支。每支长度不小于500mm。检测完成后再进行力学性能检测。填写表7-1中样品编号、钢筋牌号、公称直径、表面形状等。

表7-1 钢筋原材试验原始记录表

样品编号			试验日期			
钢筋牌号		公称直径/mm			表面形状	□带肋 □光圆
重量偏差	检测依据	GB/T 1499.1—2024、GB/T 1499.2—2024、GB/T 13788—2017、GB/T 13014—2013、GB/T 20065—2016				
	仪器设备	电子天平（编号：　　　）、钢直尺600mm（编号：　　　）				
	总质量/kg					
	样品序号	第1根	第2根	第3根	第4根	第5根
	实际长度/mm					

（续）

	检测依据	GB/T 28900—2022、GB/T 228.1—2021				
	仪器设备	□ SHT4106-1000（编号： ） □ SHT4605-600（编号： ）				
拉伸试验	第 1 根					
	极限荷载 /kN	屈服荷载 /kN	最大力标距长度 L_0/mm	最大力延伸长度 L_g/mm	原始标距 L_0/mm	断后标距 L_u/mm
	第 2 根					
	极限荷载 /kN	屈服荷载 /kN	最大力标距长度 L_0/mm	最大力延伸长度 L_g/mm	原始标距 L_0/mm	断后标距 L_u/mm
反向弯曲试验	检测依据	GB/T 28900—2022、YB/T 5126—2003				
	仪器设备	HBT165D 多功能弯曲试验机（编号： ）				
	是否人工时效	在 100℃温度下保温 30min，是：√ 否：×				
	试样形态	A：完好； B：有可视裂纹或裂缝； C：样品断裂				
	弯曲压头直径 /mm	正向弯曲角度 /（°）	试样形态	是否人工时效	反向弯曲角度 /（°）	试样形态
		90			20	
弯曲试验	检测依据	GB/T 28900—2022、GB/T 232—2010				
	仪器设备	ZLW1401 弯曲试验机（编号： ）				
	试样形态	A：完好； B：有可视裂纹或裂缝； C：样品断裂				
	弯曲压头直径 /mm	弯曲角度 /（°）			样品序号	试样形态
					第 1 根	
					第 2 根	
备注						

4. 检测仪器准备

检测仪器包括：电子天平、钢直尺、游标卡尺。

三、试验步骤

1）开机后，待电子天平自检结束后自动归零，此时方可正常称重。

2）用游标卡尺测量钢筋直径（精度应精确到 0.1mm），热轧光圆钢筋测量公称直径为外经 d，热轧带肋钢筋测量为内径 d_1，其公称直径 d 可查表得出。如图 7-1、图 7-2 所示，用钢直尺测好每一根长度，精确到 1mm。将 5 支试样放置到电子天平托盘上称重，记录总质量，精确到不大于总质量的 1%。将数据填入表 7-1 中。

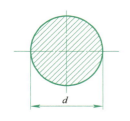
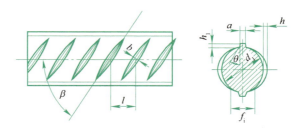

图 7-1　热轧光圆钢筋截面
d—光圆钢筋外径

图 7-2　月牙肋钢筋（带纵肋）表面及截面形状
b—横肋顶宽　β—横肋与轴线夹角　l—横肋间距　d_1—带肋钢筋内径
h—横肋高度　h_1—纵肋高度　a—纵肋宽度　f_1—横肋末端间隙　θ—纵肋斜角

四、试验结果处理

1. 计算重量偏差

$$重量偏差 = \frac{试样实际总重量 - (试样总长度 \times 理论重量)}{试样总长度 \times 理论重量} \times 100\% \quad (7-1)$$

根据试样的公称直径，可以计算出公称横截面面积，钢材的密度为 7.85g/cm³，热轧光圆钢筋和热轧带肋钢筋直径、横截面面积、理论重量与重量偏差见表 7-2。根据检测试样的总重量、总长度，计算试样的重量偏差值，填入最后的检测报告中。

2. 判断是否合格

根据表 7-2，判断重量偏差是否合格。

表 7-2　钢筋直径、横截面面积、理论重量与重量偏差

公称直径 d/mm	带肋钢筋内径公称尺寸 d_1/mm	公称横截面面积 S_0/mm²	热轧光圆钢筋理论重量/(kg/m)	热轧光圆钢筋实际重量与理论重量的偏差（%）	热轧带肋钢筋理论重量/(kg/m)	热轧带肋钢筋实际重量与理论重量的偏差（%）
6	5.8	28.27	0.222	±6.0	0.222	±5.5
8	7.7	50.27	0.395		0.395	
10	9.6	78.54	0.617		0.617	
12	11.5	113.1	0.888		0.888	
14	13.4	153.9	1.21	±5.0	1.21	±4.5
16	15.4	201.1	1.58		1.58	
18	17.3	254.5	2.00		2.00	
20	19.3	314.2	2.47		2.47	
22	21.3	380.1	2.98		2.98	
25	24.2	490.9	—	—	3.85	±3.5
28	27.2	615.8	—		4.83	
32	31.0	804.2	—		6.31	
36	35.0	1018	—		7.99	
40	38.7	1257	—		9.87	
50	48.5	1964	—		15.42	

注：表中钢材的密度按照 7.85g/cm³ 计算，d_1 为带肋钢筋内径，查表可得公称直径。

7.1.2 钢筋拉伸性能检测

一、实训目的

测定钢筋屈服强度、抗拉强度、伸长率三个指标，作为检测和评定钢筋强度等级的主要技术依据，确定钢筋的应力-应变曲线。掌握金属材料的拉伸试验步骤和钢筋强度等级的评定办法。

钢筋拉伸试验（虚）

二、实训准备

1. 钢筋拉伸性能表

根据钢筋的名称牌号 HRB400E 查表，确定钢筋的力学性能标准值，见表7-3。

表7-3 钢筋拉伸性能表

钢筋名称牌号		下屈服强度 R_{eL}/MPa	抗拉强度 R_m/MPa	断后伸长率 A（%）	最大力总延伸率 A_{gt}（%）	强屈比 R_m^o/R_{eL}^o	超屈比 R_{eL}^o/R_{eL}
				不小于			不大于
热轧光圆钢筋 HPB300		300	420	25	10	—	—
热轧带肋钢筋	HRB400 HRBF400	400	540	16	7.5	—	—
	HRB400E HRBF400E			—	9.0	1.25	1.30
	HRB500 HRBF500	500	630	15	7.5	—	—
	HRB500E HRBF500E			—	9.0	1.25	1.30
	HRB600	600	730	14	7.5	—	—

注：1. 牌号带 E 的强屈比 ≥ 1.25。强屈比指实测抗拉强度 R_m / 实测下屈服强度 R_{eL}^o。
　　2. 牌号带 E 的超屈比 ≤ 1.30。超屈比指实测下屈服强度 R_{eL}^o / 下屈服强度标准值 R_{eL}。

2. 检测试样准备

根据 7.1.1 的钢筋送样，每套试样中一支做拉伸检测，另一支做冷弯检测。每批直条钢筋应做 2 个拉伸试验和 2 个弯曲试验。

1）试样原始标距与原始横截面面积有 $L_0 = k\sqrt{S_0}$ 关系者称为比例试样，国际上使用的比例系数 k 为 5.65，原始标距应不小于 15mm。当原始标距小于 15mm 时，k 取 11.3 或采用非比例试样计算。L_0 的计算值修约至最接近 5mm 的倍数，中间值向较大一方修约。

2）对于测定断后伸长率，原始标距长度应为 5 倍的公称直径。

3. 原始标距的等分打点

1）人工或自动打点机，如图 7-3 所示。标准试样采用打点机进行一系列等分小点打点（间距一般为 5mm 或 10mm），如图 7-4 所示。钢筋拉伸采用非标准试件，长度不小于 500mm，一般可打 31 个等分点。

2）原始标距应精确到标称标距的 ±0.5%，测量量具应由计量部门定期检定。

3）标记的刻划深度应不影响试样的断裂。

图 7-3 钢筋打点机（自动）

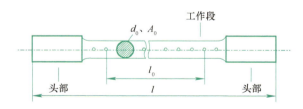

・标准试样：按照一定的要求，对表面进行车削加工后的试样
・非标准试样：不经过加工，直接在线材上切取的试样

图 7-4 原始标距标记试样打点示意图

4. 检测仪器准备

1）万能材料试验机。上下分为拉伸部分和压缩、弯曲部分，可以用于金属材料的拉伸、压缩、弯曲试验，如图 7-5 所示。误差不大于 1%。

2）根据试样公称尺寸及标称强度，选择适宜的度盘，一般应使试样破坏时的荷载（读数）在该级度盘的 20%～80% 范围内。

3）选择适宜的夹具，通常平型夹头用于小直径圆钢和矩形钢；楔型夹头用于大直径圆钢和螺纹钢，如图 7-6 所示。

4）试验机或夹持装置应能允许试样在拉伸方向自由定位和轴向施力。

5）钢筋打点机或划线机、游标卡尺（精度为 0.1mm）、钢直尺等。

图 7-5 万能材料试验机

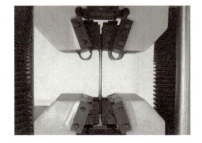

图 7-6 夹具

三、试验步骤

1. 拉伸试验准备

1）开机检查试验机的运行状况，并做好相应的记录。

2）试验机调零：开动油泵，将活塞升高约 10mm 后，力值和位移调零，再将活塞降至零点。

3）将刻有标距的试样夹持在试验机夹具中，试样头部被夹持的长度，一般至少为夹头夹持长度的 3/4，确保试样轴向受力，尽量减小弯曲。

4）确定加荷速度：屈服期间应变速率应在 0.00025～0.0025MPa/s 之间，屈服阶段过后，应变速率可增加至不大于0.008MPa/s。

5）试验应在室温10～35℃下进行。

2. 测定屈服强度（R_{eL}、R_{eH}）

试验时计算机记录力-伸长曲线或力-位移曲线，如图7-7所示。从曲线图屏幕上可读取力首次下降前的最大力F_{eH}（上屈服点）和不计初始瞬时效应时屈服阶段中的最小力F_{eL}（下屈服点）或屈服平台的恒定力，将其分别除以试样原始横截面面积S_0得到上屈服强度R_{eH}和下屈服强度R_{eL}。

$$R_{eH}=F_{eH}/S_0 \qquad (7-2)$$

$$R_{eL}=F_{eL}/S_0 \qquad (7-3)$$

用于钢结构的低合金高强度结构钢，采用上屈服强度指标。用于钢筋混凝土用热轧带肋钢筋，采用下屈服强度指标。

3. 测定抗拉强度（R_m）

屈服阶段过后进入塑性阶段，直至试样断裂，读取最大读数即为极限荷载F_m（最高点）。将其除以试样原始横截面面积得到抗拉强度R_m。

$$R_m=F_m/S_0 \qquad (7-4)$$

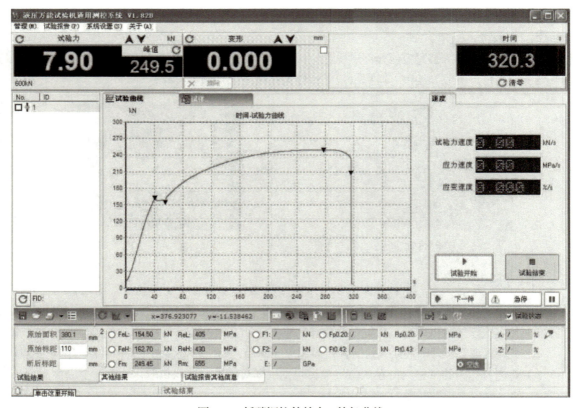

图7-7 低碳钢拉伸的力-伸长曲线

4. 测定断后伸长率（A）

在某一标距范围内材料的伸长量与原始标距之比称为伸长率。应将试样断裂的部分仔细地配接在一起使其轴线处于同一直线上，并采取特别措施确保试样断裂部分适当接触后，用钢直尺测量试样断后标距 L_u，L_0 为原始标距。

$$A = \frac{L_u - L_0}{L_0} \times 100\% \tag{7-5}$$

5. 测定最大力总延伸率（A_{gt}）

拉伸过程最大拉伸力值在曲线最高点，在缩颈之前，试件直径还是均匀变形，此时的延伸率对应极限荷载最大力总延伸率，采用手工方法在断后进行测定。一般选择拉断后较长的一段，最大力总延伸率包括了塑形变形和弹性变形产生的延伸率。设 A_g 为最大力塑性延伸率，以 L_0=100mm 作为原始标距，拉伸后标距内不包含断口，且距断口至少 50mm 或 $2d$（两者较大者，即尽量远离断口缩颈部分），距夹持端至少 20mm 或 d（两者较大者），测量标距内的最大力伸长标距 L_g。

最大力总延伸率 A_{gt} = 最大力塑性延伸率 A_g + 弹性变形率 = $(L_g - L_0)/L_0 \times 100\% + (R_m/E) \times 100\%$

$$A_{gt} = A_g + (R_m/E) \times 100\% \tag{7-6}$$

E 为弹性模量，钢材取 $E = 2.06 \times 10^5$ MPa。

四、数据处理

将极限荷载、屈服荷载、标距长度、延伸长度、原始标距、断后标距等数据填入表 7-1。根据式（7-2）～式（7-6）计算下屈服强度、抗拉强度、伸长率、最大力总伸长率；计算强屈比（实测抗拉强度/实测下屈服强度）、超屈比（实测下屈服强度/下屈服强度标准值）。

1）根据钢筋牌号（如 HRB400E）的性能要求，修约判定按《冶金技术标准的数值修约和检测数值的判定》（YB/T 081—2013）进行，其 R_{eL} 和 R_m 为 200～1000MPa，故修约至 5MPa，其 A 修约至 0.5%。

2）根据钢筋牌号（如 HRB400E）的性能要求，修约方法按《数值修约规则与极限数值的表示和判定》（GB/T 8170—2008）进行。

① 数值修约规则：4 舍 6 进，5 后非零直接进，5 后全为零奇进偶不进。

② 0.5 单位修约：将修约数 X 乘以 2，按照指定修约间隔对 $2X$ 进行修约，所得数（$2X$ 修约值）再除以 2。

③ 0.2 单位修约：将修约数 X 乘以 5，按照指定修约间隔对 $5X$ 进行修约，所得数（$5X$ 修约值）再除以 5。

7.1.3 钢材主要物理力学性能相关知识学习

一、引导问题（判断题）

1）钢材的主要技术性能包括力学性能、工艺性能、物理化学性能等。（　　）

2）建筑钢材是指用于钢结构的各种型钢、钢板、管材和用于钢筋混凝土结构中的各种钢筋、钢丝和钢绞线等。（　　）

3）钢材的主要有害元素有磷、硫、氧、锰。（　　）

4）钢筋的重量偏差项目可以重新取样进行复验。（　　）

5）热轧光圆钢只有 HPB300 一个牌号。（　　）

6）热轧带肋钢筋牌号共有 HRB400、HRB400E、HRB500、HRB500E、HRB600 五个。（　　）

7）钢材的强度可以分为抗拉强度、抗压强度、抗弯强度和抗剪强度等几种。（　　）

8）钢材拉伸四个阶段：弹性阶段、屈服阶段、强化阶段和缩颈阶段。（　　）

9）通常以 A_5、A_{10} 分别表示 $L_0=5d_0$ 和 $L_0=10d_0$ 时的断后伸长率，同一钢材 $A_5=A_{10}$。（　　）

10）在建筑设计中一般以下屈服强度用 R_{eL}（或 σ_s）作为强度取值的依据。（　　）

11）一般低碳钢的回火、调质后硬度用布氏硬度表示，数值越大，表示钢材越硬。（　　）

二、钢材主要物理力学性能相关知识

钢是由生铁冶炼而成的。炼钢的过程是把熔融的生铁进行氧化，使碳含量降低到预定的范围，其他杂质降低到允许范围。理论上凡是以铁为主要元素，碳的质量分数在 2.11% 以下的，含有有害物质较少的铁碳合金可称为钢。碳的质量分数小于 0.04%，称为工业纯铁。

钢材及分类（教）

钢材的主要技术性能包括力学性能、工艺性能、物理化学性能等。力学性能反映材料在各种外力作用下抵抗变形和断裂的能力，主要包括拉伸性能、塑性、硬度、冲击韧性、疲劳强度等。工艺性能反映金属材料在加工制造过程中所表现出来的性质，主要包括冷弯性能、反向弯曲性能、焊接性、热处理性能等。只有了解、掌握钢材的各种性能，才能正确、经济、合理地选择和使用钢材。

钢材具有高强度、良好的塑性、韧性、承受冲击和振动荷载的能力、密度大、材质均匀、易于加工、工艺性能良好等特点，可制成各种铸件和型材，能焊接、铆接或螺栓连接，便于装配和机械化施工。因此，钢材广泛应用于铁路、桥梁、房屋建筑等各种工程中，是主要的建筑材料之一。钢材的缺点是易锈蚀，需要常维护，维护费用高，耐火性差。

建筑钢材是指用于钢结构的各种型钢（如圆钢、角钢、工字钢、槽钢、钢管等）、钢板和用于钢筋混凝土结构中的各种钢筋、钢丝和钢绞线等。建筑钢材在建设工程中得到广泛的应用，合理地选用和使用建筑钢材，需要了解和掌握其分类、物理性能、化学性能、力学性能、工艺性能，达到质量可靠、经济实用的目的。

（一）钢材的分类

钢材可以按化学成分、冶炼时脱氧程度、有害物质含量、用途、炼钢方法等进行分类。

1. 按化学成分分类

钢材按化学成分分类，可分为碳素钢和合金钢。

（1）碳素钢　碳素钢是碳的质量分数在 0.025%～2.11% 的铁碳合金。钢材碳含量对钢材性能影响大，按照碳的质量分数分为低碳钢（碳的质量分数小于 0.25%）、中碳钢（碳的质量分数 0.25%～0.6%）、高碳钢（碳的质量分数大于 0.6%）。建筑工程用结构钢中，常用的是低碳钢、中碳钢，如 Q235-A 钢，表示屈服强度为 235MPa，碳的质量分数为 0.17%～0.22%A 级碳素结构钢（低碳钢）。

（2）合金钢　钢中除铁、碳外，加入其他的合金元素，称为合金钢。按照合金含量分为低合金钢（合金的质量分数小于 5%）、中合金钢（合金的质量分数 5%～10%）、高合金钢（合金的质量分数高于 10%）。建筑工程用结构钢中，常用的是低合金钢，如 Q460-C 钢，表示屈服强度为 460MPa，合金的质量分数小于 5% 的 C 级低合金钢。

2. 按冶炼时脱氧程度分类

钢在冶炼过程中，由于氧化作用时，部分铁被氧化，不可避免地会有部分氧化铁残留在钢水中，降低了钢的质量。因此在冶炼后期精炼时，需要在炉中加入脱氧剂 [锰（Mn）、硅（Si）、铝（Al）、钛（Ti）] 进行脱氧处理，使氧化铁还原为金属铁。按照脱氧程度分为沸腾钢、镇静钢、特殊镇静钢。

1）沸腾钢：脱氧不完全，钢液浇注后，产生大量 CO 气体逸出，引起钢液沸腾。其结构不致密，气泡多，化学偏析大，成分不均匀，质量差，成本低。沸腾钢代号为"F"，如 Q300-AF，表示屈服强度为 300MPa 的 A 级沸腾钢。

2）镇静钢：脱氧充分，铸锭时无气泡，在锭模内平静凝固。其组织致密，化学成分均匀，力学性能好，质量好，成本高，可用于承受冲击荷载的结构和预应力混凝土中。镇静钢代号为"Z"，一般为 C 级钢。

3）特殊镇静钢：脱氧程度更彻底充分，代号为"TZ"，一般为 D 级钢。可以用于特别重要的结构工程。

镇静钢、特殊镇静钢代号可以省略。

3. 按有害物质含量分类

钢材按有害物质含量分类，可分为普通碳素结构钢（硫的质量分数≤0.05%，含磷量≤0.045%）、优质碳素结构钢（硫的质量分数≤0.035%，磷的质量分数≤0.035%）和高级优质碳素钢（硫的质量分数≤0.025%，磷的质量分数≤0.025%）。如 45 钢，表示含碳量为 0.45% 的优质碳素结构钢，质量指标要求需要同时保证化学成分和力学性能。

4. 按用途分类

钢材按用途分类，可分为结构钢（建筑工程用结构钢、机械制造用结构钢）、工具钢（刀具、量具）、特殊性能钢（如不锈钢、耐酸钢、耐碱钢、磁钢等）。如建筑工程用结构钢 HPB300，表示屈服强度为 300MPa 的热轧光圆钢筋。

建筑工程用结构钢是指用于钢结构和混凝土结构的各种钢材，有型钢、线材、管材、板材四大品种。钢结构用钢材主要有型钢、钢板、管材。钢筋混凝土结构用钢材主要有钢筋、钢丝、钢绞线。

5. 按炼钢方法分类

钢材按炼钢方法分类，可以分为氧气转炉炼钢、电炉炼钢、平炉炼钢。氧气转炉炼钢是现代炼钢的主流方式，常用来冶炼较优质的碳素钢和合金钢。电炉主要用来冶炼优质碳素钢和特殊用钢。平炉炼钢成本高，效率低。

（二）钢材的力学性能

1. 应力、应变

物体由于外因（受力、湿度、温度场变化等）而变形时，在物体内各部分之间产生相互作用的内力，单位面积上的内力称为应力，用 σ 表示，单位为 MPa（$1\text{MPa}=10^6\text{N/m}^2=\text{N/mm}^2$），$1\text{Pa}=1\text{N/m}^2$，Pa 单位太小，一般以 MPa 表示。应变是某一方向上微小线段因变形产生的长度增量（伸长时为正）与原长度的比值，用 ε 表示，没有单位。

2. 拉伸性能

钢材受拉时，在产生应力的同时，相应产生应变。应力-应变关系曲线反映了钢材的拉伸性能。材料单位受力面积上所承受的力，称为材料的强度，符号为 R。钢材的强度可以分为抗拉强度、抗压强度、抗弯强度和抗剪强度等几种，单位为 MPa。

建筑钢材因为抗拉强度很好，主要用来承受拉力，因此拉伸性能是表示钢材性能和选用钢材的重要依据。通过对钢材进行拉伸试验所测得的屈服强度、抗拉强度和伸长率是钢材的重要指标。低碳钢的应力-应变关系曲线如图 7-8 所示。钢材从受拉到拉断，经历了以下四个阶段：弹性阶段（OA）、屈服阶段（AB）、强化阶段（BC）和缩颈阶段（CD）。材料的拉伸性能就可以通过该图来表示。

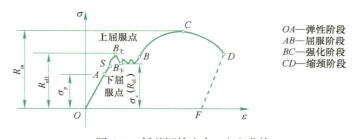

图 7-8　低碳钢的应力-应变曲线

注：弹性极限 σ_p，屈服强度 R_{eL}（对应 σ_s），抗拉强度或强度极限 R_m（对应 σ_b）。

（1）弹性阶段　应力-应变曲线中 OA 段为直线段，随着荷载的增加，应力和应变成比例增加，在此范围内的变形，称为弹性变形。如卸去荷载，则恢复原状，这种性质称为弹性。A 点所对应的应力称为弹性极限，用 σ_p 表示。在这一范围内，应力与应变的比值为一常量，称为弹性模量，用 E 表示，即 $E=\sigma/\varepsilon$，单位 MPa。弹性模量反映了钢材的刚度，是钢材在受力条件下结构计算的重要指标之一，钢材取 $E=2.06\times10^5\text{MPa}$。

（2）屈服阶段　AB 为屈服阶段。在 AB 曲线范围内，应力与应变不成比例变化，即开始产生塑性变形，应力增长滞后于应变增长，也就是这一阶段主要是应变增长，钢材伸长，但应力变化稍有下降。应力达到 $B_\text{下}$ 点后，变形急剧增加，应力则在不大的范围内波动，直到 B 点止。$B_\text{上}$ 点对应的应力是上屈服强度，$B_\text{下}$ 点对应的应力是下屈服强度，也可称为屈服极限，当应力达到 $B_\text{上}$ 点时，钢材抵抗外力能力下降，发生"屈服"现象。$B_\text{下}$ 点是屈服阶段应力波动的次低值（此点较稳定，易测定），它表示钢材在工作状态下允许达到的应力值，即在 $B_\text{下}$ 点之前，钢材不会发生较大的塑性变形，可以满足使用要求。故在设计中一般以下屈服强度作为强度取值的依据，表示钢材在受到此应力下是安全可使用的，用 R_{eL}（或 σ_s）表示。碳素结构钢 Q235 的 R_{eL}（或

σ_s）应不小于235MPa。

（3）强化阶段　BC为强化阶段，过B点后，抵抗塑性变形的能力又重新提高，变形发展速度比较快，随着应力的提高而增加，对应于最高点C点的应力，称为抗拉强度或强度极限，用R_m（或σ_b）表示。碳素结构钢Q235的R_m（或σ_b）应不小于375MPa。

抗拉强度不能直接利用，但实测抗拉强度和实测下屈服强度的比值（强屈比=R^o_m/R^o_{eL}或σ_b/σ_s）却能反映钢材的利用率和安全性。强屈比越高，安全性高，但利用率低，造成钢材浪费。如果强屈比太小，钢材的利用率高，但易发生危险的脆性断裂，安全性降低。工程中常采用冷拉的方法来提高钢材的利用率，降低了强屈比（也不能太低），一般带E的抗震钢筋需要检测强屈比，要求强屈比不小于1.25，主要是为了保证纵向钢筋具有一定的延性，当构件某个部位出现塑性铰后，塑性铰处有足够的转动能力和耗能能力，防止脆性破坏。

钢材实测下屈服强度值与下屈服强度标准值之比（R^o_{eL}/R_{eL}），称为超屈比。标准要求带E的抗震钢筋其超屈比不应大于1.30。将屈服强度实测值控制在一定的范围之内，并不希望实际的屈服强度比设计所采用的强度大得太多，否则会造成框架梁正截面受弯承载力比设计承载力大很多，塑性铰发生转移或者会造成框架梁的剪切破坏先于弯曲破坏、混凝土的压溃先于钢筋的屈服，即产生脆性破坏。

（4）缩颈阶段　CD为缩颈阶段。过最高点C点后，材料抵抗变形的能力明显降低，在CD范围内，应变增加，而应力下降，并在某处会发生"缩颈"现象，直至断裂，如图7-9所示。此时在长度方向上不同的位置材料的应变ε是不同的，靠近缩颈位置伸长量大，远离缩颈伸长量小。为了测量此时材料伸长量的变化，引入伸长率的概念，在某一标距范围内材料的伸长量与原始标距之比，作为伸长率，用A（或δ，钢筋标准中常用A表示，下同）表示。

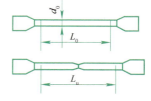

图7-9　直接法测量断后伸长标距L_u

断后伸长率测量计算如下：

$$A（或\delta）=[（L_u-L_0）/L_0]\times100\% \tag{7-7}$$

测量断后伸长标距L_u可以采用直接法和位移法。

1）直接法：将断后试样拼接后测量伸长标距L_u，原则上只有断裂处与最接近的标距标记的距离不小于原始标距的1/3（即基本断在靠中间位置）情况下可以直接测量。

但断裂伸长率大于或等于规定值，说明伸长率合格，则不管断裂在何处，测量有效，不需要采用位移法。如果试样在标距点上或标距外断裂，则测试结果无效，应重做试验。

2）移位法：离断裂处与最接近的标距标记的距离小于原始标距的1/3，直接测量原伸长数据会影响测量精度，可用位移法测断后的伸长率。即假定在中间处断裂，将大于1/3端的部分移位到小于1/3端，折算测量计算伸长率，如图7-10所示。

在长段上，从拉断处O点取基本等于短段长度的位置附近标记点，得到B点，接着取等于长段所余格数（偶数，如图7-10a所示）之半，得C点；或取所余格数（奇数，如图7-10b所示）减1或加1，得C或C_1点。移位后的L_u分别为

$$L_u=\overline{AO}+\overline{OB}+2\overline{BC} 或 \overline{AO}+\overline{OB}+\overline{BC}+\overline{BC_1} \tag{7-8}$$

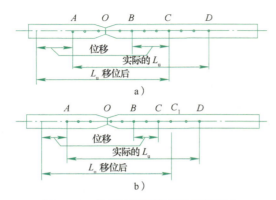

图 7-10 位移法测量断后伸长标距 L_u

伸长率反映了钢材的塑性大小，在工程中具有重要意义。伸长率越大，塑性越好，钢质越软，结构塑性变形越大，影响使用。伸长率越小，塑性越差，钢质越硬脆，超载后越易断裂破坏。塑性良好的钢材，会使内部应力重新分布，不致由于应力集中而发生脆断，安全性提高。

钢材拉伸时塑性变形在试样的标距内的分布是不均匀的，在缩颈处较大，离缩颈部位越远其变形越小。通常以 A_5、A_{10} 分别表示 $L_0=5d_0$ 和 $L_0=10d_0$ 时的断后伸长率。d_0 为试样的原直径或厚度。对于同一钢材，其 $A_5>A_{10}$。说明伸长率 A（或 δ）是为测量方便而人为定义的反映塑性变形值大小的一个参数。

对于碳含量及合金元素含量较高的钢材（硬钢），其应力-应变曲线与低碳钢不同，在外力作用下没有明显的屈服阶段，难以测定屈服点，拉伸到一定长度后产生弹性变形和塑性变形，规定产生残余变形为原标距长度的 0.2% 时对应的应力值作为屈服强度，也称为条件屈服点，用 $\sigma_{0.2}$ 表示，如图 7-11 所示。

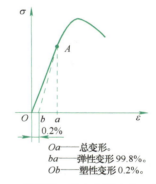

图 7-11 高碳钢、高合金钢应力-应变曲线

3. 冲击韧性

冲击韧性是指钢材抵抗冲击荷载而不被破坏的能力。钢材的冲击韧性用标准试样（中部加工有 V 型或 U 型缺口）在试验机上进行冲击弯曲试验后确定。试件缺口处受冲击，以缺口处单位面积所消耗的功作为冲击韧性指标，用冲击韧度 α_k（J/cm^2）表示。α_k 值越大，表示冲断试件时消耗的功越多，钢材的冲击韧性越好。

钢的化学成分、组织状态、冶炼和轧制质量以及温度和时效都会影响钢材的冲击韧性，一般说来，钢中硫、磷含量较高，夹杂物及焊接中形成的微裂纹等都会降低冲击韧性。对钢材进行冲击试验，能较全面地反映出材料的品质。对于直接承受动荷载，而且可能在负温度下的重要结构，必须按照有关规范的要求，进行钢材的冲击韧性检测。

4. 疲劳强度

钢材在交变荷载反复作用下，可能在远低于屈服点时发生突然破坏，这种破坏称为疲劳破坏。疲劳破坏的危险应力用疲劳极限或疲劳强度表示。它是指钢材在突变荷载作用下，在规定的周期内不发生断裂所能承受的最大应力。

钢材的疲劳破坏是拉应力引起的，先在应力集中的地方出现疲劳裂纹，由于反复作用，裂纹尖端产生应力集中，致使裂纹逐渐扩大，而产生突然断裂。从断口可明显分辨出疲劳裂纹扩展区和残留部分的瞬时断裂区。

钢材疲劳强度的大小与内部组织、成分偏析及各种缺陷有关。同时，钢材表面质量、加工损伤、截面变化和受腐蚀程度等都影响其疲劳性能。

5. 硬度

材料抵抗硬物压入其表面产生局部变形的能力称为硬度，一般采用硬物压入材料表面来测量。测定钢材硬度的方法有布氏法（HB）、洛氏法（HRC）。

布氏法是在布氏硬度机上用一规定直径的硬质钢球，加以一定的压力，将其压入钢材表面，使形成压痕，将压力除以压痕面积所得应力值称为该钢材的布氏硬度值HB，以数字值表示，不带单位。数值越大，表示钢材越硬。一般用于低碳钢的回火、调质后硬度的测量。布氏硬度压痕较大，测量值准，不适用成品和薄片，一般不归于无损检测一类。

洛氏法是在洛氏机上根据测量的压痕深度来计算硬度值HRC。一般用来测量经过淬火后的钢材的硬度。

各类钢材的HB值与抗拉强度之间有较好的相关性。材料的强度越高，塑性变形抵抗能力越强，硬度值也越大。由试验得出当碳素钢的HB<175时，其抗拉强度与布氏硬度的经验关系式为R_m=0.36HB，当碳素钢的HB>175时，其抗拉强度与布氏硬度的经验关系式为R_m=0.35HB。

（三）钢筋混凝土用钢及"瘦身钢筋"的危害

根据《钢筋混凝土用钢　第1部分：热轧光圆钢筋》（GB/T 1499.1—2024）规定，热轧光圆钢筋只有牌号为HPB300的钢筋，代号HPB，屈服强度特征值300级。热轧光圆钢筋的直径范围为6～25mm。

根据《钢筋混凝土用钢　第2部分：热轧带肋钢筋》（GB/T 1499.2—2024）规定，热轧带肋钢筋共有HRB400、HRBF400、HRB400E、HRBF400E、HRB500、HRBF500、HRB500E、HRBF500E、HRB600九个牌号钢筋，代号HRB，屈服强度特征值共有400级、500级、600级三个等级，同一个等级中，F代表沸腾钢，E代表抗震钢。

钢材的物理性能中，密度与材料的成分、组织有关，钢材的密度为7.85g/cm³。一定长度的钢筋，由于截面面积的误差，会影响其实际承受力的能力。

钢筋抗震性能标准的强屈比要求≥1.25，强屈比太低，安全性有问题，但强屈比太高，钢材的利用率低，工程中常采用冷拉的方法，产生变形强化，提高钢筋下屈服强度，来提高钢材的利用率，降低强屈比。采用冷拉时，光圆钢筋HPB300一般冷拉率不宜超过4%，带肋钢筋HRB400冷拉率不超过1%。"瘦身钢筋"是违规冷拉建筑钢筋，主要是作为箍筋使用的盘圆钢，违规加工后建筑钢筋的伸长率基本都超过国家规定的4%，大多为6%～8%，有的甚至达到15%～20%。钢筋截面面积减小，未达到标准尺寸公差要求，结构强度大大降低，塑性遭到破坏，伸长率不满足规范要求，突破拉伸安全极限，一旦发生地震，建筑物容易垮塌。"瘦身钢筋"带来的危害除了抗震性下降外，房子的承重也会下降，越高的楼，危害越严重。

检测钢筋单位长度重量偏差是否合格，是杜绝"瘦身钢筋"，消除工程质量隐患的有效措施。

2021年3月15日，一年一度的央视3·15晚会开播，此次晚会"瘦身钢筋"被点名。仅被该节目暗访的某生产窝点，一年就有上万吨"瘦身钢筋"流入市场。当地政府连夜组织开展查处行动。抓获犯罪嫌疑人27名，查封涉嫌生产问题钢材的场所4处，扣押涉嫌问题钢材约5600t，并追查了已售出的钢筋。

三、小组讨论

根据小组检测实训内容和上课内容，在教学平台上传检测试验原始记录表和填写对应检测报告，讨论相关问题。

1）检测的钢筋直径是_____mm，牌号是_____，重量偏差是_____%，屈服强度是_____MPa，抗拉强度是_____MPa，断后伸长率是_____%，最大力总延伸率是_____%，是否符合标准？画出该钢筋的应力-应变曲线，在图上标出 σ_s、σ_b，并阐述 σ_s、σ_b、A 的意义。

2）该钢筋可以用于总学习任务中图1所示建筑工程的哪些构造中？该项目还可能需要哪些规格、型号的钢材？

3）从产生原因出发，有哪些措施可严格管理"瘦身钢筋"？

四、总结汇报

分小组汇报，辩论和评分，教师进行总结和拓展，并讲解相关理论知识和应用。

五、评估

教师对每一个学生的课前、研讨汇报、作业等情况进行评价，填写表1-4、表1-5。

考 / 证 / 训 / 练

（一）判断题

1．以铁为主要元素，碳的质量分数在2.11%以下，含有害物质较少的铁碳合金可称为钢。
（　　）
2．钢材是按硫、磷两种元素的含量高低来划分质量等级的。（　　）
3．建筑钢材随着碳含量提高，其强度、硬度提高，塑性、韧性下降。（　　）
4．沸腾钢是用强脱氧剂，脱氧充分、液面沸腾，故质量好。（　　）
5．钢的碳含量增大使焊接性降低，增加冷脆性和时效敏感性，降低耐大气腐蚀性。
（　　）
6．钢结构设计是以钢材的抗拉强度确定容许应力的。（　　）
7．伸长率越大，钢材塑性越好。（　　）
8．低合金钢的塑性和韧性较差。（　　）
9．强屈比太小，安全性高，但利用率低，造成钢材浪费。（　　）
10．材料的强度越高，塑性变形抵抗能力越强，硬度值也越大。（　　）

（二）填空题

1. 钢材的特点：具有强度_____，塑性_____，具有_____的韧性和抗冲击能力；工艺性能_____（焊接性），_____于加工；但是，钢材易_____、耐火性_____，维修费用_____。

2. 钢材中除铁、碳之外，加入其他的_____元素，就称为合金钢。

3. 每批直条钢筋应做_____个拉伸试验和_____个弯曲试验。

4. 钢筋应该有出厂质量证明或试验报告单，验收时应抽样做_____、_____、_____。

5. _____和_____是衡量钢材强度的两个重要指标。

6. 根据化学成分不同，钢材可以分为_____和_____两类。根据含硫、磷量的不同，可以分为_____、_____和_____三类，按冶炼时脱氧程度分类，可以分为_____、_____、_____三类。

7. 某直径为 20mm 的钢筋拉伸试验时测得断后标距长度为 132mm，则伸长率 A 为_____。

7.2 钢材主要工艺和化学性能及检测

选择送检钢筋，进行工艺性能检测，包括冷弯、反向弯曲检测，掌握检测步骤和检测技能。学习钢材的工艺性能知识，并掌握钢材的选择和应用能力。

7.2.1 钢筋冷弯性能检测

一、实训目的

检测建筑钢材冷弯性能，掌握建筑钢材冷弯性能的检测步骤，测定钢筋在冷加工时承受规定弯曲程度的弯曲变形能力。

钢筋冷弯试验（虚）

二、实训准备

1. 检测试样准备

1）选用钢筋 HRB400E 进行冷弯试验，试样长度 $L=0.5(D+d)+140$mm。其中，L 为试样最小长度，单位 mm；D 为弯曲压头直径，单位 mm；d 为试样的原始直径，单位 mm。

2）钢筋应无有害的表面缺陷，试样不准许进行车削加工。

2. 检测设备

1）万能材料试验机，如图 7-5 所示。

2）支辊式弯曲装置。附有两个支辊，支辊间距离可以调试；还附有不同直径的弯曲压头。根据钢筋的牌号和直径 d 确定钢筋的弯曲压头直径 D 和弯曲角度 γ，见表 7-4。

调整两支辊间的距离使 $L_1=(D+3d)\pm 0.5d$，并在试验过程中不发生移动，如图 7-12 所示。

表 7-4 钢筋弯曲性能、反向弯曲性能试验标准

钢筋名称牌号		公称直径或厚度 d/mm	钢筋弯曲性能		钢筋反向弯曲性能		标准要求
			弯曲压头直径 D/mm	弯曲角度 γ/(°)	弯曲压头直径 D/mm	弯曲角度 γ/(°)	
热轧光圆钢筋 HPB300		6~22	d	180	—	—	受弯部位表面不得产生裂纹
热轧带肋钢筋	HRB400 HRBF400 HRB400E HRBF400E	6~25	$4d$		$5d$	先正向弯曲90° 再反向弯曲20°	
		28~40	$5d$		$6d$		
		>40~50	$6d$		$7d$		
	HRB500 HRBF500 HRB500E HRBF500E	6~25	$6d$		$7d$		
		28~40	$7d$		$8d$		
		>40~50	$8d$		$9d$		
	HRB600	6~25	$6d$		$7d$		
		28~40	$7d$		$8d$		
		>40~50	$8d$		$9d$		

注：带 E 的钢筋应进行反向弯曲性能试验，其余钢筋根据需方要求也可以做。可用反向弯曲替代弯曲试验。

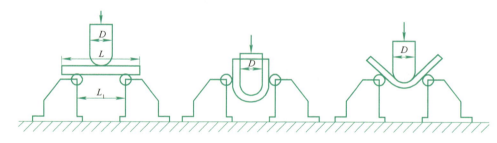

图 7-12 钢筋冷弯性能检测示意图

3）游标卡尺（精度为 0.1mm）、钢直尺。

三、试验步骤

1）试验前应开机检查试验机的运行状况，并做好相应的记录。

2）试验应在室温 10~35℃下进行，对温度要求严格的试验，试验温度应为（23±5）℃。

3）将试样放置在两支辊上，使试样轴线与弯曲压头轴线垂直。开启油泵，当弯曲压头将与试验机的上压头接触时，调整弯曲压头使之与支辊平行，并处于两支点的中间位置。

4）缓慢、平稳地增加试验荷载（出现争议时，试验速率应为 1mm/s±0.2mm/s），使试样弯曲到规定的角度或出现裂纹、裂缝、断裂为止。

5）试样需要弯曲至两臂端平行或两臂端接触时，可先弯曲到一定的角度，然后放置在试验机两平板之间，连续施加力使其两端进一步弯曲，直至两臂直接接触。试验后观察试样表面，判定试验结果，并填写原始记录表。

四、试验结果处理

将弯曲压头直径、弯曲角度、样品序号、试样形态等数据填入表 7-1。

1）试验后应按相关产品标准的规定，检查试样表面是否出现裂纹，并进行评定。
2）当没有具体规定时，以弯曲后试样表面是否有肉眼可见裂纹判定其是否合格。

7.2.2 钢筋反向弯曲性能检测

一、实训目的

掌握建筑钢材反向弯曲性能的检测步骤，测定钢筋在冷加工时承受规定弯曲程度的弯曲及反向弯曲变形能力。

二、实训准备

1. 检测试样准备

每批直条带肋钢筋应做 2 个反向弯曲试验。试样长度 $L=0.5（D+d）+140mm$。其中，L 为试样最小长度，单位 mm；D 为弯曲压头直径，单位 mm；d 为试样的原始直径，单位 mm。

2. 检测设备

1）万能材料试验机，如图 7-5 所示。
2）支辊式弯曲装置。附有两个支辊，支辊间距离可以调试；还附有不同直径的弯曲压头。根据钢筋的牌号和直径 d 确定钢筋的弯曲压头直径 D 和弯曲角度 γ，见表 7-4。
调整两支辊间的距离使 $L_1=（D+3d）±0.5d$，并在试验过程中不发生移动。
3）反向弯曲专用装置，与弯曲压头和支辊不同，有导向装置，形状如图 7-13 所示，调整支辊间距为 110mm。

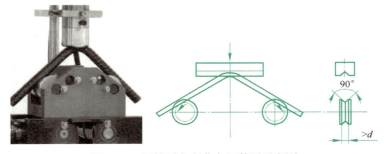

图 7-13　钢筋反向弯曲专用装置示意图

三、试验步骤

1）试验前应开机检查试验机的运行状况，并做好相应的记录。
2）试验应在室温 10～35℃下进行，对温度要求严格的试验，试验温度应为（23±5）℃。
3）将试样放置在两支辊上，再将弯心冲头放置在试样上；开启油泵，当弯曲压头将与试验机的上压头接触时，调整弯曲压头使之与支辊平行，并处于两支点的中间位置；缓慢、平稳地增加试验荷载（出现争议时，试验速率应为 1mm/s±0.2mm/s），使试样弯曲到 90°。

4）把正向弯曲后的钢筋放入恒温箱，在100℃温度下保温30min，经自然冷却后再反向弯曲20°。两个弯曲角度均应在保持荷载时测量。出厂检验准许在室温下直接进行反向弯曲，仲裁检验应在时效后进行反向弯曲。

5）更换上反向弯曲专用压头，调整支辊间距为110mm，把正向弯曲经人工时效后的钢筋放入支辊间，确保压头中心点对准弯曲原点（最大曲率半径圆弧的中间点），重复上述步骤向回弯曲20°。试验后观察试样表面是否有裂纹，并填写原始记录表。

四、试验结果处理

将弯曲压头直径、正向弯曲角度、试样形态、是否人工时效、反向弯曲角度、试样形态等数据填入表7-1。

1）试验后应按相关产品标准的规定，检查试样表面是否有裂纹。
2）当没有具体规定时，以弯曲后试样表面是否有肉眼可见裂纹判定其是否合格。

7.2.3 钢材主要工艺和化学性能相关知识学习

一、引导问题（判断题）

1）冷弯检测是对钢材塑性更严格的检验。（ ）
2）牌号带E的抗震钢筋反向弯曲试验被要求作为常规检测项目。（ ）
3）碳的质量分数超过0.3%的碳素钢焊接性变差。（ ）
4）冷拉加工后抗拉强度基本不变，塑性和韧性相应降低。（ ）
5）受动荷载作用或经常处于负温条件下工作的钢结构，应选用时效敏感性较小的钢材。（ ）
6）钢的碳含量增大使焊接性降低，增加冷脆性和时效敏感性，降低耐大气腐蚀性。（ ）
7）钢材锈蚀防护措施：一是提高钢材的耐腐蚀性能；二是改变外部环境。（ ）

二、钢材主要工艺和化学性能相关知识

钢材应具有良好的机械加工工艺性能，以满足施工工艺的要求。冷弯性能、反向弯曲性能和焊接性是钢材重要的工艺性能。

钢材的主要工艺性能（教）

（一）钢材的主要工艺性能

1. 冷弯性能

冷弯性能是指钢材在常温下承受弯曲变形的能力。冷弯试验是将钢材按规定弯曲角度与弯心直径弯曲。弯曲角度分为180°、弯曲到两面重合。弯心直径为0、d、$2d$、$3d$、$4d$、$5d$、$6d$、$7d$、$8d$，d是直径或厚度。检查受弯部位的外拱面和两侧面，不发生裂纹、起层或断裂为合格，弯曲角度越大，弯心直径与试件厚度（或直径）的比值越小，则表示钢材冷弯性能越好。

冷弯是钢材处于不利变形条件下的塑性，与表示在均匀变形下的塑性（断后伸长率）不同，是对钢材塑性更严格的检验；在同一程度上，冷弯更能反映钢的内部组织状态、内应力及夹杂

物等缺陷，并且能揭示焊接在受弯表面存在的未融合、微裂纹及夹杂物等缺陷。

一般来说，钢材的塑性越大，其冷弯性能越好。

2. 反向弯曲性能

钢筋牌号带 E 的抗震钢筋反向弯曲试验被要求作为常规检测项目，同时对钢的含氮量予以限制（质量分数不超过 0.012%）；其他钢筋根据客户要求也可进行反向弯曲试验；可以用反向弯曲试验代替弯曲试验。光圆钢筋 HPB300 只做冷弯试验，不要求做反向弯曲试验。

热轧带肋钢筋反向弯曲试验的弯心直径比弯曲试验相应增加一个钢筋直径。先正向弯曲 90°，后反向弯曲 20°。经反向弯曲试验后，钢筋受弯曲部位表面不得产生裂纹。钢筋的反向弯曲试验本质上是一项应变时效敏感性试验，这是由于钢液中一般都含有一定数量的游离氮（N），也称为残留氮，含量过高时，可导致钢材经塑性变形后在室温下脆化。

由于钢筋常常需弯曲成型以后使用，已经产生塑性变形，如果材性变脆，结构就不能承受使钢筋再产生塑性变形的外加荷载（如地震），所以国内外都将反向弯曲试验作为一项重要技术要求列入钢筋标准。

3. 焊接性

建筑工程中，钢材间的连接绝大多数采用焊接方式来完成，因此要求钢材具有良好的焊接性。

在焊接中，由于高温作用和焊接后急剧冷却作用，焊缝及附近的过热区将发生晶体组织及结构变化，产生局部变形及内应力，使焊缝周围的钢材产生硬脆倾向，降低了焊接的质量。焊接性良好的钢材，焊缝处性质应与钢材尽可能相同，焊接才能牢固可靠。

钢的化学成分、冶炼质量及冷加工等都可影响焊接性。碳的质量分数小于 0.25% 的碳素钢有良好的焊接性。碳的质量分数超过 0.3% 的碳素钢焊接性变差。硫、磷及气体杂质会使焊接性降低，加入过多的合金元素也将降低焊接性。对于高碳钢及合金钢，为改善焊接质量，一般需要采用预热和焊后处理以保证质量。此外，正确的焊接工艺也是保证焊接质量的重要措施。

钢筋焊接应注意：冷拉钢筋的焊接应在冷拉之前进行；焊接部位应清除铁锈、熔渣、油污等；应尽量避免不同国家的进口钢筋之间或进口钢筋与国产钢筋之间的焊接。

4. 冷加工强化处理

将建筑钢材在常温下进行冷加工（冷拉、冷拔和冷轧），使之产生塑性变形，从而提高屈服强度，这种加工方法称为钢筋的冷加工强化处理。经过强化处理的钢材，其塑性和韧性会相应地降低。由于塑性变形中产生了内应力，故钢材的弹性模量降低。

（1）冷拉　冷拉加工就是将热轧钢筋用冷拉设备进行张拉（张拉控制应力应超过屈服强度），使之总长度增加。通过冷拉，其屈服强度提高 20%～30%，可节约钢材 10%～20%。而抗拉强度基本不变，塑性和韧性相应降低。

（2）冷拔　冷拔加工是将热轧光圆钢筋强力拉拔使其通过截面小于钢筋截面面积的拔丝模。钢筋不仅受拉，同时还受到挤压作用，冷拔作用比纯拉伸的作用强烈，经过一次或多次冷拔后得到的冷拔低碳钢丝，其屈服强度可提高 40%～60%，表面粗糙度值小，但其已失去低碳钢的塑性和韧性，具有高碳钢的性能。由于冷拔低碳钢丝的塑性大幅度下降，脆硬性明显，目前，已限制该类钢丝的一些应用。

（3）冷轧 冷轧是将热轧光圆钢筋在轧钢机上轧成断面按一定规律变化的钢筋，可提高其强度及与混凝土的黏结力。钢筋在冷轧时，纵向和横向同时产生变形，能较好地保持塑性变形能力及内部晶体的均匀性。

产生冷加工强化的原因是钢材在冷加工变形时，由于晶粒间产生滑移，晶粒形状改变，有的被拉长，有的被压扁，甚至变成纤维状。同时在滑移区域，晶粒破碎，晶格歪扭，从而对继续滑移造成阻力，要使它重新产生滑移就必须增加外力，这就意味着屈服强度有所提高，但由于减少了可以利用的滑移面，故钢的塑性降低。

（4）时效 钢筋经冷加工后，随着时间的延长，其屈服强度、抗拉强度、硬度逐渐提高而塑性和韧性逐渐降低的现象，称为应变时效，简称时效。经过冷拉的钢筋在常温下存放15～20d（自然时效），或加热到100～200℃（人工时效），并保持一定时间，这个过程称为时效处理。

冷拉以后再经时效处理的钢筋性能变化大，在其应力-应变曲线上可以明显看到，如图7-14所示。图7-14中 $OBCD$ 是冷拉前应力-应变曲线走向，当将钢材拉伸到超过其屈服点达到强化阶段的任意点 K，然后卸载，由于试样已产生塑性变形所以曲线沿着 KO' 线下降而不能回到原点。OO' 为塑性变形引起的应变。

若此时将试样重新拉伸，则新的应力-应变曲线为 $O'KCD$，即 K 点为新的屈服点，屈服强度得到提高，有利于钢材的使用，但塑性和韧性相应降低。

如在 K 点卸载后，不是立即重新拉伸，而是进行时效处理再拉伸，由于时效过程中内应力消减，故弹性模量可基本恢复，应力-应变曲线变化为 $O'K_1C_1D_1$，这表明钢材经过冷拉和时效处理后，屈服强度进一步提高，抗拉强度也有所增大，塑性和韧性进一步降低。

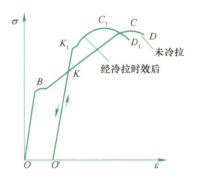

图7-14 钢材的冷拉及时效强化示意图

$OBCD$—冷拉前曲线走向 $O'KCD$—冷拉后曲线走向 $O'K_1C_1D_1$—冷拉及时效后曲线走向

因时效而导致钢材性能改变的程度称为时效敏感性。钢材中氮、氧质量分数高，时效敏感性大。受动荷载作用或经常处于中温条件下工作的钢结构（如起重机、桥梁），为避免脆性过大、防止出现突然断裂，应选用时效敏感性较小的钢材。

（二）钢材的化学成分对其性能的影响

钢是铁碳合金，由于原料、燃料、冶炼过程等因素使钢材中存在大量的其他元素，如硅、硫、磷、氧等。为了改善合金钢性能会加入一些元素，如锰、硅、矾、钛等。各种元素对钢的性能影响如下：

1）碳：碳是决定钢材性能的主要元素。随着碳含量上升，抗拉强度、硬度上升，而塑性及韧性降低，但抗拉强度在碳的质量分数为0.8%时，达到峰值，后随着碳含量的上升，钢的抗拉强度下降。钢的碳含量增加，还会使焊接性变差，冷脆性和时效敏感性增大，并使钢耐大气腐蚀能力下降。

2）硅：质量分数在1%以内时，可提高钢的强度、疲劳极限、耐腐蚀性及抗氧化性。

3）锰：质量分数一般在1%～2%之间，可提高钢的强度、硬度及耐磨性，能消减硫和氧引起的热脆性。当含量为11%～14%时，成为高锰钢，有较高的耐磨性。

4）铝、钛、钒、铌：是钢中的有益元素，它们是炼钢时强脱氧剂，也是合金中常见的合金元素，适当加入这些元素，可显著提高强度，改善韧性。

5）磷：钢中的有害杂质。常温下能提高钢的强度和硬度，但塑性和韧性显著下降，低温产生"冷脆性"。磷可提高钢的耐磨性和耐腐蚀性。建筑工程用结构钢一般要求磷质量分数小于0.045%。

6）硫：钢中的有害杂质。在焊接时，易产生"热脆性"。含硫过量，还会降低钢的韧性、疲劳强度等力学性能及耐腐蚀性能。建筑工程用结构钢一般要求硫质量分数小于0.050%。

7）氧：钢中的有害杂质。氧含量增加，使钢的机械强度降低，塑性和韧性降低，可促进时效作用，还能使热脆性增加，焊接性变差。一般要求氧质量分数小于0.03%。

8）氮：能使钢的强度提高，塑性特别是韧性显著下降。氮还会加剧钢的时效敏感性和冷脆性，使焊接性变差。冷脆性是指某些金属或合金在低于再结晶温度或低温时，冲击韧性急剧下降的现象。

（三）钢材的锈蚀和防护

1. 钢材的锈蚀

钢材的锈蚀是指其表面与周围介质发生化学反应或电化学作用，遭受到侵蚀而破坏的过程。锈蚀可以分为化学锈蚀、电化学腐蚀两类。

（1）化学锈蚀　化学锈蚀是指其表面与周围介质直接发生化学反应而产生锈蚀，在钢材的表面形成疏松的氧化物。在湿度和温度较高的环境下，这种腐蚀进展很快。

（2）电化学腐蚀　电化学腐蚀是钢材与电解质溶液接触而产生电流，形成微电池从而引起锈蚀。建筑钢材在存放和使用中发生的锈蚀主要属于这一类。在表面介质的作用下，铁元素失去电子成为Fe^{2+}离子进入介质溶液，与溶液中的OH^-离子结合生成$Fe(OH)_2$，使钢材遭到锈蚀。

2. 钢材锈蚀的防护措施

锈蚀不仅使钢材的截面面积减小，而且局部锈蚀坑的产生，可出现应力集中，造成结构破坏。尤其在有冲击荷载、循环交变荷载的情况下，将产生锈蚀疲劳现象，使疲劳强度大幅度降低，出现脆性断裂。从造成钢材锈蚀的内因和外因两个方面制定防护措施：一是提高钢材的耐腐蚀性能；二是改变外部环境。

(1) 采用加入合金元素制成耐候钢　在钢中加入少量铜、铬、镍、钼等合金元素制成耐候钢，在大气作用下，能在表面形成保护层，起到耐腐蚀作用，同时保持钢材具有良好的焊接性。

(2) 非金属覆膜　在钢材表面用非金属材料作为保护膜，如涂敷涂料、塑料、搪瓷等，与环境介质隔离，起保护作用。

(3) 金属覆盖　用耐腐蚀性好的金属，以电镀或喷涂的方法覆盖在钢材的表面，提高钢材的耐腐蚀性，常用的方法有镀锌、镀铬、镀锡、镀铜等。

(4) 混凝土中钢筋的防护　在混凝土中的钢筋，由于水泥水化产生大量的氢氧化钙，使混凝土的碱度较高（pH 值一般在 12 以上），在钢筋的表面形成碱性的氢化膜（钝化膜）对钢筋起保护作用。但随着碳化现象的发生，混凝土的 pH 值降低，钢筋表面的钝化膜逐步破坏，失去对钢筋的保护作用。

（四）热变形性

材料的热变形是指材料处于温度变化时出现的膨胀或收缩现象。由于同一材质、同一形体的材料，因温度所引起的热胀或冷缩，在单位温度下其绝对值是相等的，所以用热膨胀系数作为热变形的指标。热膨胀系数是指单位温度下因材料的温度变化发生胀、缩量的比率，多以长度计。热膨胀系数有体热膨胀系数和线热膨胀系数。对于可近似看作一维的物体，长度就是衡量其体积的决定因素，这时的热膨胀系数可简化定义为：单位温度改变下，长度的增加量与原长度的比值，就是线热膨胀系数，按下式计算：

$$\alpha = \frac{\Delta L}{L(T_2 - T_1)} \quad (7\text{-}9)$$

式中　α——材料在常温下的平均线热膨胀系数（K^{-1}）；

ΔL——线膨胀或线收缩量（mm）；

L——材料原来的长度（mm）；

$T_2 - T_1$——材料升温或降温前后的温度差（K）。

建筑工程一般要求材料的热变形性不要太大，对于金属、塑料等热膨胀系数大的材料，因温度和日照都容易引起伸缩，成为构件产生位移的原因。在构件结合和组合时，必须予以注意。多种材料复合使用时，应该充分考虑材料的热变形性，尽量选用线热膨胀系数相近的材料，以免材料间产生较大温度应力而导致开裂破坏。

（五）建筑钢材的防火

建筑钢材不属于可燃物，但其耐火性却很差，耐火极限只有 0.15h。建筑钢材遇火后，力学性能下降，变形加大，需要采取防火措施。

1. 耐火性差

(1) 强度下降多　碳素钢、低合金钢在温度 600℃下强度为常温强度的 1/3。预应力混凝土构件，由于所用的冷加工钢筋的高强度钢丝在火灾高温下强度下降程度，明显大于普通低碳钢筋和低合金钢筋，因此耐火性远低于非预应力混凝土构件。

(2) 塑性变形增大　钢材在一定温度和应力作用下，随着时间的推移，会发生缓慢塑性变形，即蠕变。随着温度升高，在某一定值时蠕变会比较明显。对普通低碳钢来说，这一温度值在 300～350℃之间，高温下，钢材的弹性模量减小，伸长率增大，塑性增大，易产生变形。

2. 防火措施

试验研究表明，一般建筑钢材的临界温度为 540℃左右，而对于建筑物的火灾，火场温度为 800～1000℃，因此处于火灾高温下的裸露钢结构往往在 10～15min 就会上升到钢的极限温度 540℃以上，致使建筑物整体坍塌毁坏，而且变形后的钢结构是无法修复的。

防火方法主要有涂料保护、防火板保护、混凝土保护、柔性卷材保护、无机纤维保护、结构内通水冷却保护等。

钢结构防火涂料是施涂于建筑物及构筑物的钢结构表面，能形成耐火隔热保护层以提高钢结构耐火极限的涂料。在结构钢表面涂防火涂料是一种近年来比较先进的防火技术措施，具有施工方便、质量轻、成本低、不受构件几何形状限制、应用范围广、效率高等特点。目前，国内外钢结构防火涂料主要由基体树脂、催化剂、成炭剂、发泡剂等组成。

三、小组讨论

根据小组检测实训内容和上课内容，在教学平台上传检测试验原始记录表并填写对应检测报告，讨论相关问题。

1）检测的钢筋抗弯性能_____，抗反弯性能_____。
2）该钢筋用于总学习任务中图 1 所示建筑工程构造中，如何缓蚀？
3）冷拉和冷拔等工艺，改变了钢筋的哪些性能？怎样应用？

四、总结汇报

分小组汇报，辩论和评分，教师进行总结和拓展，并讲解相关理论知识和应用。

五、评估

教师对每一个学生的课前、研讨汇报、作业等情况进行评价，填写表 1-4、表 1-5。

考 / 证 / 训 / 练

（一）判断题

1. 由于合金元素的加入，钢材的强度提高，但塑性却大幅下降。（   ）
2. 钢材冷弯是指钢筋在负温度下承受弯曲作用的能力。（   ）
3. 材料的强度越高，塑性变形抵抗能力越强，硬度值也越大。（   ）
4. 一般建筑钢材的临界温度为 540℃左右，耐火性好。（   ）
5. 防火方法主要有涂料保护、防火板保护、混凝土保护、柔性卷材保护、无机纤维保护、结构内通水冷却保护等。（   ）

（二）填空题

1. 钢材经过冷加工时效处理后，其_____、_____、_____进一步提高，而_____、_____进一步降低。
2. 钢筋进行冷加工时效处理后强屈比_____。

3. 钢材中_____元素含量较高时，易导致钢材在_____温度范围以下呈脆性，这称为钢材的低温冷脆性。

（三）选择题

1. 钢筋冷拉后（　　）明显提高。
   A．R_e　　　　　B．R_m　　　　　C．A_5　　　　　D．σ_s 和 R_m
2. 以下（　　）不宜用于预应力钢筋混凝土结构中。
   A．热处理钢筋　　　　　　　　　B．冷拉 HRB400 级钢筋
   C．冷拔低碳钢丝　　　　　　　　D．高强度钢绞线
3. 钢筋经冷拉和时效处理后，其性能的变化中，以下说法不正确的是（　　）。
   A．屈服强度提高　　　　　　　　B．抗拉强度提高
   C．断后伸长率减小　　　　　　　D．冲击吸收功增大
4. 对钢材进行冷加工，目的是提高钢材的（　　）。
   A．屈服强度　　　B．韧性　　　C．加工性能　　　D．塑性
5. 碳素结构钢的牌号增大，则其（　　）。
   A．R_e、R_m 增大，A 减小　　　　B．焊接性降低
   C．A 增大　　　　　　　　　　　　　D．A、B 两项均选
6. 钢材抵抗冲击荷载的能力称为（　　）。
   A．塑性　　　　B．冲击韧性　　　C．弹性　　　　D．硬度
7. 钢材的时效强化是指经（　　）后，钢的屈服强度和抗拉强度随着时间的延长而逐渐提高，塑性和韧性逐渐降低的现象。
   A．热加工　　　B．热处理　　　　C．冷加工　　　D．退火处理

（四）简答题

1. 什么钢筋应做反向弯曲试验？其在工程中的实际意义是什么？
2. 什么是钢材的冷加工强化及时效？进行冷加工及时效处理的目的是什么？

7.3　建筑钢材及钢筋物理力学性能、工艺性能检测报告

填写钢筋物理力学性能、工艺性能检测报告，学习常用建筑钢材知识，并掌握钢材的选择和应用能力。

7.3.1　钢筋物理力学性能、工艺性能检测报告

一、建筑钢筋的验收

钢筋应该有出厂质量证明或试验报告单，验收时应抽样做重量偏差检测、拉伸试验和冷弯试验。钢筋在使用中若有脆断、焊接性不良或力学性能显著不正常时，还应进行化学成分分析及其他专项试验。钢筋的重量偏差项目不应重新取样进行复验。

学习情境 7　建筑钢材及检测

二、填写钢筋物理力学性能、工艺性能检测报告

根据钢筋原材检测试验原始记录，结合判定规则，通过计算、整理后写入报告，见表 7-5，并判定结论。

表 7-5　钢筋物理力学性能、工艺性能检测报告

委托单位＿＿＿＿＿＿＿＿＿＿＿＿＿＿＿检测单位（检测专用章）＿＿＿＿＿＿＿＿＿＿＿＿＿
工程名称＿＿＿＿＿＿＿＿＿＿＿＿＿＿＿＿＿＿＿＿＿＿＿＿＿＿＿＿＿＿＿＿＿＿＿＿＿
工程部位＿＿＿＿＿＿＿＿＿＿＿＿＿＿＿＿＿＿＿＿＿＿检评依据＿＿＿＿＿＿＿＿＿＿＿＿
样品编号＿＿＿＿＿＿＿＿＿＿＿＿＿＿＿＿＿＿＿＿＿＿报告编号＿＿＿＿＿＿＿＿＿＿＿＿
送检日期＿＿＿＿＿＿＿＿＿＿＿检测日期＿＿＿＿＿＿＿＿＿报告日期＿＿＿＿＿＿＿＿＿＿

样品信息	钢筋牌号				
	公称直径/mm				
	生产厂家				
检测项目		检测方法	技术要求	检验结果	单项评定
拉伸试验	下屈服强度/MPa		≥		
	抗拉强度/MPa		≥		
	强屈比：实测抗拉强度/实测下屈服强度		≥		
	超屈比：实测下屈服强度/下屈服强度标准值		≤		
	断后伸长率（%）		≥		
	最大力总延伸率（%）		≥		
弯曲试验			弯曲压头直径/mm	不得产生裂纹	
			弯曲角度/（°）		
反向弯曲试验			弯曲压头直径/mm	不得产生裂纹	
			正向弯曲角度/（°）		
			反向弯曲角度/（°）		
重量偏差（%）					
结论					
备注					

注：1. 未经本检测单位书面批准，不得复制（全文复制除外）检测报告。
　　2. 检测单位地址：
批准：　　　　　审核：　　　　　试验：

7.3.2 建筑钢材相关知识学习

一、引导问题（判断题）

1）碳素结构钢的技术要求包括化学成分、力学性能、冶炼方法、交货状态及表面质量五个方面。（   ）

2）热轧低合金高强度结构钢共有四个牌号，分别为 Q355（B、C、D）、Q390（B、C、D）、Q420（B、C）、Q460（C）。（   ）

3）钢筋主要品种包括热轧光圆钢筋、热轧带肋钢筋、冷拉热轧钢筋、预应力混凝土用钢棒等。（   ）

4）热轧带肋钢筋分为普通带肋钢筋和细晶粒带肋钢筋。（   ）

5）冷轧带肋钢筋是用低碳钢热轧圆盘钢筋在其表面沿长度方向均匀地冷轧成两面或三面带有横肋的钢筋，用代号 CRB 表示。（   ）

6）"鸟巢"是国内在建筑结构上首次使用 Q460 规格的钢材。（   ）

二、建筑钢材相关知识

（一）常用建筑钢材

钢结构用钢材牌号（教）

常用建筑钢材主要分钢结构用钢材和钢筋混凝土结构用钢材。

1. 钢结构用钢材牌号及应用

钢结构用钢材主要由碳素结构钢和低合金高强度结构钢轧制而成，可以制成型钢或板材。

（1）碳素结构钢　钢材按有害杂质硫、磷含量分类，可分为普通碳素结构钢、优质碳素结构钢和高级优质碳素结构钢。碳素结构钢是普通碳素结构钢的简称，碳的质量分数在 0.25% 以下，属于低碳钢。其生产工艺简单，产量大，价格低，用途最广，加工成各种钢板、钢带、型钢，适用于一般钢结构和建设工程。国家标准《碳素结构钢》（GB/T 700—2006）具体规定了它的牌号表示方法、技术要求、试验方法、检验规则等。

1）牌号表示方法。碳素结构钢的牌号由代表屈服强度的字母、屈服强度数值、质量等级符号、脱氧程度符号四个部分按顺序组成。其中以"Q"代表屈服强度，屈服强度数值共分195MPa、215MPa、235MPa、275MPa 四种，质量等级以硫、磷等杂质含量由多到少分别用 A、B、C、D 表示，脱氧程度以 F 表示沸腾钢，Z 及 TZ 分别表示镇静钢与特殊镇静钢，Z 与 TZ 在钢的牌号中可以省略。

例如，Q275AF 表示屈服强度为 275MPa、质量等级为 A 级的沸腾钢。

2）技术要求。碳素结构钢的技术要求包括化学成分、力学性能、冶炼方法、交货状态及表面质量五个方面，碳素结构钢化学成分、力学性能应分别符合表 7-6、表 7-7 的规定。

表 7-6 碳素结构钢的化学成分

牌号	统一数字代号①	等级	厚度或直径/mm	脱氧方法	化学成分（质量分数）（%），（不大于）				
					C	Si	Mn	S	P
Q195	U11952	—	—	F、Z	0.12	0.30	0.50	0.040	0.035
Q215	U12152	A	—	F、Z	0.15	0.35	1.20	0.050	0.045
	U12155	B	—					0.045	
Q235	U12352	A	—	F、Z	0.22	0.35	1.40	0.050	0.045
	U12355	B	—		0.20②			0.045	
	U12358	C	—	Z	0.17			0.040	0.040
	U12359	D	—	TZ				0.035	0.035
Q275	U12752	A	—	F、Z	0.24	0.35	1.5	0.050	0.045
	U12755	B	≤40	Z	0.21			0.045	0.045
			>40		0.22				
	U12758	C	—	Z	0.20			0.040	0.040
	U12759	D	—	TZ				0.035	0.035

① 表中为镇静钢、特殊镇静钢牌号的统一数字，沸腾钢牌号的统一数字如下：Q195F 为 U11950；Q215AF 为 U12150；Q215BF 为 U12153；Q235AF 为 U12350；Q235BF 为 U12353；Q275AF 为 U12750。字母 U 表示非合金钢。

② 经需方同意，Q235 中碳的质量分数可不大于 0.22%。

表 7-7 碳素结构钢的力学性能

牌号	等级	拉伸试验											冲击试验（V 型缺口）	
		屈服强度① R_{eH}/MPa，不小于						抗拉强度② R_m/MPa	断后伸长率 A（%），不小于					温度/℃	V 型冲击功（纵向）/J，不小于
		厚度或直径/mm							厚度或直径/mm						
		≤16	>16～40	>40～60	>60～100	>100～150	>150～200		≤40	>40～60	>60～100	>100～150	>150～200		
Q195	—	195	185	—	—	—	—	315～430	33	—	—	—	—	—	—
Q215	A	215	205	195	185	175	165	335～450	31	30	29	27	26	—	
	B													20	27
Q235	A	235	225	215	215	195	185	370～500	26	25	24	22	21	—	
	B													20	27③
	C													0	
	D													−20	
Q275	A	275	265	255	245	225	215	410～540	22	21	20	18	17	—	
	B													20	27
	C													0	
	D													−20	

① Q195 的屈服强度仅供参考，不作交货条件。

② 厚度大于 100mm 的钢材，抗拉强度下限允许降低 20N/mm²，宽带钢（包括剪切钢板）抗拉强度上限不作交货条件。

③ 厚度小于 25mm 的 Q235B 级钢材，如供方能够保证冲击吸收功合格，经需方同意，可不做检测。

3）碳素结构钢的性能与应用。碳素结构钢随牌号增加，碳含量增加，强度和硬度增加，塑性、韧性和可加工性能逐步降低。

建筑工程钢结构中应用最广泛的是 Q235 号钢，其碳的质量分数为 0.14%～0.22%，具有较高的强度，良好的塑性、韧性以及焊接性，综合性能好，能满足一般钢结构要求，且成本较低。

Q195、Q215 号钢强度低，塑性和韧性较好，易于冷加工，常用作钢钉、铆钉、螺栓及钢丝等。Q215 号钢经冷加工后可代替 Q235 号钢使用。Q275 号钢强度较高，但塑性、韧性、焊接性较差，不易焊接和冷加工，可用于作螺栓配件等，但更多用于机械零件和工具等。

受动荷载作用结构、焊接结构及低温下工作的结构，不能选用 A、B 质量等级钢及沸腾钢，需要选用对硫、磷有害元素控制严格的 C、D 质量等级的镇静钢或特殊镇静钢。

（2）低合金高强度结构钢　低合金高强度结构钢是在碳素结构钢的基础上加入质量分数小于 5% 的一种或几种合金元素而形成的钢种。加入合金元素的目的是提高钢材强度和改善性能。常用的合金元素有硅、钒、锰、钛、铌、镍及稀土元素等。大多数合金元素不仅可以提高钢的强度与硬度，还能改善其塑性和韧性。

1）牌号表示方法。根据国家标准《低合金高强度结构钢》（GB/T 1591—2018）的规定，钢的牌号由代表屈服强度"屈"字的汉语拼音首字母 Q、规定的最小上屈服强度数值、交货状态代号、质量等级符号四个部分组成，质量等级按照硫、磷杂质含量由多到少可以分为 B、C、D、E、F 共五级。

热轧低合金高强度结构钢共有四个牌号，分别为 Q355（B、C、D）、Q390（B、C、D）、Q420（B、C）、Q460（C）。

正火、正火轧制的低合金高强度结构钢共有四个牌号，以"N"表示，分别为 Q355N（B、C、D、E、F）、Q390N（B、C、D、E）、Q420N（B、C、D、E）、Q460N（C、D、E）。

热机械轧制的低合金高强度结构钢共有八个牌号，以"M"表示，分别为 Q355M（B、C、D、E、F）、Q390M（B、C、D、E）、Q420M（B、C、D、E）、Q460M（C、D、E）、Q500M（C、D、E）、Q550M（C、D、E）、Q620M（C、D、E）、Q690M（C、D、E）。

Q+ 规定的最小上屈服强度数值 + 交货状态代号，简称为"钢级"，即牌号为"钢级 + 质量等级"。

示例：Q355ND。其中：Q 表示钢的屈服强度的"屈"字汉语拼音的首字母；355 表示规定的最小上屈服强度数值，单位为 MPa；N 表示交货状态为正火或正火轧制；D 表示质量等级为 D 级。

交货状态为热轧时，交货状态代号 AR 或 WAR 可省略。

当需方要求钢板具有厚度方向性能时，则在上述规定的牌号后加上代表厚度方向（Z 向）性能级别的符号，如：Q500MDZ25。

2）技术要求。化学成分和力学性能应满足国家标准《低合金高强度结构钢》的规定。

3）性能和用途。低合金高强度结构钢除强度高外，还有良好的塑性和韧性，硬度高，耐磨好，耐腐蚀性强，耐低温性能好。一般情况下，碳的质量分数为 0.2% 左右，因此仍具有较好的焊接性。冶炼碳素钢的设备可用来冶炼低合金高强度结构钢，故冶炼方便，成本低。

采用低合金高强度结构钢，可以减轻结构自重，节约钢材，延长使用寿命，经久耐用，特别适合高层建筑、大柱网结构和大跨度结构。

2008 年北京召开的第 29 届夏季奥林匹克运动会，我国在北京奥林匹克公园建设了国家体育馆场，被形象地称为鸟巢。鸟巢主结构就采用了钢结构，如图 7-15 所示。鸟巢是国内在建筑结构上首次使用 Q460 规格钢材的建筑；这次使用的钢板厚度达到 110mm，在我国材料史上绝无仅有，在国家标准中，Q460 的最大厚度也只是 100mm。为此，我国的科研人员经历了漫长的科技攻关，生产出具有知识产权的国产 Q460 钢材，撑起了国家体育场的钢骨脊梁。Q460 钢也被俗称为"鸟巢钢"。

图 7-15　国家体育场鸟巢——使用 Q460 规格钢材

2. 钢结构用型钢种类及应用

钢结构构件一般直接采用各种型钢，构件之间可直接连接或附以连接钢板进行连接，连接方式有铆接、螺栓连接或焊接。

钢结构用钢的种类（教）

型钢是一种有一定截面形状和尺寸的条形钢材。根据断面形状，型钢分为简单断面型钢和复杂断面型钢（异型钢）。前者指方钢、圆钢、扁钢、角钢、六角钢等；后者指 H 型钢、槽钢、工字钢、L 型钢、钢轨、窗框钢、弯曲型钢等。板材有光面钢板、花纹钢板、彩色涂层钢板等。管材有无缝钢管、焊接钢管等。型钢按加工方法分为热轧型钢、冷弯薄壁型钢。

（1）热轧型钢　常用的热轧型钢有 H 型钢、角钢、槽钢、工字钢、L 型钢等。在建筑钢结构设计规范中，推荐使用低合金结构钢 Q355 及 Q390 两种，用于大跨度、承接动荷载的钢结构中。

热轧 H 型钢分为宽翼缘 H 型钢（HK）、窄翼缘 H 型钢（HZ）和 H 型钢桩（HU）三类。规格以公称高度（mm）表示，其后标注 a、b、c 规格，也可采用"腹板高×翼缘宽×腹板厚×翼缘厚"来表示，热轧 H 型钢的通常长度为 6～35m。H 型钢翼缘内表面没有斜度，与外表面平行，便于和其他的钢材交接。H 型钢截面形状合理，使钢材能高效地发挥作用。HK 型钢适用于轴心受压柱构件和压弯构件，HZ 型钢适用于压弯构件和梁构件。

角钢是两边互相垂直成角形的长条钢材。角钢分为等边角钢和不等边角钢两种。等边角钢的规格用边宽×边宽×厚度表示，如120×120×12为边宽120mm、厚度12mm的等边角钢。也可用型号表示，型号是边宽的厘米数，如∟12×12。不等边角钢的规格用长边宽×短边宽×厚度表示，如∟120×100×10为长边宽120mm、短边宽100mm、厚度10mm的不等边角钢。角钢的长度一般为3～19m。

L型钢的外形类似于不等边角钢，其主要区别是两边的厚度不等。规格表示方法为"腹板高×面板宽×腹板厚×面板厚"，如∟200×80×9×12。其通常长度为6～12m，共有11种规格。

普通工字钢，其规格用腰高度（cm）来表示，也可以用"腰高度×腿宽度×腰厚度"表示，如I40，表示腰高为400mm的工字钢。工字钢翼缘的内表面均有倾斜度，翼缘外薄内厚。我国生产的最大普通工字钢为I63。工字钢的通常长度为5～19m。一般宜用于单向受弯构件。

热轧普通槽钢以腰高度的厘米数编号，也可以用"腰高度×腿宽度×腰厚度"表示。规格从[5～[40有30种，[14和[25以上的普通槽钢同一号数中，根据腹板厚度和翼缘宽度不同又分为a、b、c三类，其腹板厚度和翼缘宽度均分别递增2mm。槽钢翼缘内表面的斜度比工字钢小，螺栓紧固比较容易。我国生产的最大槽钢为[40，长度为5～19m。槽钢主要用作承受横向弯曲的梁和承受轴向力的构件。

（2）冷弯薄壁型钢　建筑工程中使用的冷弯型钢常用厚度为2～6mm薄钢板或钢带（一般采用碳素结构钢或低合金结构钢）经冷弯或模压而成，故也称为冷弯薄壁型钢。其标识方法与热轧型钢相同。冷弯薄壁型钢，由于壁薄、刚度好，能高效地发挥材料的作用，节约钢材，主要用于轻型钢结构。

（3）钢结构用钢板、压型钢板　建筑钢结构使用的钢板，按轧制方式可分为热轧钢板和冷轧钢板两类。其种类根据不同的厚度，分为薄板、厚板、特厚板和扁钢（带钢）。热轧钢板按厚度划分为厚板（厚度大于4mm）和薄板（厚度为0.35～4mm）两种；冷轧钢板只有薄板（厚度为0.2～4mm）一种。建筑用钢板主要是碳素结构钢，一些重型结构、大跨度桥梁、高压容器等采用低合金钢板。厚板一般可用于焊接结构；薄板可用作屋面或墙面等围护结构，以及涂层钢板的原材料。

将涂层板或镀层板经辊压冷弯，沿板宽方向形成波形、双曲形、V形截面的成型钢板称为压型钢板。压型钢板具有单位质量轻、强度高、抗震性能好、施工快、外形美观等特点，主要用于围护结构、楼板、屋面等，还可将其与保温材料等制成复合墙板，用途非常广泛。

3. 钢筋混凝土结构用钢材

钢筋混凝土结构用钢材主要有钢筋、钢丝、钢绞线，由碳素结构钢和低合金结构钢轧制而成。钢筋主要品种包括热轧光圆钢筋、热轧带肋钢筋、冷轧带肋钢筋、预应力混凝土用钢棒等。钢筋按直条交货，长度为6m或9m。直径6～12mm的细钢筋也可以按盘卷（盘条）供货。钢丝包括光圆钢丝、螺旋肋钢丝、刻痕钢丝，直径为3～5mm。钢绞线包括1×2、1×3、1×7、1×19钢绞线。

常用建筑钢材（教）

（1）热轧钢筋

1）牌号表示方法。经过热轧制成型并自然冷却的钢筋，称为热轧钢筋。它是建筑工程中应用量最大的钢材品种之一，主要应用于钢筋混凝土和预应力混凝土结构。热轧钢筋主要有热轧光圆钢筋、热轧带肋钢筋及余热处理钢筋。

经过热轧成型并自然冷却，横截面通常为圆形，表面光滑的成品钢筋，称为热轧光圆钢筋；经过热轧成型并自然冷却，横截面通常为圆形，且表面带肋的混凝土结构用钢，称为热轧带肋钢筋；经过热轧成型后，立即穿水，进行表面控制冷却，然后利用芯部余热完成回火处理所得成品钢筋，称为余热处理钢筋。带肋钢筋与混凝土的黏结力大，共同作用的性质更好。

热轧带肋钢筋分为普通带肋钢筋和细晶粒带肋钢筋。普通带肋钢筋是按热轧状态交货的钢筋。细晶粒带肋钢筋是指在热轧过程中，通过控轧和控冷工艺形成的细晶粒钢筋，其晶粒度为9级或更细。

热轧光圆钢筋可以是直条或盘卷。热轧带肋钢筋通常是直条，也可盘卷交货，一般每盘应是一条钢筋。

热轧光圆钢筋的牌号为 HPB300。

热轧带肋钢筋的牌号分为 HRB400、HRBF400、HRB400E、HRBF400E、HRB500、HRBF500、HRB500E、HRBF500E、HRB600 等牌号。E 为地震（Earthquake）的首位字母，表示具有抗震性能的普通热轧带肋钢筋，钢筋超屈比指标不能过大（不大于 1.3），而强屈比和伸长率指标不能太小（强屈比不小于 1.25）。在热轧带肋钢筋英文缩写后面加上"细"的英文"Fine"首位字母 F，表示为细晶粒热轧钢筋，如 HRBF400。

热轧带肋钢筋应在其表面轧上牌号标志，生产企业序号（顺序轧制 GB/T 2260 规定的行政区划代码前 2 位和许可证后 3 位数字）和公称直径毫米数字，准许轧上经过注册的厂名或商标代替行政区划代码前 2 位。

热轧带肋钢筋牌号以阿拉伯数字或阿拉伯数字加英文字母表示，HRB400、HRB500、HRB600 分别以 4、5、6 表示，HRBF400、HRBF500 分别以 C4、C5 表示，HRB400E、HRB500E 分别以 4E、5E 表示，HRBF400E、HRBF500E 分别以 C4E、C5E 表示。厂名以汉语拼音字头或商标表示。公称直径毫米数以阿拉伯数字表示。如图 7-16 所示，表示牌号为 HRB400、直径为 25mm 的热轧带肋钢筋。

图 7-16　钢筋表面标志

热轧光圆钢筋的公称直径可以用游标卡尺测量截面直径得出，允许偏差为 ±0.3mm（直径 6～12mm）或 ±0.4mm（直径 14～22mm），但不作为交货条件。热轧带肋钢筋的公称直径为公称截面面积对应的圆的直径，不能直接测量出来。可以检测单位长度的质量，反推公称截面面积，再计算公称直径。故所有钢筋重量偏差必须检测合格，作为验收条件。

2）化学成分。各牌号钢筋的化学成分应符合表 7-8 的规定。

表 7-8 热轧钢筋的化学成分

牌号	化学成分（质量分数）（%）					碳当量 Ceq（%）
	C	Si	Mn	P	S	
	不大于					
HPB300	0.25	0.55	1.5	0.045	0.045	—
HRB400、HRBF400、HRB400E、HRBF400E		0.80	1.6			0.54
HRB500、HRBF500、HRB500E、HRBF500E						0.55
HRB600	0.28					0.58

3）性能。各牌号钢筋的力学性能和工艺性能应符合表 7-3、表 7-4 的规定。主要列出了钢筋的下屈服强度 R_{eL}、抗拉强度 R_m、断后伸长率 A、最大力总延伸率 A_{gt}、强屈比 R^o_m/R^o_{eL}、超屈比 R^o_{eL}/R_{eL}、钢筋弯曲性能、热轧带肋钢筋反向弯曲性能。

钢筋级别越高，强度越高。而以钢筋的塑性区分为"硬钢"和"软钢"，以生产方式不同分为冷加工和热轧钢筋。为了满足建筑功能的要求，对混凝土结构材料的要求趋向于高强度（轻质）、良好工程性能（可加工性等）和耐久性。混凝土从常用的 C20～C30 发展到 C40～C60 或更高，钢筋的抗拉强度从几百兆帕发展到上千兆帕（预应力钢绞线 f_{ptk}=1860N/mm²）。但必须要有相应条件采用高强度材料才能有高的建筑功能效果和显著的经济效益。因此不能以强度级别或某一项性能指标作为选择钢筋的唯一标准。钢筋的强度级别和规格应根据市场需求系列化生产和发展。

HPB300 级热轧光圆钢筋的强度相对较低，但塑性及焊接性很好，便于各种冷加工，因而广泛用作普通钢筋混凝土构件的受力钢筋及各种钢筋混凝土结构的构造钢筋。特别是小直径的圆盘条，是技术成熟、经济性良好的钢材品种。

HRB400 级热轧带肋钢筋的强度相对较高，塑性及焊接性也很好，因而广泛用作大、中型普通钢筋混凝土的受力钢筋。

HRB500、HRB600 级热轧带肋钢筋的强度高，塑性及焊接性较差，可用作预应力钢筋。

（2）冷轧带肋钢筋　国家标准《冷轧带肋钢筋》（GB/T 13788—2024）规定，冷轧带肋钢筋是指热轧圆盘条经冷轧后，在其表面带有沿长度方向均匀分布的横肋的钢筋，用代号 CRB 表示，C 为 Cold Rolled 的英文首位字母。冷轧带肋钢筋按延展性高低可分为冷轧带肋钢筋和高延性冷轧带肋钢筋（尾部用 H 表示）。按抗拉强度的不同将冷轧带肋钢筋划分成 5 个牌号：CRB550、CRB650、CRB800、CRB600H、CRB800H。其中 CRB550、CRB600H 为普通钢筋混凝土用钢筋。CRB650、CRB800、CRB800H 为预应力钢筋混凝土用钢筋。

CRB550 钢筋的公称直径范围为 4～12mm；CRB600H 钢筋的公称直径范围为 4～16mm；CRB650、CRB800、CRB800H 钢筋的公称直径为 4mm、5mm、6mm。各牌号钢筋的力学性能和工艺性能见表 7-9。由于钢筋表面轧有肋痕，故有效地克服了冷拉、冷拔钢筋与混凝土黏结力低的缺点，同时还具有与冷拉、冷拔钢筋（丝）相接近的强度。其具有强度高、塑性好、与混凝土黏结牢固、节约钢材、质量稳定等优点。

表 7-9　冷轧带肋钢筋的力学性能和工艺性能

分类	牌号	规定塑性延伸强度 $R_{p0.2}$/MPa，不小于	抗拉强度 R_m/MPa，不小于	$R_m/R_{p0.2}$，不小于	断后总伸长率（%），不小于		最大力总延伸率（%），不小于	弯曲试验① 180°	反复弯曲次数	应力松弛，初始应力应相当于公称抗拉强度的70% 1000h，不大于
					A	A_{100}	A_{gt}			
普通钢筋混凝土用钢筋	CRB550	500	550	1.05	12.0	—	2.5	$D=3d$	—	—
	CRB600H	540	600	1.05	14.0	—	5.0	$D=3d$	—	—
预应力混凝土用钢筋	CRB650	585	650	1.05	—	4.0	4.0		3	8%
	CRB800	720	800	1.05	—	4.0	4.0		3	8%
	CRB800H	720	800	1.05	—	7.0	4.0		4	5%

① D 为弯心直径，d 为钢筋公称直径。

反复弯曲试验，钢筋直径为 4mm、5mm、6mm，对应的弯曲半径为 10mm、15mm、15mm，弯曲试验不得产生裂纹。

（3）预应力混凝土用钢棒　《预应力混凝土用钢棒》（GB/T 5223.3—2017）规定，预应力混凝土用钢棒是用普通热轧盘条经冷加工（或不经冷加工）淬火和回火所得。按钢棒表面形状分为光圆钢棒（P）、螺旋槽钢棒（HG）、螺旋肋钢棒（HR）、带肋钢棒（R）四种。预应力混凝土用钢棒代号为 PCB，普通松弛用 N 表示、低松弛用 L 表示。例如，公称直径为 9mm、公称抗拉强度为 1470MPa、35 级延性、低松弛预应力混凝土用螺旋槽钢棒，其标记为 PCB9-1470-35-L-HG-GB/T 5223.3。预应力混凝土用钢棒原材有害杂质含量低（如 P、S 的质量分数各不大于 0.025），这种钢筋不能焊接，因其具有强度高、韧性良好和黏结力大及塑性降低少等特点，特别适用于预应力混凝土构件的配筋。

（4）预应力混凝土用钢丝与钢绞线

1）预应力混凝土用钢丝。预应力混凝土用钢丝是用优质碳素结构钢热轧盘条，经淬火、调质处理后，再冷拉加工制造的钢丝，简称预应力钢丝。根据《预应力混凝土用钢丝》（GB/T 5223—2014）规定，钢丝可分为消除应力光圆钢丝、消除应力刻痕钢丝、消除应力螺旋肋钢丝和冷拉钢丝四种。抗拉强度高达 1470～1770MPa。

预应力钢丝具有强度高，较好的韧性，没有明显的屈服点，使用时可根据要求的长度切断。预应力钢丝是用于大荷载、大跨度及曲线配筋的预应力混凝土结构的理想钢材，广泛应用于预应力混凝土桥梁、铁路轨枕、压力水管、混凝土电杆以及房屋工程的大跨度屋架、吊车梁及特种结构（如体育馆的悬索结构）中的屋面结构等。

2）预应力混凝土用钢绞线。预应力混凝土用钢绞线是用冷拉光圆钢丝或冷拉刻痕钢丝捻制而成的钢绞线。根据《预应力混凝土用钢绞线》（GB/T 5224—2023）规定，钢绞线按结构分为：两根光圆钢丝捻制的钢绞线，代号 1×2；三根光圆钢丝捻制的钢绞线，代号 1×3；三根刻痕钢丝捻制的钢绞线，代号 1×3I；七根光圆钢丝捻制的钢绞线，代号 1×7；六根刻痕钢丝和一根光圆钢丝捻制的钢绞线，代号 1×7I；六根螺旋肋钢丝和一根光圆钢丝捻制的钢绞线，代号 1×7H；七根光圆钢丝捻制又经过冷拔的钢绞线，代号（1×7）C；十九根光圆钢丝捻制的 1+9+9 西鲁式钢绞线，代号 1×19S；十九根光圆钢丝捻制的 1+6+6/6 瓦林吞式钢绞线，代号 1×19W。

如公称直径为 12.70mm、强度等级为 1860MPa 的七根钢丝捻制的标准型钢绞线标记为：预应力钢绞线 1×7–12.7–1860–GB/T 5224—2023。

预应力混凝土用钢绞线具有强度高，与混凝土黏结性能好，断面面积大，使用根数少，在结构中排列布置方便、易于锚固等优点，多用于大跨度结构、大荷载的预应力混凝土结构中。

（二）钢材的选用原则

1. 荷载大小与性质

根据荷载的大小，可以选择相应适宜牌号的钢筋，对经常承受动力或振动荷载的结构，易产生应力集中而引起疲劳破坏，须选用材质等级高的钢材。

钢材选用与应用前景（教）

2. 使用温度

经常处于低温状态的结构，钢材容易发生冷脆断裂，特别是焊接结构的冷脆倾向更加显著，要求钢材具有良好的塑性和低温冲击韧性。

3. 连接方式

焊接结构在温度变化和受力性质改变时，易导致焊缝附近的母体金属出现冷、热裂纹，促使结构早期破坏。因此，焊接结构对钢材化学成分和力学性能要求较严格。

4. 钢材厚度

钢材力学性能一般随厚度增大而降低，钢材经多次轧制后，钢的内部结晶组织更为紧密，强度更高，质量更好。故一般结构用的钢材厚度不宜超过 40mm。

5. 结构的重要性

选择钢材要考虑结构使用的重要性，如大跨度结构、重要的建筑物结构，须相应选用质量更好的钢材。

（三）应用前景

钢材使用性能的好坏，决定了其使用范围和使用寿命，随着全球应用技术研究的深入以及新型防火材料和隔热材料的发展，钢结构作为建筑的一种形式，以其强度高、质量轻、有优越的变形性能和抗震性能被世人瞩目，特别是施工方便，结构形式灵活，便于工业化生产。随着装配式建筑技术的成熟和政策扶持，在建设工程领域以及高层乃至超高层建筑中得到广泛应用。

以港珠澳大桥为例，如图 7-17 所示，说明型钢和建筑钢材的应用。据有关资料统计，鞍钢集团提供了近 17 万 t 的桥梁钢，武钢集团供应了 11.6 万 t 管桩钢及 5.4 万 t "U 肋"钢，柳钢集团提供了 5.23 万 t 管线钢和建材钢，包括热轧卷和中厚板，分别有 Q235B、S275JO、S355JO 等，以及 HRB300E 和 HRB400E 抗震螺纹钢等。太钢双相不锈钢被应用于大桥的承台、塔座及墩身等多个部位，用量超过了 8200t，马钢集团提供了 4000 多 tH 型钢，用于桥梁工程、土建工程及组合梁。洛阳双瑞特种装备有限公司提供合金耐蚀铸钢，用于特种减隔振、耐蚀桥梁支座。

图 7-17 港珠澳大桥

港珠澳大桥集桥梁、隧道和人工岛于一体,建设难度之大,被业界誉为桥梁界的"珠穆朗玛峰",也被英国《卫报》评为"新的世界七大奇迹"之一。

三、小组讨论

根据小组检测实训内容和上课内容,在教学平台上传检测试验原始记录表并填写对应检测报告,讨论相关问题。

1)根据本组钢筋物理力学、工艺性能检测数据,汇报本组检测结论。
2)从鸟巢和港珠澳大桥重大工程项目中,钢材型号的选择,体现了钢材哪些优势和原则?
3)结合钢筋混凝土结构,谈谈你对钢筋重要性的认识。

四、总结汇报

分小组汇报,辩论和评分,教师进行总结和拓展,并讲解相关理论知识和应用。

五、评估

教师对每一个学生的课前、研讨汇报、作业等情况进行评价,填写表 1-4、表 1-5。

考 / 证 / 训 / 练

(一)判断题

1. 牌号为 Q300AF 的钢材,其性能较 Q300D 的钢材差。　　　　　　　　(　　)
2. 低合金结构钢比碳素结构钢更适合于高层及大跨度结构。　　　　　　(　　)
3. 牌号为 CRB550 的冷轧带肋钢筋宜用作普通钢筋混凝土结构。　　　　(　　)
4. HRB400 级热轧带肋钢筋的强度相对较高,塑性及焊接性也很好。　　(　　)
5. 以钢筋的塑性区分为"硬钢"和"软钢"。　　　　　　　　　　　　　(　　)
6. 冷弯薄壁型钢由于壁薄、刚度好,能节约钢材,主要用于轻型钢结构。(　　)
7. 压型钢板具有单位质量轻、强度高、抗震性能好、施工快、外形美观等特点。(　　)

（二）填空题

1. 碳素结构钢的牌号由代表_____、_____、_____、_____的四个部分按顺序组成。
2. Q255BF 表示屈服强度为_____MPa、质量等级为_____级的_____钢。
3. 受动荷载作用结构、焊接结构及低温下工作的结构，不能选用_____、_____质量等级钢及沸腾钢，需要选用对_____、_____有害元素控制严格的_____、_____质量等级的镇静或特殊镇静钢。
4. 钢筋混凝土结构用钢材主要有_____、_____、钢绞线，由_____和_____轧制而成。
5. 热轧光圆钢筋的牌号为_____，强度特征值为_____。
6. 热轧带肋钢筋 HRB400、HRB500、HRB600 分别以阿拉伯数字_____、_____、_____表示，HRBF400E、HRBF500E 分别以阿拉伯数字加英文字母_____、_____表示。
7. 冷轧带肋钢筋是指_____，在其表面带有沿长度方向均匀分布的横肋的钢筋。
8. 预应力混凝土用钢丝是用_____热轧盘条，经淬火、调质处理后，再_____加工制造的钢丝，简称预应力钢丝。
9. 预应力混凝土用钢绞线是用_____或_____捻制而成的。

（三）选择题

1. （　　）不宜用于预应力钢筋混凝土结构中。
   A．热处理钢筋　　　　　　　　B．冷拉 HRB400 级钢筋
   C．冷拔低碳钢丝　　　　　　　D．高强度钢绞线
2. 低温焊接钢结构宜选用（　　）钢材。
   A．Q195　　　B．Q235AF　　　C．Q235D　　　D．Q235B
3. 下列牌号钢筋中，属于热轧带肋钢筋的是（　　）。
   A．HPB300　　　B．HRB600　　　C．CRB550　　　D．Q235B

（四）问答题

1. 混凝土结构用钢主要有哪些种类？主要应用范围是什么？
2. 钢筋的选用有哪几个原则？

学习情境 8

防水材料及检测

情境描述

针对总学习任务中图 1 所示建筑工程，通过对所使用的防水涂料和防水卷材性能进行检测，列出相应的检测参数项目，提供检测报告一份，学习防水材料和防水卷材相关性能知识，掌握防水材料和防水卷材的应用。根据该工程屋面、外墙、地坪、阳台、厕所不同构造要求，选择合适的防水材料和防水卷材品种。

知识目标

1. 了解防水材料的分类和应用环境，以及行业现状和发展。
2. 了解常见防水材料的基本物理化学性质、生产工艺和施工特点。
3. 了解防水涂料的技术特性和工程应用。
4. 了解建筑密封材料的分类、技术性质和应用。

能力目标

1. 能够进行沥青针入度、延度、软化点试验及对测定结果进行评价。
2. 能在实际中合理应用沥青类防水涂料。

素养目标

发展无毒防水材料，培养环保、绿色发展理念。

8.1 防水涂料及检测

总学习任务中图 1 所示建筑工程的厕所等防水采用 SBS 改性沥青防水涂料，现对沥青性能进行检测，掌握沥青针入度、延度及软化点试验步骤。学习防水材料的品种分类、性能指标及应用的相关知识，学习几种常用防水材料的运输储存、检测取样等基本知识。针对该工程请你推荐其余防水涂料。

8.1.1 沥青的针入度、延度及软化点试验

一、实训目的

检测沥青的针入度、延度及软化点参数，了解防水材料的基本性能，掌握沥青性能指标的检测技能。

二、实训准备

准备一定数量的沥青样品，密闭保存，以备实训使用；准备防护用具，以防毒性挥发物损害人身健康，填写沥青样品信息，见表 8-1。

表 8-1 沥青样品信息记录表

委托单位				检测单位	
工程名称				工程部位	
样品名称				样品编号	
送检日期		检验日期		报告日期	
监督人		见证人		报告编号	
品种		等级		状态		厂家来源	

三、试验过程

（一）针入度试验

沥青针入度以标准试验针在规定荷载、时间及温度条件下垂直穿入沥青试样中的深度表示（单位为 0.1mm）。针入度标准试验条件：温度为（25±0.1）℃，除另行规定外，标准荷载（标准针、针连杆与附加砝码）为（100±0.05）g，贯入时间为 5s。特定试验时，需注明温度、荷载及贯入时间等条件。针入度的大小反映了沥青黏度的大小。

沥青针入度试验（虚）

1. 主要仪器设备

主要仪器设备包括针入度仪（见图 8-1）、恒温水浴槽。

2. 试验步骤

1）样品制备：小心加热样品并不断搅拌以防局部过热，使样品易于流动，同时避免混入气泡。

图 8-1 沥青针入度仪

加热时焦油沥青加热温度不超过软化点（60℃），石油沥青不超过软化点（90℃）。将试样倒入合适的试样皿中，试样高度应超过预计针入度值10mm，覆盖并冷却至室温（15～30℃），针入度200以内用小皿，不少于1.5h；针入度200～350之间用大皿，不少于2h；针入度大于350的用特殊皿，不少于3h。

2）将试样皿放入规定温度的恒温水浴槽中保温一定时间，小皿不少于1.5h，大皿不少于2h，特殊皿不少于2.5h。将状态调节好的试样连同盛样皿移至针入度仪的平台上，如果测试时针入度仪是在水浴中，则直接将试样皿放在浸在水中的支架上，使试样完全浸在水中；如果测试时针入度仪不在水浴中，将已恒温到试验温度的试样皿放在平底玻璃皿中的三角支架上，用与水浴相同温度的水完全覆盖样品，将平底玻璃皿放在针入度仪的平台上。

3）开动秒表的同时释放测针，让测针自由落下贯入试样，5s结束时按停测针，读取刻度盘度数即为针入度值。

4）同一试样至少重复测定三次，每一试验点的距离和试验点与试样皿边缘的距离不得小于10mm。针入度超过200时，每个试样皿中扎一针，或者每个试样用三根针，测试得到三个数据。

3. 结果计算

取三次测定结果的平均整数值作为试验样品的针入度，当三次测试结果相差超过最大差规定值时，应重新试验。最大差规定值：针入度0～49时为2，针入度50～149时为4，针入度150～249时为6，针入度250～350时为8，针入度350～500时为20。

（二）延度试验

沥青延度用标准试件在规定温度下以一定速度拉伸至断裂时的长度表示（单位为cm）。标准试件为标准模具制得的规定厚度与形状的沥青试件，规定温度为（25±0.5）℃，规定拉伸速度为（5±0.25）cm/min。沥青延度的大小反映了沥青的塑性性能。

沥青延度试验（虚）

1. 主要仪器设备

主要仪器设备包括延度仪（见图8-2）、试模、恒温水浴槽。

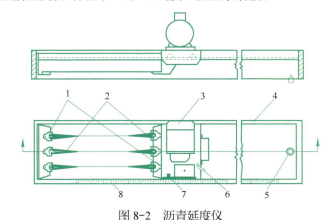

图8-2 沥青延度仪

1—试模　2—试样　3—电动机　4—水槽　5—泄水孔　6—开关柄　7—指针　8—标尺

2. 试验步骤

1）试样制备：将模具组装在支撑板上，将隔离剂涂在支撑板表面及试模侧板内表面，防止沥青黏附在模具上，水平放好，将沥青小心加热，加热过程与针入度试验制备试样时相同，将加热后的沥青注入试模至略高出试模，在空气中冷却 30～40min，再置于规定温度 ±0.1℃的水浴中保持 30min 取出，用热刮刀齐模具刮平，浸入规定温度的水浴中恒温 85～95min。

2）将试件连同底板移入延度仪水槽中，取下底板，两端安装在延度仪的固定柱上，再取下侧模，注意维持试样恒定的水平位置并且距水面不小于 25mm。

3）试验中如果发现沥青丝浮于水面或沉入槽底，则应在水中加入酒精或食盐，调整水的密度至与试样相近后重新试验。

4）开动延度仪拉伸试样，试验过程中水面不得晃动，仪器不能振动，记录试件拉断时指针读数，单位以 cm 表示。

5）整个试验中始终维持水温在规定的温度 ±0.5℃范围内；正常试验时试样应拉成锥形、线形或者柱形，断裂时实际横断面面积接近于零或一均匀断面，若三次试验均得不到正常结果，则报告该条件下延度无法测定。

3. 结果计算

取三个试件的平均值作为试验样品的延度值，若只有一个较低值超出平均值的 5%，则取两个较高值的平均值作为样品延度，否则应重新试验测定。

（三）软化点试验

沥青软化点是将沥青圆片放入加热介质中，当加热介质从起始温度开始以一定的升温速度加热时，置于沥青圆片上的标准钢球下落 25mm 距离的温度。加热介质的升温速度为 5℃/min，加热介质和起始温度选择：当沥青软化点为 30～80℃时加热介质选蒸馏水，起始温度为 5℃±1℃；当沥青软化点为 80～157℃时加热介质选甘油，起始温度为 30℃±1℃。软化点是一个既能反映沥青黏度又能反映沥青温度敏感性的物理量。

沥青软化点试验（虚）

1. 主要仪器设备

主要仪器设备包括软化点试验仪（见图 8-3）、恒温水浴槽或恒温油浴槽。

2. 试验步骤

1）试样制备：将沥青加热（同沥青针入度试验），缓缓注入放置在涂有甘油滑石粉隔离剂试样底板上的试样环中，至略高出环面，不得混入空气，冷却后用热刮刀齐环沿刮平。

图 8-3 沥青软化点试验仪

2）将试样连同试样环和底板放入恒温浴槽（软化点低于 80℃的水温为 5℃±0.5℃，软化点高于 80℃的甘油温度为 32℃±1℃）至少 15min，同时将试验仪的金属支架、钢球、钢球定位环也置入槽中恒温相同时间。

3）在试验仪的烧杯中注入已调节好温度的介质液体（水 5℃，甘油 30℃），将从恒温槽中取出的试样连同试样环置于试验仪的支架圆孔中，套上定位环，调整液面深度至标记处，插入温度计，测头底部与试样环下面齐平。

4）将钢球放在试样中央，以每分钟 5℃±0.5℃的升温速度加热试样，此时试样变软，钢球缓慢下沉，记录每分钟温度值。

5）当钢球下沉至与下层底板表面接触时，立即读取温度，准确至 0.5℃，此为试样软化点。

3. 结果计算

取两次试验的平均值作为试样软化点，当两次结果相差超过 1℃时应重新试验。

四、记录与报告

将沥青三项性能试验的数据和结果填写在试验原始记录表中，见表 8-2。

表 8-2 沥青针入度、延度和软化点试验原始记录表

记录编号：

沥青品种及等级		试验日期	
沥青状态描述		环境条件	

（1）针入度试验					
样品	试验温度 /℃	针入度（0.1mm）			
		第一次测值	第二次测值	第三次测值	平均值
1					
2					
3					
针入度					

（2）延度试验				
样品	试验温度 /℃	延度 /cm	断口形状	延度平均值 /cm
1				
2				
3				
备注				

（3）软化点（环球法）试验				
样品	加热介质	起始温度 /℃	升温速度 /（℃/min）	软化点 /℃	软化点平均值 /℃
1					
2					
备注					

8.1.2 防水涂料相关知识学习

一、引导问题（判断题）

1）刚性防水材料包括防水混凝土、防水砂浆、聚合物防水砂浆、渗透结晶型防水材料、注浆堵漏材料等。（　　）

2）柔性防水材料包括防水卷材、防水涂料、弹性密封材料等。（　　）

3）沥青的黏滞性、塑性和温度敏感性相互关联，温度敏感性可用软化点或针入度表征。
（　　）

4）聚合物水泥防水浆料是以水泥、细骨料为基料，加入聚合物和添加剂等改性材料制成，常用于柔性防水构造。（　　）

5）在南方的夏季，为避免沥青流淌，一般屋面用沥青材料软化点应比本地区屋面最高温度高20℃以上。（　　）

6）溶剂型防水涂料主要用于屋面防水涂刷，结膜较薄而致密，一般无毒。（　　）

二、防水涂料相关知识

（一）建筑防水

为防止水对建（构）筑物的内部空间或某些结构部位的渗透侵袭，施工时在材料和构造上采取的措施统称为建筑防水。按照采取的措施和手段不同，分为构造防水和材料防水两类。构造防水是采取适当的构造形式如伸缩缝、沉降缝、坡屋面、排水管（槽）、止水带、挡水墙等，阻断水的渗流通路，达到防水目的；材料防水是使用某些不透水的材料覆盖或密闭建筑构件及缝隙，阻断水流渗透通路，达到防水目的。

建筑防水材料按其特性可分为刚性防水材料和柔性防水材料，如图8-4所示。

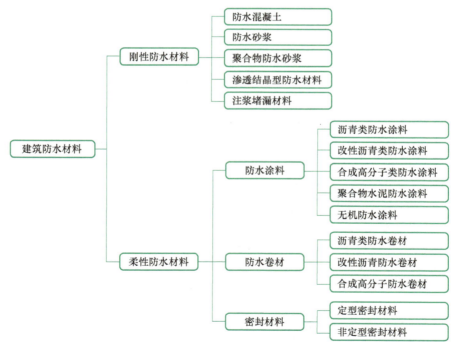

图8-4　防水材料分类

依靠结构构件自身的密实性或采用强度高无延性的刚性材料作为防水层的称为刚性防水材料，刚性防水材料在受到拉伸外力大于防水材料的抗拉强度时（包括沉降变形、温差变形等），防水层往往发生脆性开裂渗漏水。柔性防水材料是相对于刚性防水的另一种防水形态，其采用柔韧性能和延伸性能较好的防水材料构成防水层，在受到外力作用时，防水材料自身有一定的伸缩延展性，能抵抗防水材料弹性范围内的基层开裂，呈现一定的柔性。

刚性防水材料包括防水混凝土、防水砂浆、聚合物防水砂浆、渗透结晶型防水材料、注浆堵漏材料等，具有构造简单、施工方便、造价低廉、可以与构造物结合为一体的特点。

柔性防水材料包括防水卷材、防水涂料、密封材料等，具有施工灵活、抗裂性好等优点。防水卷材包括沥青类防水卷材、改性沥青防水卷材、合成高分子防水卷材等，防水涂料包括沥青类防水涂料、改性沥青类防水涂料、合成高分子类防水涂料、聚合物水泥防水涂料、无机防水涂料等，密封材料包括非定型密封材料、定型密封材料等。

（二）沥青

沥青是一种褐色或黑褐色的在常温下呈液态、固态或半固态的混合物，如图 8-5 所示。常作为有机胶凝材料用于道路工程，也可作为防水、防潮和防腐涂料用于建筑、桥梁等工程。沥青防水涂料是以沥青为基料配制的溶剂型或水乳型防水涂料。

沥青（教）

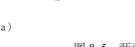

图 8-5 沥青
a）沥青块 b）热熔后的沥青

1. 沥青的分类

沥青按来源可分为焦油沥青、石油沥青和天然沥青等；按加工方法不同可分为直馏沥青、氧化沥青、溶剂沥青、调和沥青、乳化沥青、稀释沥青和改性沥青等几类，其中乳化沥青和改性沥青在建筑防水材料中应用比较广泛。

焦油沥青是煤、木材、页岩等有机物质经碳化作用或在真空中干馏得到的黏性液体，经再加工而得，由煤加工得到的称为煤焦油，由木材蒸馏得到的称为木焦油，煤焦油蒸馏后留下的残渣即为煤沥青。工业上也用它与环氧类树脂混合制成各种漆类。

石油沥青是由地底开采的原油加工炼制得到的烃类和非烃类衍生物，故称为地沥青，是最为常见的一种沥青，应用也最为广泛。天然沥青是地沥青的一种，是通过岩石裂缝渗透到地表的原油，在自然环境下不断蒸发、氧化后的残留物，不需要人为加工，环保无毒。常见的天然沥青有湖沥青、岩沥青等。

改性沥青是在沥青中添加改性剂或者对沥青进行轻度氧化加工制成，根据改性剂不同分为橡胶改性沥青、树脂改性沥青、橡胶树脂共混改性沥青、矿物填料改性沥青几类。

2. 石油沥青的组成和结构

石油沥青的构成元素以碳氢为主体，组成化合物种类繁多且单一化合物分离十分困难，一般将其分为沥青质、胶质、芳香分、饱和分和蜡分几类。

沥青的胶体结构也是影响沥青性质的重要因素。超细微粒的沥青质吸附了极性半固态的胶质形成胶团，胶团分散于液态的分散介质中，形成稳定的胶体。这种胶体结构可分为溶胶型结构、溶－凝胶型结构和凝胶型结构三种类型。

3. 建筑沥青的主要物理性能

为满足产品的相关功能和使用要求，应考虑建筑沥青的物理性能，包括沥青的黏滞性、塑性、低温抗裂性、温度敏感性、耐热性、加热稳定性和大气稳定性等。

（1）黏滞性　沥青的黏滞性（简称黏性）是指沥青在外力作用下抵抗变形的性能，反映了胶团颗粒之间吸引力的大小和胶体结构的致密程度，常用黏度（绝对黏度或相对黏度）表征，绝对黏度包括运动黏度、动力黏度等，相对黏度包括针入度、软化点等。

1）沥青针入度以标准试验针在规定荷载、时间及温度条件下垂直穿入沥青试样中的深度表示（单位为 0.1mm）。

2）沥青软化点是将沥青圆片放入加热介质中，当加热介质从起始温度开始以一定的升温速度加热时，置于沥青圆片上的标准钢球下落 25mm 距离的温度。

当沥青质含量较高、油分含量较少时，沥青黏滞性较大。

（2）塑性（延性）　沥青的塑性（延性）反映了沥青的低温性质，与沥青的低温抗裂性密切相关，可用低温延性和低温脆性表征。沥青的延度反映了沥青在外力作用下发生不可恢复的变形但不破坏的能力，用标准试件在规定温度下以一定速度拉伸至断裂时的长度表示（单位为 cm）。沥青的低温脆性反映了沥青在低温条件下抵抗不能自愈的裂变的能力，用弗拉斯脆点表征。弗拉斯脆点是指沥青薄层在规定降温速度下发生弯曲断裂的温度（单位为℃）。沥青的塑性与其组分有关，也随温度的升高而增大。

（3）温度敏感性　沥青的温度敏感性是表示沥青的黏滞性和塑性随温度升降而变化的性能，可用软化点、针入度指数（PI）和针入度-黏度指标（PNV）来表征。沥青中树脂的含量直接影响沥青的温度敏感性能，树脂含量多时，温度敏感性较小。针入度指数越大，表示沥青对温度的敏感性越小。沥青的针入度-黏度指标越低，表示沥青对温度的敏感性越高。

（4）耐热性　沥青的耐热性反映了黏稠沥青在高温下不软化、不流淌的性能，常用软化点表征。

（5）加热稳定性　沥青的加热稳定性反映了沥青在过热或长时间加热过程中组分发生氧化、裂化等化学变化的程度，可用加热前后质量损失及针入度、软化点等性质的改变值评定。

（6）大气稳定性　沥青的大气稳定性反映了沥青在阳光、氧气及水等自然因素长期作用下性质发生变化的难易程度，最直观地反映了沥青的耐久性能。沥青大气稳定性可通过空气加速老化试验测试，用老化试验前后沥青质量损失百分率和针入度比来评定。

（三）建筑防水涂料

建筑防水涂料是一种无定型材料，常温下呈流态或半流态，涂刷在建筑物表面后，由于水分或溶剂挥发，或者物质组分发生化学反应，形成一层完整坚韧的膜层，隔绝水对建筑物表面的渗透通道，从而起到防水防潮的作用。

建筑防水涂料（教）

防水涂料在施工时应检查漆膜厚度、延伸率、耐水性、黏结力等指标，其中拉伸强度、断裂延伸率、黏结力、低温弯折性、不透水性等常规检测项目应在涂料进场时或施工前进行复验，某些含苯、蒽、萘、甲醛等挥发性物质的涂料还应进行有害物质限量复验。

1. 防水涂料的分类

防水涂料按使用部位分为室内用防水涂料和室外用防水涂料，按涂料的液态类型分为溶剂型、水乳型和反应型三类，按组成原料可分为沥青类防水涂料、改性沥青类防水涂料、合成高分子类防水涂料、聚合物水泥防水涂料和无机防水涂料。

2. 几类典型防水涂料及其应用

沥青类防水涂料包括冷底子油、乳化沥青防水涂料、石灰乳化沥青防水涂料、水性沥青基防水涂料等。由于沥青中含有挥发性有毒物质，目前纯沥青防水材料在房屋建筑工程中已经应用很少，多用于道路和桥梁工程。

改性沥青类防水涂料是以沥青为基础材料，在沥青材料基础上用合成高分子聚合物进行改性后配制而成的水乳型或溶剂型防水涂料。改性沥青类防水涂料品种繁多，包括SBS改性沥青防水涂料、氯丁橡胶改性沥青防水涂料、丁苯橡胶改性沥青防水涂料、再生橡胶沥青防水涂料等。涂层固化后形成高弹性橡胶状防水防腐层，构成无接缝、无接头的连续封闭体系，防水效果好，适应范围广。改性沥青类防水涂料有"液体卷材"之称。

合成高分子类防水涂料和聚合物水泥防水涂料是目前建筑工程应用最为广泛的高档防水涂料，环保无毒，且适应性好。合成高分子类防水涂料包括聚氨酯防水涂料、丙烯酸防水涂料、聚脲防水涂料等。

无机防水涂料应用最多的是水泥基防水涂料和水泥基渗透结晶型防水浆料，水泥基防水涂料包括聚合物水泥基防水浆料和聚合物水泥基防水涂料等，聚合物水泥基防水浆料柔韧性相对差一些。

防水涂料是近些年发展最快的防水材料之一，种类繁多，并且不断有新的品种出现，很难讲述完全，从中选出6个最典型、最常用的品种逐一介绍。

（1）沥青冷底子油　沥青冷底子油是指将沥青稀释溶解在煤油、轻柴油或汽油中制成溶剂型防水涂料，涂刷在水泥砂浆或混凝土基面作打底用，多用于防水工程的底层，据溶剂的种类不同分为慢挥发性冷底子油和快挥发性冷底子油。沥青冷底子油黏度小，具有良好的流动性，固化后形成的结膜薄且致密，其生产工艺简易，储存稳定性好，但是易燃、易爆且有毒，溶剂挥发时对环境有污染。冷底子油一般不单独用作防水层，只用作底层黏结剂。

（2）水乳型改性沥青防水涂料　水乳型改性沥青防水涂料是将高聚物改性石油沥青（包括丙烯酸改性沥青、再生橡胶改性沥青、SBS改性沥青、环氧树脂等）在乳化剂水溶液的作用下，通过乳化机强烈搅拌分散成细粒状，制成的乳液型防水涂料。

水乳型改性沥青防水涂料的低温延性好，对基层变形适应能力强，耐霉变、高温、腐蚀和老化，防水性能好，无毒，无味，无污染，绿色环保，可以冷施工，能厚涂，能在潮湿基层上施工，对基材适应能力强，施工简单方便。

水乳型改性沥青防水涂料广泛适用于各种预制或现浇混凝土结构的厂房、仓库、民用建筑的屋面、楼地面、厨房、卫生间、阳台、地下室及接缝防水，也可用于道路桥梁、隧道等工程防水和管道构件的防腐。

（3）聚氨酯防水涂料　聚氨酯防水涂料是一种反应固化型高分子防水涂料，分为单组分和多组分两种。单组分聚氨酯防水涂料是以异氰酸酯、聚醚为主要原料，加入多种助剂和填料制成，涂刷在基层表面，聚氨酯预聚体中的 -NCO（端氨基）与空气中的湿气发生化学反应，形成坚韧、柔软、无接缝的类似橡胶的防水涂膜。单组分涂料即开即用，施工方便。多组分聚氨酯防水涂料使用时需将甲乙两组分按照规定的配比混合均匀，涂刷在基层表面，两组分发生化学反应，交联固化后形成类似橡胶的弹性涂膜防水层。

聚氨酯防水涂料拉伸强度高，延伸率大，弹性好，耐高低温性能好，膜层致密，防水抗渗能力强，和基层黏结性好，但弱于水泥渗透结晶型防水浆料，用作背水面防水时易在水液渗透下剥离基层，所以只用于迎水面。施工时，聚氨酯防水涂料可一体涂刷，环保方便，广泛应用于行政、住宅、商业、科研、医疗、学校、粮库、管廊等各类工程，特别适用于地下室、屋面、厕浴间、游泳池以及管根、地漏、天沟、老虎窗等异形结构部位防水。

（4）丙烯酸防水涂料　丙烯酸防水涂料是以改性丙烯酸酯多元共聚物为基料，添加多种助剂和填充料加工而成的一种高性能单组分防水涂料。

丙烯酸防水涂料无毒、无味、绿色环保，膜层弹性、延性好，耐酸、碱、高温和紫外线，抗老化，热稳定性、低温柔性、耐水性和抗裂性能好，能在潮湿、干燥的多种材质基面上施工，黏结力强，添加颜色后兼具装饰效果，广泛适用于各种新旧建筑物的屋面、墙面、厕浴间、水池等部位的防水防潮工程。

水乳型改性沥青涂料、聚氨酯防水涂料和丙烯酸防水涂料的施工要求：基层应坚实、干净，不含泥砂、浮浆、油污，无空鼓、松动、起砂等现象，阴阳角应捣成弧角；涂刷方式采用刮涂、滚涂或喷涂，一般应进行多次涂刷，底涂均匀并薄涂于基层上，面涂多道并薄涂成膜，次道应待前道完全干燥（不粘手）后方可施作，每道涂刷方向相互垂直，阴阳角、节点可在涂刷时植入耐碱玻纤网格布加强拉结，并在该部位适当厚涂。

（5）聚合物水泥防水涂料　聚合物水泥防水涂料是指以水泥、砂石为原材料，掺入适量外加剂、高分子聚合物等材料，通过调整配合比，改变各原材料界面间孔隙特征，增加密实性，拌制成具有一定抗渗透能力的防水型水泥砂浆或混凝土拌合物。

聚合物水泥防水涂料是一种双组分挥发固化型半刚性水性防水涂料，执行标准为《聚合物水泥防水涂料》（GB/T 23445—2009）。甲组分为聚丙烯酸酯乳液或乙烯-醋酸乙烯酯共聚乳液与多种添加剂组成的有机液料，乙组分为特种水泥、石英砂、碳酸钙等无机粉料的混合物。使用时将甲乙组分按规定比例混合均匀，涂刷在基面上，挥发后固化成高强坚韧的防水涂膜，具有"刚柔相济"的特性，添加颜料后刷在外墙兼具装饰效果。

聚合物水泥防水涂料是一种水性材料，无毒无味，绿色环保，涂膜延伸性较好，耐水、耐候、耐久性好，和基层黏结强度高，适用面广，可在潮湿基面施工，可用于各类工厂、住宅、商业、市政等工程防水，特别适用于地下室、屋面、厕浴间、游泳池等防水部位。聚合物水泥防水涂料只用作迎水面防水，其Ⅰ型适合用在活动量较大的基层，Ⅱ型、Ⅲ型适合用在活动量较小的基层和立面。

（6）水泥基渗透结晶型防水材料　水泥基渗透结晶型防水材料是由普通硅酸盐水泥、精细石英砂、微细纤维和多种高分子活性化学物质混配而成的一种刚性防水材料，执行标准为《水泥基渗透结晶型防水材料》（GB 18445—2012）。与水作用后，材料中的活性化学物质通过载体向混凝土内部渗透，在混凝土中形成不溶于水的结晶体，填塞毛细孔道，形成永久性防水效果，还可增强混凝土强度，阻止钢筋锈蚀。水泥基渗透结晶型防水材料是一种无毒、无味、无污染的环保产品，其渗入基层后与基层构成的防水体具有很强的耐水压能力、耐渗透能力和长久的自我修复能力，可以直接用于饮用水工程和水下超深构筑物防水，直接在背水面解决防水渗漏问题。因此，水泥基渗透结晶基防水材料与基体黏结强度高，抗渗性好，可用于迎水面或背水面防水，广泛适用于各类混凝土建筑物及构筑物防水工程或渗漏维修工程，施工起来非常方便。

三、小组讨论

1）你检测的沥青针入度为_____mm，延度为_____cm，软化点为_____℃。
2）举例刚性防水涂料和柔性防水涂料各两种，并说明有何优缺点。
3）结合总学习任务中图1所示建筑工程，哪些地方需要做防水？并选择恰当的防水材料。

四、总结汇报

分小组汇报，辩论和评分，教师进行总结和拓展，并重点讲解相关理论知识和应用。

五、评估

教师对每一个学生的课前、研讨汇报、作业等情况进行评价，填写表1-4、表1-5。

考 / 证 / 训 / 练

（一）选择题

1．不是刚性防水材料的是（   ）。
　　A．合成高分子类防水涂料　　　　B．防水砂浆
　　C．渗透结晶型防水材料　　　　　D．防水混凝土
2．沥青的针入度越大，则黏滞性（   ）。
　　A．越大　　　B．越小　　　C．不变　　　D．不一定
3．石油沥青的牌号主要根据其（   ）划分。
　　A．针入度　　B．延伸度　　C．软化点　　D．黏滞性
4．下列不宜用于屋面防水工程的沥青是（   ）。
　　A．建筑石油沥青　　　　　　　　B．煤沥青
　　C．SBS改性沥青　　　　　　　　D．以上都不适宜
5．防水涂料在一定水压（静水压或动水压）和一定时间内不出现渗漏的性能称为（   ）。
　　A．耐热度　　B．不透水性　　C．柔性　　　D．延伸性
6．石油沥青的主要组分不包括（   ）。
　　A．芳香分、饱和分　　　　　　　B．胶质
　　C．沥青质　　　　　　　　　　　D．游离碳

（二）填空题

1．沥青按来源分为_____、_____、_____三类。
2．石油沥青的针入度是指温度为_____条件下，以质量为100g的标准针，经5s沉入沥青中的深度，单位为_____。

8.2　防水卷材、密封材料及检测

总学习任务中图1所示建筑工程采用防水卷材防水，现对防水卷材进行试验，掌握不透水性和拉伸性能试验方法。了解常见防水卷材、密封材料的分类及常见品种、性能指标、使用范围和施工基本要求的相关知识。针对该工程请你推荐其余防水卷材和密封材料。

8.2.1　防水卷材不透水性试验

防水卷材不透水性检测（虚）

一、实训目的

通过试验测定防水卷材的不透水性，评定卷材的质量。

二、实训准备

根据《建筑防水卷材试验方法　第10部分：沥青和高分子防水卷材　不透水性》（GB/T 328.10—2007），给出了两种试验方法。方法A，适用于卷材低压力的使用场合，如屋面、基层、隔汽层。试件满足直至60 kPa压力24h。方法B，适用于卷材高压力的使用场合，如特种屋面、隧道、水池。

1. 主要设备

对屋顶消防水池的SBS改性沥青防水卷材，采用试验方法B，主要设备为具备三个透水盘的不透水仪，开缝盘或7个透水圆孔盘，如图8-6所示，压力范围为0～0.6MPa，精度为2.5级。

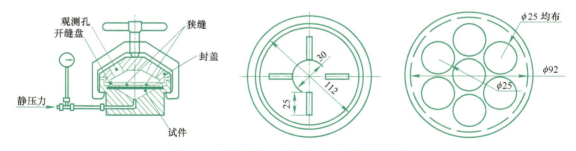

图8-6　不透水仪、开缝盘或7个透水圆孔盘

2. 试件准备

将取样SBS改性沥青防水卷材切除距外层卷头2500mm后，取1m长的卷材作为试样卷材放置在23℃±5℃的环境中至少20h，接着量取距边缘100mm并舍去，再次裁取直径不小于外盘直径（约130mm）的试样三块放置在23℃±5℃的环境中至少6h。

收取工程送检的SBS改性沥青防水卷材样品，并填写防水卷材取样信息，见表8-3。

表 8-3　防水卷材取样信息及不透水检测报告

委托单位				检测单位	
工程名称				工程部位	
样品名称				样品编号	
送检日期		检验日期		报告日期	
监督人		见证人		报告编号	
品种	类型	胎体	表面材料	尺寸	生产厂家
试验报告					
检测依据						
检测设备	试验方法 B					
	标准要求			检测结果	单项评定
不透水性试验	压力≥0.3MPa，保持压力≥（30±2）min，不透水（水压保持基本不变，试件的非迎水面没有水）			（　）水压保持基本不变，试件的非迎水面没有水，合格 （　）水压突然下降，试件的非迎水面有水，不合格	

三、不透水性试验步骤

1. 安装试件

调整不透水仪压力表的指针，使其上限为工作压力，下限比工作下限约小 0.5MPa，关闭不透水试验仪的总泄压阀，打开三个试件安装位下的加压阀将清水慢慢注入试验水槽，直至水槽接近满灌，拧紧注水口盖，彻底排出水管中的空气。试件的上表面朝下放置在透水盘上，盖上规定的开缝盘（或 7 孔圆盘），其中一个缝的方向与卷材纵向平行，放上封盖，慢慢夹紧直到试件夹紧在盘上，用布或压缩空气干燥试件的非迎水面。

2. 不透水性检测

开动仪器慢慢加压到规定的压力 0.3MPa，保持压力（30±2）min，观察试件的不透水性（水压突然下降或试件的非迎水面有水），分析并记录，获得试件不透水性结果。

8.2.2　防水卷材拉伸试验

一、实训目的

掌握防水卷材的拉伸试验样品制作和试验步骤，判断检测结果是否符合标准要求。

二、实训准备

收取工程送检的 SBS 改性沥青防水卷材样品，并填写防水卷材取样信息，见表 8-3。

三、拉伸试验

沥青类卷材和高分子卷材因各自组成材料及力学延展性不同，故试验过程中对样品的准备、检测步骤和计算表达均有所差别，本试验将以 SBS 改性沥青防水卷材为例，具体阐述这种卷材的样品制备、调制及检测步骤。

1. 仪器及材料

1）拉力试验机，量程 6000N，精度至少 2%，能均匀加荷，如图 8-7 所示。

2）大变形引伸计，如图 8-8 所示。

3）拉伸夹具，符合《建筑防水卷材试验方法 第 8 部分：沥青防水卷材 拉伸性能》（GB/T 328.8—2007）对夹持力的要求，能随着试件拉力的增加而保持或增加夹具的夹持力，对于厚度不超过 3mm 的产品能夹住试件使其在夹具中的滑移不超过 1mm，厚度更厚的产品不超过 2mm，夹具形式如图 8-9 所示。

图 8-7　拉力试验机　　　图 8-8　大变形引伸计　　　图 8-9　拉伸夹具

2. 试件准备

将取样卷材切除距外层卷头 2500mm 后，取 1m 长的卷材作为试样在距试样边缘 100mm 以上用裁刀均匀分布裁取试样，整个拉伸试验应裁取（200mm+2× 夹持长度）×（50±0.5）mm 的长方形试件，纵横向两组各 5 个。

3. 试验步骤

1）清除试件表面的非持久层，将试件放在温度（23±2）℃，相对湿度 30%～70% 的条件下至少放置 20h，拉伸试验的整个过程也应在此温度条件下进行。

2）将试件紧紧夹在拉伸试验机的夹具中，注意试件长度方向的中线与试验机夹具中心在一条线上，夹具间距为（200±2）mm，为防止试件从夹具中滑移应做标记，当用引伸计时，试验前应设置标距间距离为（180±2）mm；为防止试件产生任何松弛，加荷用力不超过 5N。

3）设置夹具移动的恒定速度为（100±10）mm/min。

4）记录最大的拉力 P 和对应的夹具（或引伸计）间的距离 L_1，以及初始时刻试件绷直但未拉伸时夹具（或引伸计）间的距离 L_0，填写在表 8-4 内。

5）分别记录每个方向 5 个试件的拉力值和延伸度，计算平均值；拉力平均值修约到 5N/50mm，延伸率的平均值修约到 1%，对于复合增强的卷材在应力-应变图上有两个或更多个峰值的，拉力和延伸率应记录两个最大值。

延伸率 $E(\%)$ 按下式计算：

$$E = \frac{L_1 - L_0}{L_0} \times 100\%$$

四、结果与报告

将卷材拉伸试验的数据和结果填写在表 8-4 中。

表 8-4　卷材拉伸试验原始记录表

记录编号：

检测依据	\multicolumn{10}{c}{GB 18242—2008、GB/T 328.8—2007}
仪器设备	CMT6104 电子万能试验机（　　）、游标卡尺（　　）、橡胶测厚仪（　　）									
样品名称						样品编号				
型号或类别		厚度规格 /mm		胎基材料			表面材料			
试件方向	横向					纵向				
试件序号	1	2	3	4	5	6	7	8	9	10
试件宽度 /mm										
试件厚度 /mm										
原始标距 /mm										
最大拉力 /N										
最高峰拉力时标距 /mm										
单个试件最高峰延伸率（%）										
次高峰拉力 /N										
次高峰拉力时标距 /mm										
单个试件次高峰延伸率（%）										
最大拉力平均值 /（N/50mm）						次高峰拉力平均值 /（N/50mm）				
最大峰时延伸率平均值（%）						次高峰时延伸率平均值（%）				

8.2.3　防水卷材、密封材料相关知识学习

一、引导问题（判断题）

1）防水卷材常规复验项一般包括耐水性、力学性能、温度稳定性、柔韧性、环境可靠性等几项性能。　　　　　　　　　　　　　　　　　　　　　　　　　　　　　　　　（　　）

2）防水卷材分为沥青防水卷材、高聚物改性沥青防水卷材和合成高分子防水卷材。

（　　）

3）氧化沥青防水卷材如石油沥青纸胎油毡，现在已经被禁止使用。（　　）
4）耐根穿刺顶板、大型单层柔性屋面，可以选择 TPO（热塑性聚烯烃）防水卷材。
（　　）
5）非定型密封材料按基料成分分为改性沥青密封材料和合成高分子密封材料。（　　）
6）硅酮结构密封胶首要用于玻璃幕墙的金属和玻璃间结构或非结构的黏合组装。（　　）

二、防水卷材、密封材料相关知识

防水卷材是一种能够卷曲的卷状或片状防水材料。防水卷材常规复验项一般包括耐水性、力学性能、温度稳定性、柔韧性、环境可靠性等几项性能。耐水性指标为不透水性和吸水性，力学性能指标包括拉力、拉伸强度及撕裂强度，温度稳定性指标为耐热性或耐热度，柔韧性指标为低温柔度或低温弯折性，环境可靠性指标包括老化性能、盐雾测试性能、臭氧测试性能、热老化保持率等。此外，在某些特殊场所，还应对材料的环保性能进行复验，即测试材料的有害物质限量。

（一）防水卷材

1. 防水卷材的分类

防水卷材（教）

通常按胎基材料和表面覆盖材料将防水卷材分为沥青防水卷材、高聚物改性沥青防水卷材和合成高分子防水卷材（见图 8-10），后两类防水卷材在防水性能、使用寿命、环境保护等方面具有显著优势，而且施工方便，现今在我国建筑领域应用非常广泛。

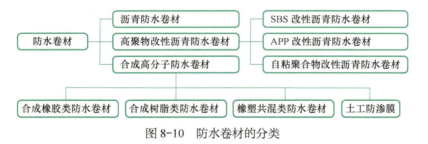

图 8-10　防水卷材的分类

沥青基防水卷材按胎基不同分为复合胎、聚酯胎和玻纤胎等几类，按其涂盖用沥青不同又分为氧化沥青防水卷材和高聚物改性沥青防水卷材两大类。氧化沥青防水卷材如石油沥青纸胎油毡因使用性能差，挥发释放有害物质不环保，现在已经被禁止使用。

高聚物改性沥青防水卷材是以高聚物改性沥青为浸涂基料的无胎基卷材，或采用聚酯胎、玻纤胎增强，两面覆以薄膜或细砂作隔离层的卷材。这种卷材比普通沥青基防水卷材具有更好的低温柔性和耐热性，使用寿命更长，目前市场上占主导地位的有 SBS 改性沥青防水卷材、APP 改性沥青防水卷材和自粘聚合物改性沥青防水卷材。

高分子防水卷材以合成橡胶、合成树脂、橡塑共混物或者 TPO（热塑性聚烯烃）材料为基料，加入适量的化学改性剂和填充剂等，经混炼、塑炼、压延或挤出成型等加工工艺制成的可卷曲防水卷（片）材。按照加工工艺，合成橡胶类防水卷材可划分为硫化型和非硫化型两种，常见的有 EPDM（三元乙丙橡胶）防水卷材（硫化型）、CPE（氯化聚乙烯）防水卷材等；合成树脂类防水卷材可划分为交联型和非交联型，常见的包括 PVC（聚氯乙烯）防水卷材、PE（聚乙烯）防水卷材、高密聚乙烯（HDPE）防水板、TPO 防水卷材、EVA（乙烯-醋酯乙烯共聚物）防水板、ECB（乙烯-醋酸乙烯共聚物与改性沥青共混）防水板等；橡塑共混类防水卷材包括氯化聚乙烯-橡胶共混防水卷材等。

此外，土工防渗膜也属于合成高分子防水卷材产品。合成高分子防水卷材一般具有拉伸强度高、断裂伸长率大、撕裂强度高、对基层伸缩或开裂变形适应性强、耐热度高、低温柔韧性好和耐腐蚀性好等特点。

2. 几类常见的防水卷材及其应用

（1）SBS 改性沥青防水卷材　SBS 改性沥青防水卷材（见图 8-11）是以聚酯纤维（聚酯毡、玻纤毡、玻纤增强聚酯毡）为胎体，浸渍涂盖以苯乙烯-丁二烯-苯乙烯（SBS）为改性剂的石油改性沥青，两面以塑料薄膜、细砂或矿物细料为隔离层制成的防水材料，执行产品标准为《弹性体改性沥青防水卷材》（GB 18242—2008）。SBS 改性沥青防水卷材按胎基材料可分为聚酯毡（PY）、玻纤毡（G）、玻纤增强聚酯毡（PYG）三类，按上表面隔离材料可分为聚乙烯膜（PE）、细砂（S）、矿物粒料（M）三类，按下表面材料分为细砂（S）、聚乙烯膜（PE）两类，按材料性能分为 I 型和 II 型两类，产品按名称、型号、胎基、上表面材料、下表面材料、厚度、面积和标准号顺序标记。例如，20m² 面积，3mm 厚，上表面为细砂、下表面为聚乙烯膜的聚酯毡 I 型弹性体改性沥青防水卷材按规范应标记为：SBS I PY S PE 3 20 GB 18242—2008。

图 8-11　SBS 改性沥青防水卷材

SBS 改性沥青防水卷材的主要特点是延伸性、耐候性、柔韧性好，黏结力强，抗冲击，耐穿刺，耐霉变，耐腐蚀，耐磨损，适用于 I、II 级建筑的防水工程，冷热地区均可使用，尤其适用于寒冷地区和结构变形频繁的建筑防水工程，广泛应用于各种工业与民用建筑的屋面、地下室、游泳池，以及公路、铁路、桥梁、水渠、管沟、污水处理池、垃圾填埋场等防水工程。

（2）TPO 防水卷材　TPO（热塑性聚烯烃）防水卷材是以乙丙（EP）橡胶与聚丙烯共聚物结合在一起的热塑性聚烯烃（TPO）颗粒为主要原料，加入抗老化、抗氧化、软化剂等助剂，以聚酯纤维织物作为加强筋，通过特殊生产工艺挤出成型的高分子片材。

TPO 防水卷材既有三元乙丙橡胶的耐候性和耐热性，又具有塑料的焊接性，兼具优异的物理性能和环保性能，强度高，低温柔性好，耐根穿刺、耐酸碱腐蚀和耐老化性突出，广泛应用于各类建筑物的地下室、耐根穿刺顶板、屋面（包括种植屋面、金属屋面、混凝土屋面）、幕墙以及地铁、公路、隧道、桥梁、大型粮仓、垃圾填埋场、人工湖、管沟、人防等各类防水工程，特别适用于大型单层柔性屋面和其他重要工程的防水系统。

（3）土工防渗膜　土工防渗膜是一种以高分子聚合物为基本原料的防水阻隔材料，在其表面通过针刺或热粘无纺布可制成复合土工布。

土工膜按膜材分为两类：一类是以聚乙烯树脂、乙烯共聚物为原料，添加各类助剂生产而成的聚乙烯土工膜，执行产品标准《土工合成材料　聚乙烯土工膜》（GB/T 17643—2011）；另一类是以非织造土工布为基材，以聚乙烯、聚氯乙烯等为膜材，复合而成的非织造布复合土工膜，执行产品标准《土工合成材料　非织造布复合土工膜》（GB/T 17642—2008）。

土工防渗膜拉伸强度高，延伸性好，抗穿刺能力强，低温柔性好，耐细菌和酸、碱、盐等化学侵蚀，避光使用时寿命长，在工程中常用作防水板，起隔离防渗作用，也可用作加强筋，起加固土石坝体的作用。土工防渗膜在隧道、涵洞、人防、垃圾填埋场、人工湖、地下管沟以及其他水利、水电、工矿、农业工程中均有非常广泛的应用。

（二）密封材料

建筑密封材料又称为嵌缝材料，嵌入建筑物缝隙、门窗四周、玻璃镶嵌部位以及由于开裂产生的裂缝，能承受位移且能达到气密、水密的目的。密封材料选用时，应首先考虑使用部位和功能要求。建筑物中不同部位的接缝，对密封材料的要求不同，如室外的接缝要求有较高的耐候性，而伸缩缝则要求有较好的弹塑性和拉伸-压缩循环性能。

1. 密封材料的分类

密封材料按材质分为非定型密封材料和定型密封材料两大类。前者指膏糊状材料，如腻子、密封胶、嵌缝油膏等；后者是有固定尺寸的带、条或垫状密封材料，如密封条、压条、密封带、密封垫等。

不定型密封材料按作用机理分为溶剂型、乳液型和反应型三类，按使用组分分为单组分和多组分两类，按基料成分分为改性沥青密封材料和合成高分子密封材料，按应用基层分为混凝土接缝用建筑密封胶和其他密封胶。

定型密封材料包括密封条带和止水带，如门窗密封条、橡胶止水带、塑料止水带等。定型密封材料按密封机理不同可分为遇水非膨胀型和遇水膨胀型两类。

2. 非定型密封材料

1）沥青嵌缝油膏。包括热施工的嵌缝油膏（如塑料油膏）和冷施工的溶剂型嵌缝油膏（如环氧树脂改性沥青油膏），其中溶剂型油膏又分为厚浆型和薄浆型两类。沥青嵌缝油膏在溶剂挥发或热塑体冷却后固化形成弹性密封体，黏附在基体缝隙中。

塑料油膏是一种热施工沥青嵌缝油膏，又称为PVC胶泥，它是以煤焦油为基料，加入一定比例的聚氯乙烯树脂、增塑剂、稳定剂等助剂和填料制成的嵌缝材料，在130～140℃的温度下塑化后热施工，常温下固化成胶体。

改性沥青油膏是一种溶剂型油膏，它是以改性石油沥青为基料，加入稀释剂和填料混合制成的冷用膏状嵌缝材料。

沥青嵌缝油膏按其耐热性和低温柔性分为702和801两个型号。沥青嵌缝油膏的施工度、耐热性、低温柔性、拉伸黏结性、浸水后拉伸黏结性、渗出性、挥发性等技术指标应符合《建筑防水沥青嵌缝油膏》（JC/T 207—2011）的要求。

沥青嵌缝油膏具有良好的黏结性、耐热性和低温柔性，主要用作混凝土屋面、墙板、楼板、地板、地下室、天沟、水管、道路、隧道、桥梁等工程结构的防水嵌缝，也可涂刷在屋面、地板、楼面、基础、洞壁、管道外壁等处起防水防腐作用。使用时，清除已老化的表层混凝土和缝内杂物，保持基层干燥，先涂刷一道冷底子油，待其干燥后即嵌填油膏，油膏表面可加建筑石油沥青、油毡、砂浆、塑料为覆盖层。PVC 塑料胶泥熔化时应控制温度不超过 160℃，防止烧焦，使用时基面含水率不宜大于 8%。

2）聚硫建筑密封胶。聚硫建筑密封胶是以液态聚硫橡胶为基料的常温硫化型双组分建筑密封材料，其中 A 组分是以聚硫橡胶作为主剂添加增黏剂、补强剂、增韧剂、触变剂等辅料制成的白色膏状物，B 组分为黑色固化剂，以金属氧化物为主原料。按流动性分为非下垂型（N）和自流平型（L），按其拉伸模量分为高模量（HM）和低模量（LM），按成胶后的位移能力分为 50、35、25 和 20 四个级别。产品质量技术要求应符合《聚硫建筑密封胶》（JC/T 483—2022）的规定。

聚硫建筑密封胶弹性好，有良好的低温柔性，在 -20℃ 以下还能保持与砂浆基层面不剥离，对水泥、金属、石材、砖瓦、油毡、木材等都有良好的黏结性，耐水、耐酸、耐油污、耐高低温（-50 ~ 120℃）、耐辐射，无毒无污染，气密性好。

聚硫建筑密封胶适用于长期浸水的建筑接缝密封，与混凝土黏结好，广泛用于建筑外墙、屋面、路面、水池、飞机跑道、地下工程及大型水利工程的接缝密封，也可用于中空玻璃的二道密封和幕墙构件接缝以及建筑墙板裂缝的修补密封。聚硫建筑密封胶使用前应清理基层，保持基层干净无油污，并刷底漆，避免与其他密封胶混用，否则影响黏结性能。

3）丙烯酸酯建筑密封胶。丙烯酸酯建筑密封胶是以丙烯酸酯为基料的单组分水乳型建筑密封胶。按位移能力分为 12.5（拉伸压缩幅度为 ±12.5%）和 7.5（拉伸压缩幅度为 ±7.5%）两个级别，其中 12.5 级密封胶按其弹性恢复率又分为弹性体（12.5E，弹性恢复率 ≥ 40%）和塑性体（12.5P、7.5P，弹性恢复率 <40%）两个次级别。

丙烯酸酯建筑密封胶有较好的弹性，能适应一般伸缩变形的要求，耐候性好，能在 -20 ~ 100℃ 环境下长期保持柔韧性，无毒无污染，但耐水性和耐酸碱性较差。丙烯酸酯建筑密封胶是一种中性的水乳型密封胶，黏结性不是很好，有试验表明，使用有机硅改性丙烯酸酯，通过控制引发剂的含量，可以改善密封胶的附着性和黏结性。丙烯酸酯建筑密封胶的技术要求应符合《丙烯酸酯建筑密封胶》（JC/T 484—2006）的规定。

丙烯酸酯建筑密封胶一般用于屋面、填充墙板和门窗嵌缝，其中 12.5E 用于接缝，12.5P 和 7.5P 用于一般装饰装修工程的填缝。丙烯酸酯建筑密封胶不宜用于经常泡在水中的工程，如水池、堤坝、灌溉管渠等水下接缝，也不宜用于广场、公路、桥面等有交通往来振动严重的接缝密封。丙烯酸酯建筑密封胶施工时应清洁基层表面并保持干燥。

4）硅酮和改性硅酮建筑密封胶。硅酮建筑密封胶是以聚硅氧烷（聚二甲基硅氧烷）为主要原料，辅以交联剂、填料、增塑剂、偶联剂、催化剂在真空状态下混合成膏状，在室温下与空气中的水发生反应硫化、固化形成弹性硅橡胶的单组分或多组分有机硅产品，按硫化类型分为胶酸型、脱醇型、脱氨型和脱丙型等，标记为 SR。硅酮密封胶俗称硅酮玻璃胶或玻璃胶，黏结力强，剪切强度大，有弹性，抗震和结构热胀冷缩能力强，且防潮、抗臭氧，具有较强的耐候性，按固化体系分为酸性和中性，按用途分为 F 类（镶嵌玻璃以外的建筑接缝用）、Gn 类（普通装饰装修玻璃用，非中空玻璃）和 Gw 类（建筑幕墙非结构装配用，非中空玻璃）三类。

酸性硅酮玻璃胶为一种单组分室温脱酸硫化型硅橡胶，硫化后中等模量，表干快、无垂流，具有良好弹性和黏结性，对大部分建筑材料如玻璃、铝材、不含油脂的木材等具有优异的黏结性，可适用于金属与塑料、铝合金门窗、店面橱窗、天窗、塑胶之间、玻璃之间的密封防漏，但是对部分材料有一定的腐蚀性，不能用于陶瓷、大理石、镜子镀膜面等黏结，刺激性味道较大，不用作结构黏结。

中性硅酮玻璃胶也称为中性耐候密封胶，硫化时刺激性味道更小，适用于金属、玻璃、铝材、瓷砖、有机玻璃等的接缝密封，但是黏结力比较弱，用于混凝土、水泥、砖石、岩石、大理石、钢材、木材、阳极处理铝材及涂漆铝材表面的接缝密封，中性硅酮玻璃胶可用于各种幕墙的耐候密封，不用作结构黏结。

硅酮结构密封胶是一种特殊的中性硅酮密封胶，专为建筑幕墙结构及其他结构黏结装配设计，可在较宽的温度范围内轻易挤出使用，并且对大部分建筑材料具有良好的相容性，使用时不需要底涂，黏结强度高，模量高，弹性高，而且耐老化，耐疲劳，耐腐蚀，在预期寿命内性能稳定，并能承受较大荷载，首要用于玻璃幕墙的金属和玻璃间结构或非结构的黏合组装，能将玻璃和金属构件连接构成单一装配组件，满足隐框或半隐框的幕墙设计要求，还能用于中空玻璃的结构性黏结密封，承受外部荷载和构件内部伸缩变形。

改性硅酮建筑密封胶是以端硅烷基聚醚为主要成分、室温固化的单组分和多组分密封胶，标记为MS。严格来说，改性硅酮不是对硅酮进行改性，属于非硅酮产品。改性硅酮密封胶按用途分为F类（建筑接缝用）、R类（干缩位移接缝用，常见于装配式预制混凝土外挂墙板接缝）两类。改性硅酮建筑密封胶密封性和弹性好，触变性、挤出性好，可操作性能优异，位移变形适应性强，与多孔材料的黏结性好，多用于混凝土构件、水泥砂浆板等的接缝密封。改性硅酮建筑密封胶无添加易挥发溶剂或易迁移增塑剂，不含硅油和硅树脂，不会吸附空气中的灰尘造成污染，可保持建筑接缝持久美观，还可以在其硬化后进行局部修复或涂装。

硅酮和改性硅酮建筑密封胶在施工时不会产生塌落或流走，可用于过顶或侧壁的接缝。但由于基体材料表面活性的影响，硅酮和改性硅酮建筑密封胶不能用于会渗出油脂或油性物质的基材表面以及结霜、潮湿或浸水的基材表面，不能和聚硫建筑密封胶混合使用，也不能在通风条件不佳的场所使用。

3. 定型密封材料

（1）止水带　止水带是以天然橡胶与各种合成橡胶为主要原料，掺加各种助剂及填料，经塑炼、混炼、压制成型，用于工程中混凝土缝隙止水的橡胶制品建筑配件。止水带按用途分为变形缝用止水带（B）、施工缝用止水带（S）和沉管隧道接头缝用止水带（J）三类，按构成结构形式分为普通止水带（P）和复合止水带（F）两种。

止水带具有良好的弹性、耐磨性、耐老化性和抗撕裂性，适应变形能力强，使用温度范围广，$-45 \sim 60$℃的环境下都可使用。在荷载作用下，止水带产生弹性压缩变形，与缝隙两侧基层组成牢靠的防水密封体系，并能起到减振和缓冲作用。止水带的邵尔A硬度、拉伸强度、拉断伸长率、压缩永久变形、老化等技术要求应符合《高分子防水材料　第2部分：止水带》（GB 18173.2—2014）或《铁路隧道防排水材料　第2部分：止水带》（TB/T 3360.2—2023）的规定。

止水带主要用于建筑工程、地下设施、隧道、水利、地铁等工程的变形缝、施工缝的密封，在混凝土浇筑过程中部分或全部浇埋在混凝土中。

（2）遇水膨胀橡胶　遇水膨胀橡胶是以水溶性聚氨酯预聚体、丙烯酸钠高分子吸水性树脂等吸水性材料与天然橡胶、氯丁橡胶等合成橡胶制得的遇水膨胀性防水橡胶。按工艺分为制品型（PZ）和腻子型（PN），按其在静态蒸馏水中的体积膨胀倍率分为PZ-150、

PZ-250、PZ-400、PZ-600、PN-150、PN-220、PN-300 等，制品型产品的断面有矩形、圆形及椭圆形等。

遇水膨胀橡胶具有浸水膨胀，"以水止水"的效果，膨胀速度慢，浸水 168h 膨胀度不大于其最大膨胀度的 50%，耐久性好，长时间浸水下无溶解物析出，安装施工方便，不论基面是否潮湿、光滑或粗糙，都能牢固地粘贴在混凝土表面，无毒无污染。遇水膨胀橡胶技术要求应符合《高分子防水材料　第 3 部分：遇水膨胀橡胶》（GB/T 18173.3—2014）的规定。

遇水膨胀橡胶主要用于各种地下工程和基础工程的接缝防水密封，如储水池、沉淀池、地下室、地下车库、地下隧道、顶管、涵洞、堤坝等，也可用于混凝土墙板的施工缝、伸缩缝、沉降缝、预制构件拼装缝、混凝土后浇缝等建筑缝隙的接缝密封。

三、小组讨论

1）请描述 SBS 改性沥青防水卷材 SBS I G S PE 3 20 GB18242—2008 的结构组成，你检测的 SBS 改性沥青防水卷材最大拉力平均值为_____，最大峰时延伸率平均值是_____，防水卷材一般还需要做哪些性能检测？

2）什么密封材料俗称玻璃胶？按照固化体系怎样分类？有哪些用途？

3）针对总学习任务图 1 所示建筑工程各个需要防水的构造，请你推荐其余防水卷材和密封材料。

四、总结汇报

分小组汇报，辩论和评分，教师进行总结和拓展，并重点讲解相关理论知识和应用。

五、评估

教师对每一个学生的课前、研讨汇报、作业等情况进行评价，填写表 1-4、表 1-5。

考 / 证 / 训 / 练

（一）判断题

1．卷材拉伸应力应变性能试验中，试件的数量不应少于 3 个。　　　　　　　　（　　）

2．三元乙丙橡胶（EPDM）防水卷材属于高聚物改性沥青防水卷材。　　　　（　　）

3．SBS 改性沥青防水卷材的主要特点是延弹性好，拉伸强度高，抗撕裂能力强，可用于种植屋面。　　　　　　　　　　　　　　　　　　　　　　　　　　　　　　　　（　　）

4．弹性体改性沥青防水卷材主要适用于工业和民用建筑的屋面和地下防水。　（　　）

5．土工防渗膜是一种高分子防水材料，有很好的抗穿刺和耐化学生物侵蚀能力。（　　）

6．聚硫建筑密封胶可替代硅酮胶用于中空玻璃密封。　　　　　　　　　　　（　　）

7．遇水膨胀橡胶具有很好的黏结性和吸水膨胀的特性，可用于混凝土施工缝、后浇缝的止水和建筑构件拼接缝、板缝、墙缝的防水密封。　　　　　　　　　　　　　　（　　）

8．改性硅酮建筑密封胶是以改性聚硅氧烷为主要成分、室温固化的单组分和多组分密封胶。　　　　　　　　　　　　　　　　　　　　　　　　　　　　　　　　　（　　）

(二)选择题

1. TPO防水卷材是以（　　）为主要原料，加入一定量助剂，经特殊工艺制成的防水卷材。
   A．乙丙橡胶与聚丙烯塑料共聚物　　　B．聚酯纤维
   C．丙烯酸酯　　　　　　　　　　　　D．聚氨酯橡胶颗粒

2. 丙烯酸酯建筑密封胶不适用于（　　）。
   A．水池接缝　　　B．屋面接缝　　　C．墙板接缝　　　D．门窗接缝

3. 10m² 面积，3mm 厚上表面为细砂、下表面为聚乙烯膜的聚酯毡Ⅰ型弹性体改性沥青防水卷材按规范应标记为（　　）。
   A．10 S 3 PE PY I SBS GB 18242—2008　　B．SBS I PY M PE 3 10 GB 18242—2008
   C．SBS I PY S PE 3 10 GB 18242—2008　　D．SBS I G S PE 3 10 GB 18242—2008

4. 下列主要用作屋面、墙面、沟和槽的防水嵌缝材料的防水油膏是（　　）。
   A．聚氨酯密封膏　　　　　　　　　　B．沥青嵌缝油膏
   C．聚氯乙烯接缝膏　　　　　　　　　D．丙烯酸酯建筑密封胶

5. 按原材料、固化机理及施工性的分类方法，硅酮建筑密封胶属于（　　）密封材料。
   A．油性类　　　B．化学反应型　　　C．水乳型　　　D．热塑型

6. 饮用水工程优先选用的防水密封材料是（　　）。
   A．聚氯乙烯接缝膏　　　　　　　　　B．水泥基渗透结晶型防水材料
   C．丙烯酸类防水材料　　　　　　　　D．沥青嵌缝油膏

7. SBS改性防水卷材是以（　　）浸渍玻纤毡或聚酯毡胎基，以（　　）作防粘隔离层制成的卷材。
   A．细砂或塑料薄膜　　　　　　　　　B．SBS改性石油沥青
   C．天然沥青　　　　　　　　　　　　D．氧化改性沥青

(三)问答题

1. 防水卷材有哪些类别？常见的有哪些？各有什么优缺点？
2. 防水密封材料有哪些类别？常见的有哪些？各有什么优缺点？
3. 硅酮和改性硅酮建筑密封胶各有哪些类别？各自特点和使用环境是怎样的？

学习情境 9

建筑功能材料及检测

情境描述

检测硬质泡沫塑料热阻及导热系数，学习建筑功能材料相关知识。

知识目标

1. 了解绝热、隔声、吸声、装饰材料的主要品种、特性。
2. 了解《绝热材料稳态热阻及有关特性的测定　防护热板法》（GB/T 10294—2008）等标准。

能力目标

1. 能检测硬质泡沫塑料热阻及导热系数。
2. 能对不同绝热材料、隔声、吸声材料、装饰材料的性能特点进行正确识别，并在工程中正确选用。

素养目标

推广应用环保节能功能材料，发展绿色建筑。

9.1 建筑节能材料热阻及导热系数检测

一、实训目的

检测干燥状态的建筑绝热（保温、保冷、隔热）材料硬质泡沫塑料 [如挤塑聚苯乙烯（XPS）保温隔热泡沫板] 的热阻及导热系数，并检测试件密度和质量变化。

热阻及导热
系数检测（教）

二、实训准备

试样制备：每组试验需要的试件尺寸（长度×宽度×厚度）为 300mm×300mm×25mm，厚度可以为原样品厚度。填写原始记录表，见表 9-1，下同。

1）试件表面不平行度应在试件厚度的 ±2% 之内。
2）两个试件厚度的最大偏差应在试件厚度的 ±2% 之内。
3）在试验测定前应进行状态调节。

在测定试件的质量 m_1 之后，必须把试件放在干燥器或烘箱里，测定烘干后质量 m_2。低密度的纤维绝热材料或泡沫塑料试件，建议把试件留在标准实验室空气（296K±1K；50%±10%RH）中继续调节，直至与室内空气环境平衡，测定恒定质量 m_3。

表 9-1 建筑节能材料试验原始记录表

样品	□ AAC-B □ XPS □ EPS □		样品编号		试验日期	
检测依据	□ GB/T 10294—2008		试验仪器	平板导热仪、游标卡尺、直尺、烘箱、电子万能试验机、可燃箱		
		1 号试件			2 号试件	
初始状态	试件（长/mm）×（宽/mm）×（厚/mm）					
	测试前质量 m_1/kg					
	状态调节方法	温度：_____℃；相对湿度：_____%；时间：_____h				
	状态调节过程前后试件质量 /kg	状态调节前试件质量 m_2	状态调节后试件质量 m_3		状态调节前试件质量 m_2	状态调节后试件质量 m_3
	状态调节过程相对质量变化（%）：$m_d=(m_3-m_2)/m_2$					
测定过程	测试期间试件质量 /kg	临试验前试件质量 m_5	试验结束后试件质量 m_4		临试验前试件质量 m_5	试验结束后试件质量 m_4
	试验期间试件的质量变化（%）：$m_w=(m_4-m_5)/m_5$					
	稳态热传递过程（达到稳态热传递状态经历的时间：_____h）					
	试验过程试件的夹紧厚度 d/mm		平均值			平均值
	试件计量面积 A/m²					
	试件热面温度平均值 T_1/℃					
	试件冷面温度平均值 T_2/℃					
	防护板温度 /℃					
	试件两侧面平均温差（T_1-T_2）/℃					
	加热单元计量部分平均加热功率 Φ/W			修正系数		
	导热系数 λ/[W/(m·K)]：$\lambda=\dfrac{\Phi d}{A(T_1-T_2)}$			热阻 R/(m²·K/W)：$R=\dfrac{A(T_1-T_2)}{\Phi}$		

三、建筑节能材料热阻试验

所有的传热过程中，只有传导产生的热阻与试件厚度成正比。其他传热过程具有较复杂的关系。试件越薄、密度越小，热阻与传导以外的传热过程有关系。

学习情境 9　建筑功能材料及检测

1. 试验设备

（1）装置原理　防护热板装置的原理是：在稳态条件下，在具有平行表面的均匀板状试件内，建立类似于以两个平行的温度均匀的平面为界的无限大平板中存在的一维的均匀热流密度。

（2）装置类型　PDR-3030B 平板导热系数测定仪，如图 9-1 所示。

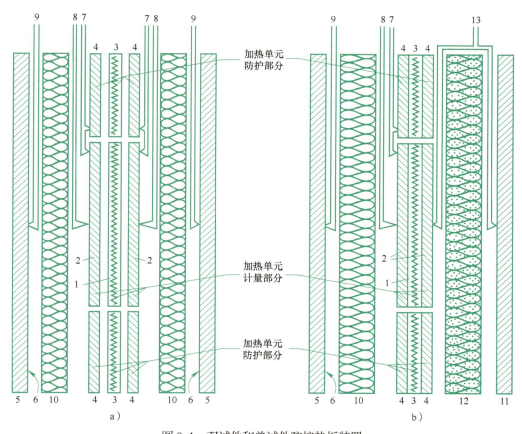

图 9-1　双试件和单试件防护热板装置
a）双试件装置　b）单试件装置
1—计量加热器　2—计量面板　3—防护加热器　4—防护面板　5—冷却单元　6—冷却单元面板
7—温差热电偶　8—加热单元表面热电偶　9—冷却单元表面热电偶　10—试件
11—背防护加热器　12—背防护绝热层　13—背防护单元温差热电偶

根据原理可以建造两种形式的防护热板装置：双试件装置、单试件装置，其中 I 为被检测试件。针对长时间不使用的试验装置或新的试验装置需标定与检验。

2. 试验步骤

1）测定试件的尺寸，检测 3 次，厚度差别应小于 2%，试件测定时的厚度 d 是测定时测得的试件厚度或为板和热流传感器间隙的尺寸，或者在装置之外利用能重现在测试时对试件施加压力的装置进行测量的厚度。

2）测量试件的质量与密度。测量临试验前干试件质量 m_5，测量试验结束后试件质量 m_4。试件体积为 300mm×300mm×d，计算得密度。

3）温差的选择。热阻或导热系数通常是试件两侧温差的函数，在报告中必须说明报告值适用的温差范围或者清楚注明报告值是用单一温差测定的。温差的选择可按照下列之一选择：

① 按照特定材料、产品或系统的技术规范要求，为使温差的测量误差最小，一般建议温差最小为 10～20K。

② 被测定的特定试件或样品的使用条件（温差小则准确度降低，温差大则可能不符合试验的假定传热模型）。

③ 确定温度与传热性质的未知关系时，尽可能取小的温差（5～10K）。

④ 要求试件内的传质减到最小时，按测定值所需选择最小的温差。

4）环境条件。选择在空气中测定。调节环绕防护中热板组件的空气的相对湿度，使其露点温度至少比冷却单元温度低 5K。当把试件封入气密性封袋内避免吸湿时，封袋与试件冷面接触的部分不应出现凝结水。

5）热流量和温度测量。

① 测量热流量 $\varPhi$：测量加热单元计量部分的平均加热功率，单位为瓦（W），精确到 ±0.2%。

② 输入功率的随机波动、变化引起的热板表面温度波动或变动，应小于热板和冷板间温差的 ±0.3%。

③ 调节并维持防护部分的输入功率（最好采用自动控制），以得到符合《绝热材料稳态热阻及有关特性的测定　防护热板法》（GB/T 10294—2008）中 2.1.4.1.1 所要求的计量单元与防护单元之间的温度不平衡度。

6）热流密度的测量。当在计量单元达到稳定传热状态后，测量热流量 $\varPhi$ 以及此热流量流过的计量面的面积 A，即可确定热流密度 q。

7）冷面控制。当使用双试件装置时，调节冷却面板温度使两个试件的温差相同（差异小于 ±2%）。

8）温差检测。即试件两侧的温差 ΔT，表面平整度符合面板要求的均匀平面且热阻大于 $0.5 m^2 \cdot K/W$ 的非刚性试件，可由永久埋于加热和冷却单元面板内的温度传感器测量，刚性试件需要插入均质薄片衬垫时应根据薄片的附加热阻和两面板的测量温度确定。

9）过渡时间和测量间隔。为得到热性质的准确值，装置和试件必须有充分的热平衡时间。热平衡时间与装置的构造、控制方式、几何尺寸以及试件的热性质和厚度有关。在不可能较精确地估计过渡时间的场合，或者没有在同一装置中、同一测定条件下测定类似试件的经验时，按下式计算时间间隔 Δt：

$$\Delta t = (\rho_p c_p d_p + \rho_s c_s d_s) R \qquad (9-1)$$

各参数符号、名称、单位见表 9-2。

表 9-2　符号、名称和单位

符号	名称	单位	符号	名称	单位
Δt	热平衡的时间间隔	s	c_s	加热面试件比热容	J/(kg·K)
ρ_p	加热面材料的密度	kg/m³	d_p	加热面板厚度	m
ρ_s	经过更复杂的调节过程后的试件密度	kg/m³	d_s	加热试件厚度	m
c_p	加热面材料比热容	J/(kg·K)	R	试件的热阻	m²·K/W

以大于或等于 Δt 的时间间隔读取热流量和温差数据，直到连续四组读数给出的热阻值的差别不超过 ±1%，并且不是单调地朝一个方向改变时结束。当试件内部有传质现象时，测定至少持续 24h。

当温度为自动控制时，记录温差和（或）施加在计量加热器上的电压或电流有助于检查是否达到稳态条件。

3. 试验结果计算及处理

（1）密度和质量变化

1）经状态调节后的试件在测定时的密度 ρ_d 与 ρ_s 按下列公式计算：

$$\rho_d = m_2/V \qquad (9\text{-}2)$$

$$\rho_s = m_3/V \qquad (9\text{-}3)$$

2）质量变化计算：

$$m_r = (m_1 - m_2)/m_2 \qquad (9\text{-}4)$$

$$m_c = (m_1 - m_3)/m_3 \qquad (9\text{-}5)$$

$$m_d = (m_3 - m_2)/m_2 \qquad (9\text{-}6)$$

$$m_w = (m_4 - m_5)/m_5 \qquad (9\text{-}7)$$

各参数符号、名称、单位见表 9-3。

表 9-3 符号、名称和单位

符号	名称	单位	符号	名称	单位
V	试件体积	m³	m_5	临测定之前试件干的或调节过的质量	kg
m_1	接受状态的材料质量	kg	m_r	材料因干燥所致的质量变化	—
m_2	干燥后试件的质量	kg	m_c	材料因更复杂的调节后的相对质量变化	—
m_3	更复杂调节过程后的试件质量	kg	m_d	材料因状态调节所致的相对质量变化	—
m_4	测定结束时试件的质量	kg	m_w	在测定中试件的相对质量增加	—

（2）热性质 按试验步骤 8）观察到的稳态数据的平均值进行计算。只要差异不超过 ±1%，其他附加测量数据也可使用。

1）试件的热阻 R 按下式计算：

$$R = \frac{A(T_1 - T_2)}{\Phi} \qquad (9\text{-}8)$$

2）试件的导热系数 λ 或热阻系数 r 可用下列公式分别计算：

$$\lambda = \frac{\Phi d}{A(T_1 - T_2)} \qquad (9\text{-}9)$$

$$r = \frac{1}{\lambda} = \frac{A(T_1 - T_2)}{\Phi d} \qquad (9\text{-}10)$$

各参数符号、名称、单位见表 9-4。

表 9-4 符号、名称和单位

符号	名称	单位	符号	名称	单位
R	试件的热阻	$(m^2 \cdot K)/W$	Φ	加热单元计量部分的平均热流量，其值等于平均发热功率	W
r	热阻系数	$(m \cdot K)/W$	T_1	试件热面温度平均值	K
λ	试件的导热系数	$W/(m \cdot K)$	T_2	试件冷面温度平均值	K
d	试件的平均厚度	m	A	试件的计量面积（双试件面积需乘以2）	m^2

4. 结果评定

1）以产品标准规定的某一温度或某几个温度下的两个热性能指标（热阻与导热系数）进行评定，评定用语为"合格"与"不合格"。

2）对于不合格样品允许复检，复检取双倍样，评定用语为"合格"与"不合格"。

3）不同产品的技术要求参照不同产品的标准规范。

9.2 建筑功能材料相关知识学习

绝热材料（教）

一、引导问题（判断题）

1）材料的导热系数越小，其导热性能越好。　　　　　　　　　　　　　（　　）
2）导热系数以金属最大，非金属、液体较小，而气体更小。　　　　　　（　　）
3）同种材料，根据含水率不同，其导热系数也不同。　　　　　　　　　（　　）
4）凡六个频率的平均吸声系数大于 0.2 的材料，均为吸声材料。　　　　（　　）
5）多孔混凝土也是隔热材料。　　　　　　　　　　　　　　　　　　　（　　）
6）泡沫玻璃是一种高级隔热材料，常用于冷藏库的隔热。　　　　　　　（　　）
7）吸声性能好的材料，也可以作为隔声材料来使用。　　　　　　　　　（　　）
8）对于多孔材料来说，孔隙越细小，吸声效果越差。反之，孔隙越大，吸声效果越好。
　　　　　　　　　　　　　　　　　　　　　　　　　　　　　　　　（　　）

二、建筑功能材料相关知识

随着人民生活水平的不断提高，人们对建筑物的质量要求越来越高。建筑用途的扩展，对其功能方面的要求也越来越高，建筑功能材料的地位和作用已越来越受到人们的关注和重视。它大大改善了建筑物的使用功能，具有防火、防水、保温、隔热、采光、隔声等多方面功能，使之具备更加优异的技术经济效果，更适合人们的生活和工作要求，朝着绿色环保节能等方向发展。下面主要介绍绝热材料、吸声隔声材料和装饰材料等。

（一）绝热材料

绝热材料是指用于建筑或者热工设备，阻抗热流传递的材料或者材料复合体，包括保温材料和隔热材料。在建筑中，习惯上把用于控制室内热量外流的材料称为保温材料；把防止室外热量进入室内的材料称为隔热材料。

1. 导热性

（1）传热方式　热量的传递方式有三种：传导换热、对流换热和辐射换热。

热量以上述三种方式从建筑物中发散出去，其传递方式主要是导热，同时也有对流和热辐射存在。建筑物主要的散热区域是墙体、屋顶、楼板、门窗。建筑物的缝隙和开着的门窗会大大增加热量的散发。

（2）导热系数　当材料的两表面间出现了温度差，热量就会自动地从高温一面向低温一面传导。材料传导热量的能力，称为导热性，用导热系数 λ 表示，单位 W/（m·K），见式（9-9）。

材料导热系数 λ 的物理意义是，厚度为 1m 的材料，当温度差为 1K 时，在 1s 内通过 $1m^2$ 面积的热量。材料的导热系数越小，表示其绝热性能越好。导热系数低于 0.23W/（m·K）的材料称为绝热材料。

试验表明，材料传导的热量与反映材料导热性能的导热系数 λ、传导面积 A、传热时间及两表面的温度差（T_1-T_2）成正比，而与材料的厚度 d 成反比，材料吸收或放出的热量 Φ，见下式：

$$\Phi = \frac{\lambda A(T_1 - T_2)}{d} \tag{9-11}$$

（3）影响材料导热系数的因素　影响材料导热系数的主要因素有材料的物质构成、微观结构、孔隙构造、湿度、温度和热流方向等。

1）物质构成。金属材料导热系数最大，无机非金属材料次之，有机材料导热系数最小。

2）微观结构。相同化学组成的材料，结晶结构的导热系数最大，微晶结构次之，玻璃体结构最小。

3）孔隙构造。由于固体物质的导热系数比空气的导热系数大得多，故一般来说，材料的孔隙率越大，导热系数越小。在孔隙率相近的情况下，孔径越大，孔隙相通将使材料导热系数有所提高，这是由于孔内空气流通与对流的结果。对于纤维状材料，还与压实程度有关。当压实达到某一表观密度时，其导热系数最小，称该表观密度为最佳表观密度。当小于最佳表观密度时，材料内孔隙过大，由于空气对流作用会使导热系数有所提高。绝热材料的表观密度不宜大于 $600kg/m^3$。

4）湿度。因为固体导热最好、液体次之、气体导热最差，因此，材料受潮会使导热系数增大，如水结冰导热系数进一步增大。为了保证保温效果，对绝热材料要特别注意防潮。

5）温度。材料的导热系数随温度升高而增大，因此绝热材料在低温下的使用效果更佳。

6）热流方向。对于木材等纤维状材料，热流方向与纤维排列方向垂直时材料的导热系数要小于平行时的导热系数。

（4）热容量　热容量是指材料受热（或冷却）时吸收（或放出）的热量的性质。热容量的大小用比热容 c（简称比热）表示，即容纳热量的能力。其意义是质量为 1g 的材料，当温度升高或降低 1K 时，所吸收或释放的热量。用下式计算：

$$c = \frac{Q}{m(T_2 - T_1)} \tag{9-12}$$

式中　c——材料的比热容 [J/（g·K ）]；
　　　Q——材料吸收（或放出）的热量（J）；
　　　m——材料的质量（g）；
　　　T_2-T_1——材料升温（或降温）前后的温度差（K）。

通常把防止内部热量的散失称为保温，把防止外部热量的进入称为隔热，将保温隔热统称为绝热，并将导热系数 $\lambda \leq 0.23$W/（m·K）的材料称为绝热材料。

2. 绝热材料的类型

（1）多孔型　多孔材料的传热方式较为复杂。不过，由于在常温下对流和辐射换热在总的传热中占的比例很小，故以气孔中气体的导热为主，但由于空气的导热系数大大小于固体的导热系数，所有热量通过气孔传递的阻力较大，从而使传热速度大大减慢。

（2）纤维型　与多孔材料类似。顺纤维方向的传热量大于垂直于纤维方向的传热量。

（3）反射型　具有反射性的材料，由于大量热辐射在表面被反射掉，使通过材料的热量大大减少，而达到绝热目的。其反射率大，则材料绝热性好。

3. 绝热材料的性能

（1）热稳定性　热稳定性是指材料能经受温度的剧烈变化而不生成裂缝、裂纹和碎块的性能。绝热材料的热稳定性，随材料的抗压或抗折强度的提高而提高，并随热膨胀系数、弹性模数的增加而降低，还与导热系数成正比。

（2）吸水性与吸湿性　吸水性与吸湿性要小，因为水的热传导能力是空气的24倍，所以绝热材料吸附了水分后将使导热系数大大增加。

（3）机械强度　绝热材料要有一定的机械强度。硬制品的抗压强度不应小于0.3MPa，因为绝热材料在运输和使用过程中，可能受到拉伸、压缩、弯曲、扭曲等负荷的作用，如果所受的负荷大于材料允许承受的极限，材料会发生变形甚至破坏，因此，必须知道材料的机械强度。半硬质材料或毡、毡制品要有足够的弹性。在实际应用中，一般绝热材料与承重材料复合使用。

4. 常用的绝热材料

常用的绝热材料见表9-5。

常用的绝热材料及吸声材料（教）

表 9-5　常用的绝热材料

序号	名称	分类	表观密度/（kg/m³）	导热系数/[W/（m·K）]	构成、性能与应用
1	膨胀蛭石	无机保温材料	87～900	0.046～0.07	云母无机散粒，850～1000℃煅烧膨胀。耐火、防腐、不变质、不易被虫蛀，常用于填充墙壁、楼板、平屋顶
2	膨胀珍珠岩		200～360	0.047～0.07	高温膨胀灰白色珍珠状无机岩石颗粒。绝热、不易燃、无臭无毒。常用于填充围护结构，也可制成绝热制品

（续）

序号	名称	分类	表观密度/（kg/m³）	导热系数/[W/(m·K)]	构成、性能与应用
3	发泡黏土	无机保温材料	350	0.105	将一定矿物黏土加热至高温，产生一定高温液相和气体，体积膨胀数倍冷却而成。可作为填充和混凝土轻骨料
4	轻骨料混凝土	无机保温材料	1100	0.222	采用黏土陶粒、膨胀珍珠岩等作为骨料的混凝土。有较好的隔热保温效果
4	泡沫混凝土	无机保温材料	300～500	0.082～0.186	无机水泥、水和松香等泡沫剂，或粉煤灰、石灰、石膏和泡沫剂。应用广
4	加气混凝土	无机保温材料	400～700	0.093～0.164	硅质的粉煤灰或磨细砂加石灰、发泡剂经蒸压或蒸养而成。应用广
5	微孔硅酸钙	无机保温材料	200～250	0.041	无机二氧化硅材料、石灰、纤维增强材料及水经搅拌、成型、蒸压、干燥而成。用于围护结构、管道工程保温
6	玻璃棉（短）	无机保温材料	100～150	0.035～0.058	以无机纤维为基料，加入适量胶黏剂，经压制、固化、切割等工艺，制成板、毡、管壳。质轻、吸声、不燃烧、耐腐蚀，是优良的绝热和吸声材料
6	玻璃棉（超细）	无机保温材料	>18	0.028～0.037	以无机纤维为基料，加入适量胶黏剂，经压制、固化、切割等工艺，制成板、毡、管壳。质轻、吸声、不燃烧、耐腐蚀，是优良的绝热和吸声材料
7	泡沫玻璃	无机保温材料	150～600	0.058～0.128	无机玻璃粉和发泡剂煅烧而成。导热系数低，强度高，耐久性好，易加工。适用于寒冷地区的底层围护结构
7	中空玻璃	无机保温材料	150～600	0.100	两层以上玻璃留10～30mm空间充入干燥空气而成。保温、绝热、隔声、节能性好，防止结露。适用于住宅
8	泡沫塑料	有机保温材料	15～50	0.028～0.055	以各种有机树脂为基料，加入发泡剂、催化剂，加热发泡而成聚苯乙烯、聚氯乙烯、聚氨酯、脲醛等硬质泡沫塑料。密度小、导热系数低、加工使用方便，但易燃烧。适用于屋面、墙面、冷藏库和管道，保温隔热效果好
9	碳化软木板	有机保温材料	105～437	0.044～0.079	栓皮栎、黄菠萝的树皮，切碎脱脂而成。密度小，导热系数低，吸水性差，防水、防腐好，但易变质、易燃烧。适用于冷藏库和某些重要工程的保温
10	纤维板	有机保温材料	210～1150	0.058～0.307	木材废料破碎、浸泡、研磨成木浆，热压而成。适用于墙体和吊顶

（二）吸声隔声材料

1. 材料的吸声性

声音起源于物体的振动。声源的振动迫使邻近的空气跟着振动而形成声波，并在空气介质中向四周传播。声音在传播过程中，一部分由于声能随着距离的增大而扩散，另一部分则因空气分子的吸收而减弱。当声波遇到材料表面时，被吸收声能（E）与入射声能（E_0）之比，称为吸声系数α，计算公式如下：

$$\alpha = \frac{E}{E_0} \times 100\% \tag{9-13}$$

吸声系数是评定材料吸声性能好坏的主要指标。材料的吸声特性除了与声波的方向有关外，还与声波的频率有关。通常取125Hz、250Hz、500Hz、1000Hz、2000Hz、4000Hz六个频率的吸声系数来表示材料的吸声频率特性。凡六个频率的平均吸声系数大于0.2的材料称为吸声材料。

2. 吸声材料的类型及其结构形式

建筑上常用吸声材料有如下几种：

（1）共振吸声材料

1）薄板共振吸声材料。用各类薄板固定在骨架上，板后留有空腔就构成了薄板共振吸声结构。当声波入射到该结构时，薄板在声波交变压力激发下被迫振动，使板心弯曲变形，出现板内部摩擦损耗，而将机械能变为热能。在共振频率时，消耗声能最大。

2）穿孔板共振吸声材料。在薄板上穿孔，并离结构层一定距离安装，就形成穿孔板共振吸声结构。金属板制品、胶合板、硬质纤维板、石膏板和石棉水泥板等，在其表面开一定数量的孔，其后具有一定厚度的封闭空气层就组成了穿孔板吸声结构。它的吸声性能与板厚、孔径、孔距、空气层的厚度以及板后所填的多孔材料的性质和位置有关。

3）微穿孔板共振吸声材料。由于穿孔板吸声结构存在吸声频带较窄的缺点，近年来国内研制出了微穿孔板吸声结构。微穿孔板的孔细而密，因此比穿孔板的声阻大，而声质量小，从而在吸声系数和吸声频带方面优于穿孔板。微穿孔板结构不需在板后配置多孔吸声材料使结构大为简化，同时具有卫生、美观、耐高温等优点。

（2）多孔吸声材料　声波进入材料内部互相贯通的孔隙，空气分子受到摩擦和黏滞阻力，使空气产生振动，从而使声能转化为机械能，最后因摩擦而转变为热能被吸收。这类多孔材料的吸声系数一般从低频到高频逐渐增大，故对中频和高频的声音吸收效果较好。材料中开放、互相连通、细致的气孔越多，其吸声性能越好。

多孔材料是普遍应用的吸声材料，按其所选材料的物理特性和外观，主要分为纤维材料和泡沫材料，而纤维材料又分为无机纤维材料和有机纤维材料。

1）无机纤维吸声材料。无机纤维吸声材料主要指岩棉、玻璃棉以及硅酸铝纤维棉等人造无机纤维材料。玻璃棉分为短棉、超细棉以及中级纤维三种。这类材料不仅具有良好的吸声性能而且具有质轻、不燃、不腐、不易老化等特性，在声学工程中获得广泛的应用。

2）有机纤维吸声材料。早期使用的吸声材料主要为植物纤维制品，如棉麻纤维、毛毡、甘蔗纤维板、木质纤维板以及稻草板等有机天然纤维材料。有机合成纤维材料主要是化学纤维，如腈纶棉、涤纶棉等。这些材料在中频、高频范围内具有良好的吸声性能，但防火、防腐、防潮等性能较差，从而大大限制了其应用。

3）泡沫吸声材料。根据材料物理化学性质的不同，泡沫吸声材料可以分为泡沫金属吸声材料、泡沫塑料吸声材料和泡沫玻璃吸声材料。

① 泡沫金属吸声材料。泡沫金属吸声材料是一种新型多孔吸声材料，经过发泡处理在其内部形成大量的气泡，这些气泡分布在连续的金属相中构成孔隙结构，使泡沫金属把连续相金属的特性（如强度大、导热性好、耐高温等）与分散相气孔的特性（如阻尼性、隔离性、绝缘性、消声减振性等）有机结合在一起；同时，泡沫金属吸声材料还具有良好的电磁屏蔽性和抗腐蚀性能。

② 泡沫塑料吸声材料。当前应用比较多的泡沫塑料吸声材料主要是聚氨酯泡沫塑料。这种材料无臭、透气、气泡均匀、耐老化、抗有机溶剂侵蚀，对金属、木材、玻璃、砖石、纤维等有很强的黏合性。特别是硬质聚氨酯泡沫塑料还具有很高的结构强度和绝缘性。

③ 泡沫玻璃吸声材料。泡沫玻璃吸声材料是以玻璃粉为原料，加入发泡剂及其他外掺剂经高温焙烧而成的轻质块状材料，其孔隙率可达85%以上。泡沫玻璃板厚度的增加对吸声系数影响不明显，因此一般选用20～30mm厚的板材，可以获得比较高的性价比。

（3）柔性吸声材料　柔性吸声材料是具有封闭气体和一定弹性的材料，如聚氯乙烯泡沫塑料，表面似为多孔材料，但因具有封闭气孔，声波引起的空气振动不易直接传递至材料内部，只能相应地产生振动，在振动过程中由于克服材料内部的摩擦而消耗了声能，引起声波衰减。这种材料的吸声特性是在一定的频率范围内会出现一个或更多个吸声频率。

常用吸声结构如下：

（1）薄板振动吸声结构　薄板振动吸声结构具有良好的低频吸声效果，同时还有助于声波的扩散。建筑中通常是把胶合板、薄木板、硬质纤维板、石膏板、石棉水泥板或金属板等固定在墙或顶棚的龙骨上，并在背后留有空气层，即构成薄板振动吸声结构。由于低频声波比高频声波容易激起薄板产生振动，所以薄板振动吸声结构具有低频的吸声特性。

（2）共振吸声结构　共振吸声结构具有封闭的空腔和较小的开口，很像个瓶子。当瓶腔内空气受到外力激荡，会按一定的频率振动，这就是共振吸声器，每个单独的共振器都有一个共振频率，在其共振频率附近，由于颈部空气分子在声波的作用下像活塞一样进行往复运动，因摩擦而消耗声能。若在腔口蒙一层细布或疏松的棉絮，可以加宽共振频率范围和提高吸声量。为了获得较宽频带的吸声性能，常采用组合共振吸声结构。

（3）穿孔板组合共振吸声结构　穿孔板组合共振吸声结构与单独的共振吸声器相似，可看作由许多个单独共振器并联而成。穿孔板厚度、穿孔率、孔径、背后空气层厚度以及是否填充多孔吸声材料等，都直接影响吸声结构的吸声性能。穿孔板组合共振吸声结构具有适合中频的吸声特性。这种吸声结构由穿孔的胶合板、硬质纤维板、石膏板、铝合金板、薄钢板等，将周边固定在龙骨上，并在背后设置空气层而构成。这种吸声结构在建筑中使用比较普遍。

（4）悬挂空间吸声体　悬挂于空间的吸声体，由于声波与吸声材料的两个或两个以上的表面接触，增加了有效的吸声面积，产生边缘效应，加上声波的衍射作用，大大提高了实际的吸声效果。实际使用时，可根据不同的使用地点和要求，设计成各种形式的悬挂在顶棚下的空间吸声体。空间吸声体有平板形、球形、圆锥形、棱锥形等多种形式。

（5）帘幕吸声体　帘幕吸声体是用具有通气性能的纺织品，安装在离墙面或窗洞一定距离处，背后设置空气层。这种吸声体对中频、高频都有一定的吸声效果。帘幕的吸声效果与材料种类和褶纹有关。帘幕吸声体安装、拆卸方便，兼具装饰作用，应用价值高。

3. 吸声材料的应用

吸声材料是一种能在较大程度上吸收由空气传递的声波能量的建筑材料，在音乐厅、影剧院、大会堂等内部的墙面、地面、顶棚等部位，适当采用吸声材料，能改善声波在室内传播的质量，保持良好的音响效果。

吸声材料在应用方式上，通常采用共振吸声结构或渐变过渡层结构。为了提高材料的内损耗，一般在材料中混入含有大量气泡的填料或增加金属微珠等。在换能器阵的各阵元之间的隔声去耦、换能器背面的吸声块、充液换能器腔室内壁和构件的消声覆盖处理、消声水槽的内壁吸声贴面等结构上，经常利用吸声材料改善其声学性能。

4. 隔声材料

把空气中传播的噪声隔绝、隔断、分离的一种材料、构件或结构，称为隔声材料。建筑隔声材料主要用于外墙、门窗、隔墙以及隔断等。隔声可分为隔绝空气声（通过空气传播的声音）和隔绝固体声（通过撞击或振动传播的声音）。两者的隔声原理截然不同。

对于隔绝空气声，根据声学中的"质量定律"，其传声的大小主要取决于墙和板的单位面积质量，质量越大，越不易振动，则隔声的效果越好。故应该选择密实、沉重的材料（如烧结普通砖、钢筋混凝土、钢板等）作为隔声材料。

对于隔绝固体声，最有效的方法是采用不连续结构处理，即在墙壁和承重梁之间，房屋的框架和墙壁之间及楼板之间加弹性衬垫，这些材料大多可以采用隔声涂料、毛毡、软木等吸声材料，将固体声音转化为空气声音后而被吸声材料吸收。在房屋绿色建筑验收中，国家标准规定，对楼板撞击噪声，计权标准化撞击声压级≤75dB（二级），采用弹性隔声涂料，克服了隔声垫复杂的双层架构，建筑构造简单。直接喷涂在楼板上3～5mm，不需要保护层，如图9-2所示，现场施工工艺简单方便，水性环保，喷涂施工节省人工，效率高，实用性好。隔声材料应用领域：电视台、电影院、歌剧院、音乐厅、会议中心、体育馆、音响室、家居、商场、酒店、卡拉OK、酒廊、餐厅等。

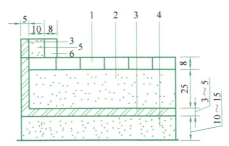

图9-2 某隔声涂料楼面构造图

1—8mm 厚地砖　2—25mm 厚 D（W）S M15 水泥砂浆　3—3～5mm 厚 MD0 隔声涂料
4—10～15mm 厚混凝土楼板　5—10mm 厚瓷砖黏结剂　6—8mm 厚踢脚线
注：1、2、5、6 步骤由业主或者精装单位进行施工。

（三）装饰材料

在建筑上，把铺设、粘贴或涂刷在建筑内外表面，主要起装饰作用的材料，称为装饰材料。

装饰材料除了起装饰作用，满足人们的美感需要以外，还起着保护建筑物主体结构和改善建筑物使用功能的作用，使建筑物耐久性提高，并使其保温隔热、吸声隔声、采光等居住功能改善。

建筑装饰材料种类繁多，本节仅介绍装饰石材、建筑陶瓷、建筑玻璃和建筑塑料装饰制品等。

1. 装饰石材

（1）天然石材　天然石材资源丰富，强度高，耐久性好，加工后具有很强的装饰效果，是一种重要的装饰材料。天然岩石种类很多，用作装饰的主要有花岗岩和大理石。

1）花岗岩。从岩石形成的地质条件看，花岗岩属于深成岩，也就是地壳内部熔融的岩石浆上升至地壳某一深处冷凝而成的岩石。

构成花岗岩的主要造岩矿物是长石（结晶铝硅酸盐）、石英（结晶 SiO_2）和少量云母（片状含水铝硅酸盐）。从化学成分看，花岗岩主要含 SiO_2（约 70%）和 Al_2O_3，CaO 和 MgO 含量很少，因此属于酸性结晶深成岩。

花岗岩的特点如下：

① 色彩斑斓，呈斑点状晶粒花样。

② 硬度大，耐磨性好。花岗岩为深成岩，质地坚硬密实，非常耐磨。

③ 耐久性好。花岗岩孔隙率小，吸水率小，耐风化。

④ 具有良好的抗酸腐蚀性。花岗岩的化学组成主要为酸性的 SiO_2，因而耐酸。

⑤ 耐火性差。由于花岗岩中的石英在 573℃和 870℃会发生相变膨胀，引起岩石开裂破坏，因而耐火性不高。

⑥ 可以打磨抛光。花岗岩质感坚实，抛光后熠熠生辉，具有华丽高贵的装饰效果，因此，主要用作高级饰面材料，可以用于室内也可以用于室外，如用作室内和室外的高级地面材料和踏步。

石材行业通常将具有与花岗岩相似性能的各种岩浆和以硅酸盐矿物为主的变质岩统称为花岗石。花岗石板材的质量应符合《天然花岗石建筑板材》（GB/T 18601—2009）的规定。

2）大理石。大理石因盛产于云南大理而得名。从岩石的形成来看，它属于变质岩，即由石灰岩或白云岩变质而成。主要的造岩矿物为方解石（结合碳酸钙）或白云石（结合碳酸钙镁复盐）。化学成分主要是 $CaCO_2$，CaO 约占 50%，酸性氧化物 SiO_2 很少，属于碱性的结晶岩石。

大理石的性质如下：

① 颜色绚丽，纹理多姿。

② 硬度中等，耐磨性次于花岗岩。

③ 耐酸蚀性差，酸性介质会使大理石表面受到腐蚀。

④ 容易打磨抛光。

⑤ 耐久性次于花岗岩。

大理石主要用作室内高级饰面材料，也可以用作室内地面或踏步（耐磨性次于花岗岩）。由于大理石为碱性岩石，不耐酸，因而不宜用于室外装饰。大气中的酸雨容易与岩石的碳酸钙作用，生成易溶于水的石膏，使表面很快失去光泽变得粗糙多孔，从而降低装饰效果。

（2）人造石材　人造石材是以天然石材碎料、石英砂、石渣等为骨料，树脂或水泥等为黏结材料，经拌和成型聚合或养护后，打磨抛光切制而成。

人造石材具有天然石材的质感，但质量轻，强度高，耐腐蚀，耐污染，可锯切、钻孔，施工方便。适用于墙面、门套或柱面装饰，也可用作工厂、学校等的工作台面及各种卫生洁具，还可以加工成浮雕、工艺品等。与天然石材相比，人造石材是一种比较经济的饰面材料。

2. 建筑陶瓷

凡以黏土、长石、石英为基本原料，经配料、制坯、干燥、熔烧而制得的成品，统称为陶瓷制品。用于建筑工程的陶瓷制品，则称为建筑陶瓷，主要包括釉面砖、外墙面砖、地面砖、陶瓷锦砖、玻璃制品、卫生陶瓷等。

建筑陶瓷材料及建筑玻璃（教）

远在商代（公元前 17 世纪），我国就开始用陶管作为建筑物的地下排水道，西周初期已能烧制板瓦、筒瓦。战国时期开始制作精美的铺地砖、栏杆砖和凹槽砖。

（1）陶瓷制品质地的分类　陶瓷制品质地按其致密程度（吸水率大小）分为三类：陶质、瓷质和炻质。

陶质制品结构多孔，吸水率大（>10%），断面粗糙，不透明，敲击声粗哑。通常陶质制品又可分为粗陶和精陶。建筑上常用的烧结黏土砖、瓦属于粗陶制品。精陶一般施有釉，建筑饰面用的各种釉面砖均属于精陶。

瓷质制品结构致密，吸水率小（<1%），有一定透明性，建筑上用于外墙饰面和铺地，陶瓷锦砖以及日用餐茶具均属于瓷质。

火石质制品是介于陶质和瓷质之间的一种陶瓷制品，其构造比陶质致密，一般失水率较小，但又不如瓷质制品洁白，其坯体多带有颜色，且为半透明性。

（2）建筑陶瓷制品的重要技术性质

1）外观质量。外观质量是装饰用建筑陶瓷制品最主要的质量指标，往往根据外观质量对产品进行分类。

2）吸水率。其是建筑陶瓷制品的重要物理性质之一。它与弯曲强度、耐急冷急热性密切相关，是控制产品质量的重要指标。吸水率大的建筑陶瓷制品不宜用于室外。

3）耐急冷急热性。陶瓷制品的内部和表面釉层热膨胀系数不同，温度急剧变化可能会使釉层开裂。

4）弯曲强度。陶瓷材料质脆易碎，因此对弯曲强度有一定的要求。

5）耐磨性。只对铺地的彩釉砖进行耐磨试验。

6）抗冻性能。室外陶瓷制品有此要求。

7）抗化学腐蚀性。室外陶瓷制品和化工陶瓷有此要求。

（3）常用建筑陶瓷制品

1）釉面砖。釉面砖又称为内墙砖，属于精陶类制品。它是以黏土、石英、长石、助熔剂、颜料以及其他矿物为原料，经破碎、研磨、筛分、配料等工序加工成含一定水分的生料，再经模具压制成型、烘干、素烧、施釉和釉烧而成，或坯体施釉一次烧成。这里所谓的釉，是指附着于陶瓷坯体表面的连续玻璃质层，具有与玻璃相类似的某些物理化学性质。

需要注意的是，釉面内墙砖吸水率大（20% 左右），并且对抗冻性、耐磨性和抗化学腐蚀性不作要求，因此不宜作外墙装饰材料和地面材料使用。

2）墙地砖。其生产工艺类似于釉面砖，或不施釉一次烧成无釉墙地砖。产品包括外墙砖和地砖两类。墙地砖属于炻质和瓷质制品，具有强度高、耐磨、化学性能稳定、不燃、吸水率小、易清洁、经久不裂等优点。对于地砖还有耐磨性要求。

3）陶瓷锦砖。陶瓷锦砖俗称马赛克，是以瓷土为原料烧制而成的片状小瓷砖。陶瓷锦砖具有耐磨、耐火、吸水率小、抗压强度高、易清洗以及色泽稳定等特点。其广泛适用于建筑物门厅、走廊、卫生间、厨房、化验室等内墙和地面，并可用于建筑物的外墙饰面与保护。

学习情境 9　建筑功能材料及检测

4）陶瓷劈离砖。陶瓷劈离砖又称为劈裂砖、劈开砖和双层砖，是以黏土为原料，经配料、真空挤压成型、烘干、焙烧、劈离（将一块双联砖分为两块砖）等工序制成。产品独特，富于个性，古朴高雅，适用于墙面装饰。

5）建筑琉璃制品。建筑琉璃制品是我国陶瓷宝库中的古老珍品之一，是以黏土为主要原料，经成型、干燥、上釉后烧制而成。颜色有绿黄、蓝、青等。品种可分为三类：瓦类、脊类、饰件类。琉璃制品表面光滑、色彩绚丽、造型古朴、坚实耐用，富有民族特色，主要用于具有民族风格的房屋以及建筑园林中的亭台、楼阁。

6）卫生陶瓷。卫生陶瓷是由瓷土烧制的细炻质制品，如洗面器、大小便器、水箱、水槽等，主要用于浴室、洗盥室、厕所等处。卫生陶瓷结构形式多样，颜色分为白色和彩色，表面光洁，不透水，易于清洗，耐化学腐蚀。

7）绿色低碳发泡陶瓷。利用陶瓷抛光泥、矿渣尾泥等多种固体废弃物作为原材料，经过无害处理后，按照配方比例混合调配，再经过球磨、混合浆料、喷雾制粉、铺粉定型、高温烧制、成品切割等过程制成。其内部气孔均匀，并相互独立、无渗透性，对水蒸气和液体具有良好的阻碍作用，并且有轻质、高强、保温、防火、防水、隔声等特点。密度小于 $1g/cm^3$，强度大于 3.5MPa。可以作为隔墙墙板、外挂墙板、装饰面板、艺术线条、艺术雕花、艺术天花等，适合于高层防水防潮、快速施工的现代装配式绿色建筑。

3. 建筑玻璃

（1）玻璃的基本知识

1）玻璃的原料与组成。玻璃是一种透明的无定型硅酸盐固体物质。熔制玻璃的原材料主要有石英砂、纯碱、长石、石灰石等。石英砂是构成玻璃的主体材料。纯碱主要起助熔剂作用。石灰石使玻璃具有良好的抗水性，起稳定剂作用。建筑玻璃的化学组成主要为 SiO_2、Na_2O、CaO、Al_2O_3、MgO、K_2O 等。

2）普通玻璃的性质。

① 透明性好，普通清洁玻璃的透光率达 82% 以上。

② 脆，为典型脆性材料，在冲击力作用下易破碎。

③ 热稳定性差，急冷急热时易破裂。

④ 化学稳定性好，抗盐和抗酸侵蚀的能力强。

⑤ 表观密度较大，为 $2450 \sim 2550 kg/m^3$。

⑥ 导热系数较大，为 $0.75W/(m \cdot K)$。

（2）玻璃制品

1）普通平板玻璃。普通平板玻璃是指由浮法或引上法成型的经热处理消除或减小其内部应力至允许值的平板玻璃。平板玻璃是建筑玻璃中用量最大的一种，厚 $2 \sim 12mm$，其中以 3mm 厚的使用量最大，广泛用作窗片玻璃。

2）安全玻璃。安全玻璃是指具有良好安全性能的玻璃。主要特性是力学强度较高，抗冲击能力较好。被击碎时，碎块不会飞溅伤人，并兼有防火的功能。常用的有钢化玻璃、夹层玻璃、夹丝玻璃三种。

3）保温绝热玻璃。保温绝热玻璃包括吸热玻璃、热反射玻璃、中空玻璃等。它们既具有良好的装饰效果，又具有特殊的保温绝热功能，除用于一般门窗之外，常作为幕墙玻璃。普通窗用玻璃对太阳光近红外线的透过率高,易引起温室效应,使室内空调能耗大,一般不宜用于幕墙玻璃。

4)压花玻璃、磨砂玻璃和喷花玻璃。压花玻璃是在玻璃硬化之前,经刻有花纹的滚筒,在玻璃的单面或两面压出深浅不同的各种花纹图案而成。磨砂玻璃是采用机械喷砂、手工研磨或氢氟酸溶蚀等方法把普通玻璃表面处理成均匀毛面而成。喷花玻璃则是在平板玻璃表面贴上花纹图案,抹以护面层,并经喷砂处理而成。

这三种玻璃的主要特点是表面粗糙,光线产生漫射,透光不透视,适宜用于卫生间、浴室、办公室的门窗。

5)中空玻璃。中空玻璃由美国人于1865年发明,是一种良好的隔热、隔声、美观适用并可降低建筑物自重的新型建筑材料,它是用两片(或三片)玻璃,使用高强度高气密性复合胶黏剂,将玻璃片与内含干燥剂的铝合金框架黏结制成的高效能隔声隔热玻璃,如图9-3所示。

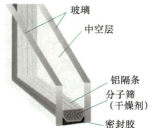

图9-3 中空玻璃

中空玻璃的多种性能优越于普通双层玻璃,因此得到了世界各国的认可,其主要材料是玻璃、铝隔条、弯角栓、丁基橡胶、聚硫胶、干燥剂。

由于中空玻璃内部存在着可以吸附水分子的干燥剂,气体是干燥的,在温度降低时,中空玻璃的内部也不会产生凝露现象,同时,在中空玻璃的外表面结露点也会升高。如当室外风速为5m/s,室内温度为20℃,相对湿度为60%时,5mm玻璃在室外温度为8℃时开始结露,而16mm(5mm+6mm+5mm)中空玻璃在同样条件下,室外温度为−2℃时才开始结露,27mm(5mm+6mm+5mm+6mm+5mm)3层中空玻璃在室外温度为−11℃时才开始结露。

由于中空玻璃的隔热性能较好,玻璃两侧的温度差较大,还可以降低冷辐射的作用。

6)玻璃空心砖。玻璃空心砖一般是由两块压铸成凹形的玻璃经熔接或胶接成整块的空心砖。砖面可为光滑平面,也可在内、外压铸多种花纹。砖内腔可为空气,也可填充玻璃棉等。玻璃空心砖绝热、隔声、光线柔和优美,可用来砌筑透光墙壁、隔断、门厅、通道等。

7)玻璃马赛克。玻璃马赛克也称为玻璃锦砖,它与陶瓷锦砖的区别在于:陶瓷锦砖是由瓷土制成的不透明陶瓷材料,而玻璃锦砖为半透明的玻璃质材料,呈乳浊或半乳浊状,内含少量气泡和未熔颗粒。玻璃马赛克在外形和使用上与陶瓷锦砖大体相似,但花色多,价格较低,主要用于外墙装饰。

4. 建筑塑料装饰制品

建筑塑料装饰制品包括塑料壁纸、塑料地板、塑料地毯及塑料装饰板等。建筑塑料装饰制品具有质轻、耐腐蚀、隔声、色彩丰富、外形美观等特点,广泛用于建筑物的内墙、顶棚、地面等部位的装饰。

(1)塑料壁纸 塑料壁纸是以一定材料为基材,表面进行涂塑后,再经过印花、压花或发泡处理等多种工艺而制成的一种墙面装饰材料。塑料壁纸的装饰效果好,由于塑料表面加工技术的发展,通过印花、压花等工艺,模仿大理石、木材、砖墙、织物等天然材料,花纹图案非常逼真。

(2)塑料地板 塑料地板是指用于地面装饰的各种块板和铺地卷材。塑料地板的装饰性好,色彩及图案不受限制,耐磨性好,使用寿命长,便于清扫,脚感舒适且有多种功能,如隔声、隔热和隔潮等，能满足各种用途的需要，还可以仿制天然材料，十分逼真。地板施工铺设方便，可以粘贴在如水泥混凝土或木材等基层上，构成饰面层。

（3）塑料地毯　塑料地毯作为地面装饰材料，给人以温暖、舒适及华丽的感觉，具有绝热、保温、吸声性能，还具有缓冲作用，可防止滑倒，使步履平稳。塑料地毯是从传统羊毛地毯发展而来的。由于羊毛地毯资源有限，价格高，而且易被虫蛀，易霉变，使其应用受到限制。

（4）塑料装饰板　塑料装饰板主要用作护墙板和屋面板。其质量轻，能降低建筑物的自重。如塑料贴面装饰板是以印有各种色彩、图案的纸为胎，浸渍三聚氰胺树脂和酚醛树脂，再经热压制成的可覆盖于各种基材上的一种装饰贴面材料，有镜面型和柔光型两种。产品具有图案和色调丰富多彩，耐湿、耐磨、耐烫、耐燃烧，耐一般酸、碱、油脂及乙醇等溶剂的侵蚀，表面平整，极易清洗的特点，适用于装饰室内和家具。

三、小组讨论

根据小组检测实训内容和上课内容，在教学平台上传原始记录表并填写对应检测报告，讨论相关问题。

1）检测 XPS 板的导热系数为＿＿＿＿＿＿，请评价其保温性能。

2）以总学习任务中图 1 所示建筑工程为例，选择使用哪些品种的保温材料、隔声材料、装饰材料？

3）针对建筑功能材料，如何创新和应用环保、节能、绿色建筑材料？

四、总结汇报

分小组汇报，辩论和评分，教师进行总结和拓展，并重点讲解相关理论知识和应用。

五、评估

教师对每一个学生的课前、研讨汇报、作业等情况进行评价，填写表 1-4、表 1-5。

考 / 证 / 训 / 练

（一）判断题

1．绝热材料的类型有三种：多孔型、纤维型、反射型。　　　　　　　　　　（　　）

2．材料传导的热量与导热系数 λ、传导面积 A、传导时间及两表面的温度差（T_1-T_2）成正比，而与材料的厚度 d 成反比。　　　　　　　　　　（　　）

3．膨胀蛭石具有表观密度小，导热系数小，耐火，防腐，不变质，不易被虫蛀，常用于填充墙壁、楼板、平屋顶。　　　　　　　　　　（　　）

4．聚苯乙烯、聚氯乙烯、聚氨酯、脲醛等硬质泡沫塑料，表观密度小，导热系数小，加工使用方便，不易燃烧。适用于屋面、墙面、冷藏库和管道，保温隔热效果好。　　　　（　　）

5．加气混凝土是硅质的粉煤灰或磨细砂加石灰、发泡剂经蒸压或蒸养而成，应用广泛。

（　　）

6．吸声材料有共振吸声材料、多孔吸声材料、泡沫吸声材料等几种类型。　　（　　）
7．隔声可分为隔绝空气声和隔绝固体声，两者的隔声原理基本相同。　　（　　）
8．在音乐厅，采用吸声材料，能改善声波在室内传播的质量，保持良好的音响效果。
　　　　　　　　　　　　　　　　　　　　　　　　　　　　　　　　（　　）
9．天然岩石种类很多，用作装饰的主要有花岗岩和大理石，它们主要成分基本相同。
　　　　　　　　　　　　　　　　　　　　　　　　　　　　　　　　（　　）
10．陶瓷制品质地按其致密程度（吸水率大小）分为三类：陶质、瓷质和炻质。（　　）
11．中空玻璃具有良好的隔热、隔声性能，美观适用并可降低建筑物自重。（　　）
12．建筑塑料装饰制品包括塑料壁纸、塑料地板、塑料地毯及塑料装饰板等。（　　）

（二）问答题

1．什么是绝热材料？建筑上使用绝热材料有何意义？
2．绝热材料为什么总是轻质的？使用时为什么一定要注意防潮？
3．什么是吸声材料？材料吸声性能用什么指标表示？
4．影响绝热材料绝热性能的因素有哪些？
5．吸声材料和绝热材料在结构上有什么区别？为什么？
6．影响多孔吸声材料吸声效果的因素有哪些？
7．为什么不能简单地将一些吸声材料作为隔声材料来用？

参考文献

[1] 闫宏生. 建筑材料检测与应用 [M]. 2版. 北京：机械工业出版社，2015.

[2] 赵华玮. 建筑材料与检测 [M]. 4版. 郑州：郑州大学出版社，2021.

[3] 汪文萍. 建筑材料与检测 [M]. 北京：中国水利水电出版社，2019.

[4] 汪绯. 建筑工程材料 [M]. 2版. 北京：高等教育出版社，2019.

[5] 王辉. 建筑材料与检测 [M]. 2版. 北京：北京大学出版社，2016.

[6] 卢经扬，解恒参，朱超. 建筑材料与检测 [M]. 2版. 北京：中国建筑工业出版社，2018.

[7] 杨晓东. 建筑材料检测 [M]. 北京：中国建材工业出版社，2018.

[8] 中华人民共和国住房和城乡建设部. 普通混凝土配合比设计规程：JGJ 55—2011 [S]. 北京：中国建筑工业出版社，2011.

[9] 中华人民共和国住房和城乡建设部. 砌筑砂浆配合比设计规程：JGJ/T 98—2010 [S]. 北京：中国建筑工业出版社，2011.